自由人物理

波動論 量子力学 原論

東京大学
名誉教授　西村 肇

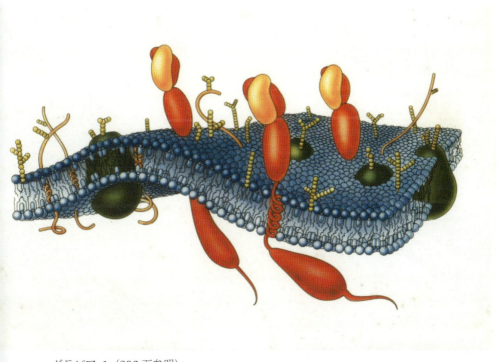

グラビア-1（396頁参照）

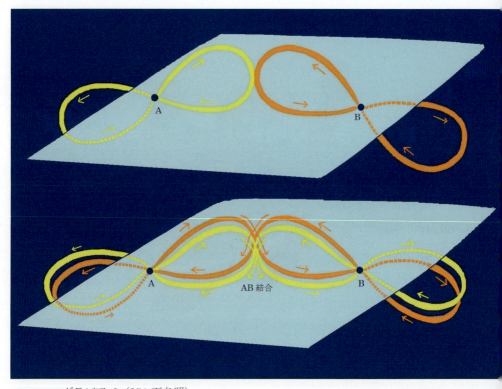

グラビア-2（351頁参照）

目 次

- 出発インタビュー　なぜ自由人物理なのか　6

◆第一部 ....

- I　Newtonの偉大と英国物理の死　大陸物理の自由と花開いたEuler　16
- II　学問的総合としてのLagrange力学　41
- III　場の物理学としてのMaxwell電磁気学　77
- IV　古典力学の総合Hamilton力学　97
- 分水嶺　Planck「量子発見」の見直し　126

◆第二部 ....

- 混迷を見透かす「物理派」眼鏡　153
- V　言葉で考える物理学　de Broglie（ドブロイ）　186
- VI　量子力学最高位のHeisenbergを見直す　218
- VII　Schrödinger波動方程式とSchrödinger　233
- VIII　見えて来た現代物理学の骨格と本質　285
- 電子こまスピンモデルを見直す新モデルの提案　314
- 化学と物理の断絶なくす新理論　340

◆第三部 ....

- 自由人物理の歴史と実績　368

....

- 索引　414
- 参照・推薦文献　418

出発インタビュー
なぜ自由人物理なのか

〔問〕まず本の題名について伺います。**主題**である「自由人物理」とは何か，具体的には何を指しているか聞く必要があると思うのですが，その前に初めて聞くこの「**自由人物理**」について伺います。文字通り「自由人の物理」ということでしょうか。著者には物理は何かに制約されて自由でなくなっている，自由を取り戻さなければならないという意識とか主張があってのことですか。

〔答〕間違いなくそうです。

〔問〕何からの自由ですか。

〔答〕二つあります。第一は**学問のパラダイム**（Paradigm，手本）化からの自由です。第二はもっと重要なことで**学問のビジネス化**からの自由です。

〔問〕まずパラダイム化から伺います。

〔答〕パラダイムとは，Thomas Kuhn が言い出したことで，Newton の力学理論のような独創的で画期的な仕事が一つ現れるとそれから当分は対象も方法もそれを真似るような仕事が続出して学問が大きく進む。この手本と真似の現象のことです。

出発インタビュー

〔問〕しかし真似るのは，その方が研究が進むからであって，何も強制される訳ではない。真似るも真似ないもどちらも自由ではないです。

・・

〔答〕しかし人間のやることは全て**組織の中**で激しい**生存競争**の中で行なわれることを忘れないで下さい。物理の研究には学会という組織の中で競争・評価が必要です。仕事を得るのも研究費を得るのも賞を得るのも全て学会内の競争評価です。競争評価には競争ルールが必要です。各人の好き勝手な「走り」を見ては，順位付けはできません。「走る範囲」「走り方」についてルールを決めておいて初めて競争による順位決定が可能なのです。世界の物理の学会ではこの**競争のルール**に相当するのが Kuhn のパラダイムなのです。

・・

〔問〕ということは自由人は学問の競争ルールであるパラダイムに反対ということですか。

・・

〔答〕そうです。

・・

〔問〕なぜですか。その前に，自由人であるあなたが，本書で反対を展開している現代物理学のパラダイムとは何なのかを具体的に示して下さい。

・・

〔答〕二つあります。まず，量子力学以前の古典物理学については，Newton を最高の天才と仰ぎ，**Newton 力学**を物理学全体のパラダイムとするのは間違いです。それによって**ねじ曲げられた**科学の歴史を明らかにし，物理学思考の素直な発展を明らかにしたのが本書の I「Newton の偉大と**英国物理の死**」の内容です。Newton Paradigm の陰で，軽視・無視・抹殺されていたのは，Leibnitz，Huygens，Bernoulli，Euler，Lagrange らの活き活きした役に立つ物理です。

・・

出発インタビュー

〔問〕現代物理学についてはEinsteinによる**相対性理論**のパラダイム，Heisenbergによる**不確定性原理**のパラダイムが確立しているように見えますが。

・・

〔答〕**相対性**と**不確定性**を「現代物理」の核心と見る見方は，今や「現代」を考える人々の間の広い常識となっています。物理学を全く勉強しなかった人の間でもです。こうなった原因は，実は**ノーベル賞**にあります。Nobel賞委員会は，最初は「相対性」を，次には「不確定性」を現代物理学の根本原理として表彰し，新聞が大宣伝し，哲学者たちがこれこそ「現代」の本質と絶賛したからです。これに対し，学会の頂点にいる物理学者たちは，「不確定性」を量子力学の基礎原理とするには，疑問を感じたのですが，あえて異を唱えませんでした。自分たちの地味な研究がNobel賞の巨大な宣伝力を利用して社会的関心の中心になることを選んだのです。その結果，Nobel賞が現代物理学のパラダイムを決めることになりました。パラダイムとはNobel賞のことになりました。

・・

〔問〕自由人物理とは，学問をパラダイム化から守ることであるということの意味が少し解かってきた気がします。本書が三部構成になっていて，第二部のⅥに「量子力学最高位のHeisenbergを見直す」があるのはその為なのですね。

・・

〔答〕その通りです。不確定性が量子力学の基本定理だとする間違い＝虚像＝神話を打ち砕くためです。量子力学は，10数人の天才たちが競い合い，力を尽くして登りつめた巨峰ですが，Nobel賞神話では，Heisenbergを除く多くの天才たちが不当な扱いを受けました。頂点に立つべきSchrödingerとDiracは矮小化され，激しく争っていた行列派と波動派の両者を総合した最大の功労者Bornは軽視され，電子の波動性というとんでもないことを思いついて量子力学の第一歩になった

出発インタビュー

de Broglie（ドブロイ）は無視され，行列力学を実際に作った Jordan は完全に抹殺されました。全ては Heisenberg の不確定性原理を神格化（神棚に上げる）するためです。

・・・

〔問〕Nobel 賞が学会の物理学者と一緒になって作ったパラダイムを否定し，その裏に隠された真の姿を発見し世に問うことが著者の意図であることは分かりますが，学会の物理学者から嫌われるばかりのこのような仕事に著者を駆り立てている原動力は何ですか。

・・・

〔答〕子供の頃から体質的に好きだった「物理」に対する愛着です。この素朴な物理屋が Nobel 賞と一体となった学会の物理学者たちに向けて正面から問い掛けたい質問が二つあります。第1が物理は「**職業か学問か**」です。第2は「**物理は対象か精神・方法か**」です。

・・・

〔問〕これらに対し，自由人を主張する著者の答えを聞かせて下さい。

・・・

〔答〕私はこのような問題に関し，物理のような学問は絵画のような芸術とは，基本的に変りはないと考えて判断します。物理を職業とする物理学者とは，物理で生活の資を稼ぎ，研究成果をもとに学会内地位を高めて栄誉栄達し，生涯にわたって安定的な研究費と生活費を得ることを考えている人でしょう。絵画の場合，自分の絵を売って生活の資を得る人は売絵画家と言います。その中には人気が高く国民的英雄となる人もいますが，基本的には売絵画家であり，芸術家とは呼ばれません。芸術家と呼ばれるのは，van Gogh（ゴッホ）や Gaugin（ゴーギャン）や Modigliani（モジリアーニ）のように絵は全く売れなくても，生活の資は稼げなくても，自分が画くべき絵を画いていた天才たちです。その中から次の時代の絵画は生まれました。物理屋の中には Nobel 賞受賞を最高の目的とする現代の主流物理学を職業とはしないで，自分が学問としての物理学はかくあるべしとの信念に従って物

理学を研究している人がいると思います。それが「自由人物理」です。

・・・

〔問〕「自由人物理」は，物理を最高の職業と見る思想に反対ということが分かりました。物理は職業ではなく学問だというのですね。では端的に伺いますが，Nobel賞を志向する**現代職業物理学**と，自由人が考える**学問物理**とはどこが違うのですか。

・・・

〔答〕一番の違いは，**物理**とは物理とみなされる専門対象ではなく，物理的と感じられる**追求方法**であり，さらに「さすが物理」と思わせる**追求全体の精神**です。科学には対象ごとに化学も生物も地学もありますが，物理にだけは決まった対象はありません。電波だって，半導体だって，遺伝子だって，まず物理学者が目をつけ，物理学的な方法と精神で取り組んで複雑な問題の門戸を開き，そこから新しい分野が始まっている訳です。**学問としての物理学**にとって一番大事なのは，この点だと「自由人物理」は考える訳です。

・・・

〔問〕「自由人物理」とは，職業化した物理を嫌って学問としての物理の再建興隆を目指しているのだということ，学問としての物理は対象とする分野ではなく，物理的精神と物理的方法なのだというところまで理解しました。でも精神とか方法と言われると，自分で物理をやったことのない人間には何のことか全く分かりません。

・・・

〔答〕そういう方々に物理学的精神を解かってもらうには，物理学と芸術の一つの共通性に気付いてもらうのが良いと思います。芸術の代表である音楽，絵画をとってみると，Beethoven（ベートーベン）の音楽，Da Vinci（ダヴィンチ）の絵画が，芸術性において最高と評価され，ゆるぎないのは，単なる美しさではなく，人を深く感動させる力が特別だからです。その感動とは，生き方として自由と美を希求させる強い力です。これが最高の音楽性，絵画性と評価されます。最高の

出発インタビュー

物理性も同じと考えます。真実をあくまで客観的に追求する物理の中にあっても，人々に生き方として**人間精神の自由と美しさ**を確信させるのが**最高の物理**と思います。

･･･

〔問〕物理において Beethoven や Da Vinci のような傑出した存在は誰ですか。いるのですか。

･･･

〔答〕**いません。**でも 1920〜30 年代の量子力学革命と言われる時期に，私が数学派と呼ぶ人々と激しく戦いながら量子力学を完成に導いた少数の人たちがいます。私は彼らを物理派と呼んでいますが，物理派が Beethoven に相当するというのが私の考えです。実はこの本はその考えで貫かれています。

･･･

〔問〕著者が名付けた**数学派**，**物理派**は感覚的分類ですか，それとも定義されたものですか。

･･･

〔答〕**定義**されています。物理の研究は，必ず矛盾について研究するものです。**矛盾とは**，言葉で考えて行くと行き詰まってしまう事柄です。この矛盾を課題として研究するのに**二つの態度**があります。一つは物理学は絶対確かな**論理の積み重ね**であるという信念から，反論を許さない**正確精緻な数学理論**を展開する人々です。ただし矛盾を対象にした問題でこれに成功するには，巧みに**矛盾を回避**する方法を見つける必要があります。実はこれが Newton の方法です。彼が選んだ回避方法は，**矛盾の核心**である「万有引力」を**問答無用の公理**にしてしまうことでした。そして数々の疑問反論には，「hypotheses non fingo」（ごちゃごちゃしたことは言わない）と開き直りました。Newton をパラダイムとする職業物理家は，みんな Newton のこの方法に倣っています。

11

これに対し，**私が物理派と名付けた人々**は，矛盾を回避せず，矛盾の解決に固執する人々です。しかし正面衝突は意味がないので，解決の答えを見付け出すため，**矛盾に関連する周辺分野**にはくまなく調査研究の手を伸ばします。まず物理学のどの分野に解決のカギがあるか分からないので，**物理学の全分野**を頭に入れます。次に物理以外の関連分野にも探求の手を広げます。広げただけで解決するルートが見つかるとは限りませんが，矛盾を見据えて努力を続ける人々で，私は「数学派」に対し，「物理派」と名付けました。**主な人物**は，Einstein, de Broglie, Schrödinger, Dirac, Feynman らです。

・・・

　〔問〕Nobel賞志向物理に批判的な「自由人物理」には手本にする物理があって，それは「物理派物理」であることが分かりました。そこまで分かった読者に対し，著者が3年かけた本書は，何のため，何を伝えようとするのですか。

・・・

　〔答〕「自由人物理」に**共感した読者**に，「自由人物理」を実行していくための**力量をつける指導書**です。「自由人物理」にまず必要なのは，Nobel賞志向物理家を超える**物理の実力**だからです。さもないと**売絵画家**を超えるつもりの**素人画家**が，実は売絵画家の足許にも及ばない趣味のお遊びになっていることの生き写しだからです。

　物理派物理を目指す自由人物理家にまず必要なのは，物理学全分野についての正確な知識と理解を確実に頭の中に入れることです。頭の中を変えることです。これは数学派物理家の多くはやっていないことです。できていないことです。その主な理由は，その必要を認めていないからです。もう一つの理由は，彼等は物理を数学で考えるものと決めつけていて，**言葉で考える物理**の重要性を鍛えられていないからです。数式の連鎖を考えていたのでは，**物理の十の分野**（古典力学，解析力学，電磁波理論，熱力学，統計力学，波動力学，行列力学，特

出発インタビュー

殊相対性理論，一般相対性詩論，場の量子論）をすぐ出せる形で頭に入れることはできません。

　これら**全ての分野が**メモを見ないで**頭**に入っている物理学者は，殆ど居らず，それを本に表わせた人は Landau と Feynman，それに，Landau の弟子の Kompaneyets の 3 人ぐらいです。この 3 人といっても Landau だけで著書は 10 冊ですが，自由人物理志望者にこれで勉強すればよいと奨めることはなかなかできないものです。**一番読みやすい** Kompaneyets の『理論物理学』（山内恭彦訳）をとってもこれを 1 頁から順に読みだして 1〜2 年かけて巻末まで読み通すことは，内容を既に半分以上知っている人でなければ無理です。2〜3 割しか知らない素人物理好きが独学でそれを行なうことは絶対に不可能です。かろうじて巻末にまで達しても，読み終えた所は全く頭に残っていないでしょう。理由は数年の勉学で**何かマスターする**には，**前に進ませる見通し**，続けさせる刺激と楽しみ，習ったことを忘れさせない**話の組み立**て方が必要です。そして優れた先生の講義では，**表通り**の本格的講義の他に，主題に触発された**裏通り**の放談があって，そこで表通りの公式的見解に対する補足，皮肉，逸話が語られます。これによって，無味乾燥だった表通りの話が急に活き活きして来るのです。特に天才たちに関する個人的逸話は絶対に忘れ難いものであり，主題に対する興味関心を忘れ難いものにし，次への学習意欲を駆り立てます。

　ところが，講義が教科書になると，表通りの話だけが補強されて完全にされますが，裏通りの放談はバッサリ切られてしまいます。そして，よほど強固な意志と関心がない限り，巻末までは読み続けられない教科書が出来上がるのです。

　そこで考えたのは，表通りと裏通りの**比重を変えた教科書**を書いてみようというアイデアでした。自分が講義するなら，するであろう裏

通りの話の方を中心に，これを補強し，本格的講義の方は最小限を加えた本を作ったらどうか，ということです。本格的講義の方は，教科書があるからそれでよい訳です。つまり教科書を脇に置いて読むサブリーダーです。名前はサブリーダーでも勉学者にとってはメインリーダーです。それがあるからこそ，物理全体を学ばなければならないという意味が分かり，意欲が湧き，楽しみが分かり，勉学に弾みがつくからです。こういうつもりでまず書いたのが，Ⅰ「Newton」，Ⅱ「Lagrange」，Ⅲ「Maxwell」，Ⅳ「Hamilton」，Ⅴ「de Broglie（ドブロイ）」，Ⅵ「Heisenberg」，Ⅶ「Schrödinger」の7つです。

　全て数々の大天才に関する興味ある逸話から始めて，主要な仕事の**意味を原典から読み取って**著者自身の言葉で語り，あとは著者の思想と力量に基づいて，**大胆に持ち上げ**，**こき下ろし**ています。今までどの物理教科書でも語られなかったことばかりと思います。

　この第1稿が出来上がって気付いた欠点があります。第1は古典力学から始めて量子力学の完成が主要関心事であったため，物理学全体のうち相対性理論が抜けていたことです。これに関連することですが，現代物理学を作った天才のうち，決定的な貢献をした二人，EinsteinとDiracがこのような章立てからは抜けてしまったことです。Planckのようにたった一つの仕事であれば天才列伝に載せやすいのですが，二人の場合はそういかないからです。もう一点，欠けていると感じられたのは，一人ひとりの天才について自由人物理の立場からの評価と批判は出来るのですが，**自由人物理屋**はなぜ**物理学全分野**が頭に入っていなければならないかということ，これこそが物理は物理的対象ではなく，**物理的精神**であるという**自由人物理の精神**ですが，これがどこにも入っていないことに気づきました。そこで書いたのが次の展望です。

出発インタビュー

①混迷を見透かす「物理派」眼鏡
②見えて来た現代物理学の骨格と本質
③電子こまスピンモデルの見直し
④化学と物理の断絶なくす新理論
⑤自由人物理の歴史と実績

　これらの展望は本書の〝華〟です。それだけに内容にも表現にも十分な力を注ぎました。**展望**は **Bird's Eye View** と名付けている方法で行ないました。これは単に鳥瞰図として知られている方法と違い，空高く飛ぶ**タカ**が地上の**小ネズミを探し逃げたあとを追い求める**目にある光景という意味です。これは全体を示す**遠景図**の中にネズミが走る**近景**と，逃げたネズミが岩陰に隠れる**拡大図**がはめ込まれているものです。これは著者が10種の重大な病気を遺伝子から説明する『ゲノム医学入門』(2003年10月)を書いたときの方法で，遠景の中に拡大図を入れる Bird's Eye View こそ，重要な展望の書き方と思います。では早速出発しましょう。

◆第一部

I

Newtonの偉大と英国物理の死　大陸物理の自由と花開いたEuler

1．自由人物理の第1歩はNewtonを神棚から降ろすこと　17
2．貴族社会にすぐ受け入れられた『プリンキピア』　20
3．誰の仕事か　力学的世界像の発見
　　　Kepler（ケプラー），Huygens（ホイヘンス）　22
4．哲学に影響を与えた『プリンキピア』　24
5．偉大さと時代錯誤　Newtonの『プリンキピア』　27
6．数理物理学を作ったBernoulli（ベルヌーイ），Euler（オイラー）　31
7．人を自由に大胆にする数理物理学　37

Newton　Leibnitz　Huygens

1．自由人物理の第1歩はNewtonを神棚から降ろすこと

　本書の大きな目的は，職業人物理家に対抗して自由人物理屋を宣言し，自由人物理の内容と精神から職業人物理の足りない所，おかしな所を論ずることです。これは御覧になる通りの大仕事ですが，もし本格的に意味ある大仕事であるなら最初の一太刀で全体の本質にあたる所を切って見せねばなりません。それをもって本書から立ち向かう問題と立ち向かう精神と方法を具体的な形で示さねばなりません。それが一番わかりやすいのは，職業人物理家に対する自由人物理屋からの容赦ない批判攻撃です。その具体的な形がこの章のNewtonの**神格化批判**です。なぜNewtonかというと，Nobel賞を気にするような職業人理論物理家はみんなNewtonを最も尊敬し，良い所ばかりでなく悪い所も真似するからです。悪い所を挙げれば，①関心の範囲が極端にせまい。②関心ある事以外の大事な事への感受性，判断力が全くない。③自分の仕事自体への判断力もない。だからいつも自分は正しく偉いと思っている。いわゆるアスペルガーと呼ばれる異常精神と思われます。

　Newtonをめぐってはいくつかの逸話があります。第1は「リンゴの木の下で，リンゴは落ちるのになぜ月は落ちないのかと思ったNewton少年」の話です。第2は「留守中に愛犬がロウソクを倒してしまい，何年もかけて書いた本の原稿がみんな燃えてしまったが，少しも怒らず，やさしく愛犬の頭を撫でた老学者Newton」の話です。二つとも全くの事実と信じられている有名な話ですが，少し疑い深い私は二つはNewtonを稀有の天才で最高の人格者であったと信じさせたい伝記作者の作り話だろうと思います。その理由は，第1のリンゴの話の場合，リンゴと月の同一視と比較は，Newtonが40歳の時の仕事で，これに気付いたのは他に何人もいました。しかし月の遠心力の加速度と地上の重力加速度の比が，月までの距離と地球半径の比の二乗に等しいことを計算で最初に確かめたのはNewtonでした。この時は自分では最

後まで計算できないくらい緊張し興奮したようです。これがリンゴの木の伝説になったのでしょう。

　第 2 の原稿焼失については，ロウソクが倒れて著書の原稿が全焼してしまったというのも真実ではないと思います。積んだ紙は燃えにくいもので，家が全焼するほどの火事でも紙が全焼することは考えられません。ただ 1690 年，Newton 50 歳の頃，Newton の家に火事があり，若干の原稿が焼けたことは事実です。

　この原稿焼失が原因であったかどうか分かりませんが，その頃，数年間 Newton は強度の精神錯乱に陥りました。親友の哲学者 Loche に「あなたが女性その他の問題で私を困らせようと企んでおられると思うと私は腹が立って…」と書くほどでした。精神錯乱に陥った直接の原因は，「続けて 5 晩も殆ど睡眠をとっていない」興奮状態にあったと思いますが，興奮の原因が何であったかは不明です。ただ，5〜6 年続いたこの精神錯乱は 1696 年，Newton が造幣局長官になると完全に消失します。この職にあって Newton は，貨幣改鋳という大事業で完全に指導的な行政手腕を発揮し，科学者出身では初めて貴族に列せられました。そして Cambridge 大学を代表する国会議員になり，英国の国威を揚げる活躍もしました。微積分法を巡る Leibniz との先取権争いも多分に国威発揚の色彩が強いものでした。そして 1704 年，宿敵 Hooke が死ぬと，Royal Society の会長となり，生涯その地位にあって行政的手腕を発揮しました。Hooke の完全抹殺もその一つだったと思われます。

　天才 Newton の生涯（1642〜1726）と人格は，レンズ磨きで糊口を凌ぎながら学問を続けた同時代の天才 Spinoza の生涯（1632〜1677）とは著しい対照をなしています。しかし二人とも歴史上最高の不朽の仕事を為し遂げました。一人は科学，一人は哲学の分野においてです。このことから天才においては，人格と仕事の質とは無関係という結論

Newton　Leibnitz　Huygens

を導き出すのは容易かも知れません。しかし学問としての立場から考えると，そうは考えられません。Newton の精神の異常性，正確には非理性性はどこかに潜んでおり，気付かれずに現代の物理学者に継承されている可能性があります。現代物理学の混迷の解明に，Newton 物理学の学問としての解明が必要なのはそこに理由があります。

　Newton 批判は言わば「物理学の神様」の批判ですから，極めて真面目にやる必要があります。本書は一般読者にも読めるように書いてありますが，学問として物理学を考えたい物理学者に向けた書ですから，本書の指摘や結論の論拠がすぐに参照可能である必要があります。そこで引用する文献は大学図書館で閲覧可能な次の 5 点に限りました。

① 『Principia』英語版
② 『物理学史』広重徹
③ 『大自然科学史』ダンネマン
④ 『力学の発達と批判的考察』マッハ
⑤ 『アイザク・ニュートン』ヴァヴィロフ

　本書の以下の主張は全て，①に記された本人の主張を対象にしていますが，本人が言及していない，同時代の対立した主張を客観的に知るために，信頼できる 2 冊の科学史書，②と③を引用しています。歴史事実に関する資料としては④，⑤も有用です。特に⑤は Newton に対象を絞った一冊なので，資料として断然に充実しています。ただし④，⑤の役割はそれに留まりません。最高の物理学者が書いた Newton 物理学の批判的検討の書ではありますが，歴史学者の批判的検討と違う点は，批判をしながらも，Newton 物理学の学問的貢献を見失わない，風呂の湯と一緒に赤子を流さない判断力があるからです。これは最高の物理学者にだけ期待できることです。Mach（マッハ）とこの著書はつとに有名なので，紹介の必要はない筈です。Vavilov（ヴァヴィロフ）

は，Nobel 賞を受けた Cherenkov 現象の共同発見者で，ソ連の科学アカデミーの総裁として有名です。そのような人が書いた政治色のあるものと思われがちですが，全くそうではありません。Newton の資料は 18 世紀以来，ヨーロッパ科学研究の重要拠点であったロシア科学アカデミーが所有していたと思われます。これら資料をフルに使った Vavilov の著書には，共産主義的な用語や議論は一切なく，科学論そのものです。ソ連は「ヨーロッパ科学の正当な嫡出子は自分」という思い込みがあったためと思われます。1942 年の Newton 生誕 300 年記念は，英国では戦時中を理由に行なわれなかったのですが，ソ連では Vavilov の本をはじめ，各種行事が行なわれたほどです。

以上のような準備と態度をもって，Newton が作った『プリンキピア (Principia)』の世界の学問的検討に入ります。そのやり方は次のようにします。まず『プリンキピア』が大きく評価する論調を紹介し，次にそれへの本質的批判を紹介します。ただし，『プリンキピア』への評価は時代によって変わるし，一般人と専門家，宗教界と科学界と人のグループによっても大きく違います。ここでは評価と問題点を一つずつ順にやるのでなく，最初に概括的に全部を紹介し，あと主要な点について詳述することにします。その理由はその構想の巨大さであり，それを無視して同書を批判し，否定することは学問的検討を目的とする本書の目的ではないからです。

2．貴族社会にすぐ受け入れられた『プリンキピア』

『プリンキピア』が出版されたのは 1686 年ですが，直ちに科学者たちがその価値を認めた訳ではありません。科学者の間では批判や無視が多く，さらには激しい対立もありました。ところが 1705 年，Anne 女王の Cambridge 大学訪問の際は，Newton は knight（騎士）の称号を与えられ，貴族の仲間と認められています。殆ど同時に王立学会

の会長に選出されています。これはラテン語で書かれた難解な『プリンキピア』という書が，出版後10数年の間に，知的な王族，貴族や宗教関係者の間で高く評価され始めたことを実証しています。宗教界からの評価は，Newtonの信条とするプロテスタント派からばかりでなく，ローマのカトリック派からもありました。これらの人々の評価は次の点です。「プリンキピアは宇宙を支配する根源的普遍的な力として万有引力の存在を証明した上で，この万有引力によればKeplerが示した太陽系の秩序が完全に証明できることを示した」ことです。

知的貴族や神職関係者にとっては，『プリンキピア』の図式は神が世界を統御する方法と形が如実に示されていると見て，早速に敬意と賛意を表したと思われます。特に天体同士が無媒介に引き合うことは物理的に有り得ないとして，全ての科学者が疑問視する万有引力を正面から証明した点は，神の手の存在を示していると見えて，神を信じる人は無条件に支持になったと思います。

科学者にとっては，このような支持は全く意味のないことです。特に天体間引力の存在とその大きさは，Huygens（ホイヘンス）が示して広く知られていました。Huygensが認めたくなかったのはそれが無媒介の神的な力だということです。Descartes（デカルト）の宇宙観であったエーテルの渦の動きというモデルで，何とかそれを証明したいと実は虚しい努力を続けたのでした。

これに対し，問題はNewton自身がどう考えたかです。万有引力の原因の物理学的説明は当時いろいろありました。天体に含まれる鉄分による磁気力ではないかとの考えもありましたが，Newtonはきっぱり否定しました。万有引力は厳密に質量に比例するのであって，磁気力の説明は受け入れられないとの理由でした。宇宙に満ちた渦の運動効果に原因を求めるHuygensの説明も，質量への依存性が説明できないので初めから問題にしませんでした。ただエーテルを媒体とする電気

的効果によって説明できる可能性を認めた文章を『プリンキピア』の第2版には残しています。しかしこれについては実験的資料はないとして考慮する姿勢を一切示していません。つまりNewtonの場合，一切の物理的根拠はなくても，この超越的な力に対する確信は絶対的なものでした。それは『プリンキピア』の末尾に「この最も美しい太陽，遊星，彗星の体系は全知全能の存在の計画と力から生じたものに他ならない」と書いたNewtonの熱烈なキリスト教徒としての神への帰依(きえ)から来ていると思われます。

3. 誰の仕事か　力学的世界像の発見　　Kepler(ケプラー)，Huygens(ホイヘンス)

「Newtonは『プリンキピア』で万有引力という神的な力を発見した」と貴族や大司教が大騒ぎをしても，当時の科学者は同調しなかったでしょう。科学者の間では万有引力は既に発見されていたからです。力のバランスの原理からすると，万有引力は周回運動をする天体の遠心力と丁度釣り合って天体に周回寸動を続けさせる力ですから，遠心力がわかれば，万有引力の存在も大きさもわかる筈です。円運動をする物体の遠心力は $mr\omega^2$ に等しいことを，Huygensは1869年（約20年前），既に式の形で発見し発表しています。科学的にはこの時点で万有引力の存在は確認されました。この万有引力が距離の逆二乗に比例することは，Keplerの第3法則を適用すればすぐわかることを，Hookeは認識していました。そこで1680年，王立学会書記としてNewtonに手紙を送り「距離の二乗に逆比例する引力の法則を使えば遊星の様々な軌道を説明できると予想されるので，その数学的な仕事を先生にお願いしたい」と記しました。手紙が残っているから事実です。従って学問の立場からは，Newtonが万有引力を発見したとの説は認められません。

Newton　Leibnitz　Huygens

　貴族や僧侶たちが，次に画期的意義として感心したのは，『プリンキピア』の企図の雄大さと方法の完璧さです。この点については少なからぬ科学者が同調したと思います。『プリンピキア』はEuclid（ユークリッド）の『幾何学原論』を真似た構成をとっています。『幾何学原論』では，最初に直線，平面，円などの定義があるのと同様，『プリンキピア』では最初に質量，運動量，力などの定義があります。次に『幾何学原論』では，円に関する公理，平行線に関する公理など5つの公理があるのと同様に，『プリンキピア』では運動と力に関する3つの公理が掲げられています。第1は力が働かない限り，物体は同一速度の直線運動をするという慣性の公理，第2は運動量の時間的変化は力に比例するという運動量変化の公理，第3は力と反力はいつも等しいという反力の公理です。

　『プリンピキア』はこれらの定義と公理の基礎の上に，万有引力の法則を仮定すると，あとは全く数学的操作だけでKeplerの3法則が導かれ，太陽系の全構造が導き出されたのでした。Euclidの『幾何学原論』と全く同じ数学的構造を持ちながら，そこに万有引力の法則を原理として持ち込むだけで，太陽系全体が定理として導き出されたことが人々を驚かし，魅了しました。貴族や僧侶には，Newtonの操作は神が太陽系を作った操作の生き写しのように思われたかも知れません。それに対し，科学者の見方は違っていた筈です。

　Newtonが『プリンキピア』で提示したものは，力学という新しい学問です。従来にも橋や建物など構造物の力学はありましたが，Newtonが示したのは運動の力学です。そこで問題になるのは運動の力学はNewton一人で作りだしたものかどうかという点です。まず『プリンピキア』の基礎公理をよく考えてみると，慣性運動の公理も，力は運動量の時間変化速度に等しいという公理も，Galileoが沢山の実験の結果，発見し，定式化したものです。万有引力の法則もHuygensとHookeが発見していたものです。正確に言うならGalileoの力と加速度の法則

を使って Huygens が遠心力を mv^2/R と確定しました。太陽系の遊星に適用すれば遊星の公転半径を R, 周期を T とすれば, mR/T^2 となります。これを知って Hooke はこの遠心力と釣り合う引力は m/R^2 と距離の 2 乗に逆比例する力でなければならないと結論しました。理由は, 二つの力が釣り合って生まれる遊星運動については, R と T が Kepler の 3 法則の 1 つ $R^3/T^2 = Const.$ を満たさねばならぬことを知っていたからです。$R/T^2 = 1/R^2 \rightarrow R^3/T^2$ です。つまり Kepler の第 3 法則の発見が実質上, 逆二乗法則の発見になっていたのです。

つまり『プリンキピア』の力と運動の公理は, Galileo の発見そのものであり, 万有引力の発見は Galileo と Kepler の観測と実験による事実の発見に対し, 数学的な考察を行なって法則を導いた Huygens と Hooke の仕事です。数学を使った法則の発見は二人とは別に Newton 自身が行なっているのですが, 発表は後のことです。従って Nobel 賞風にどちらが先であったか (Originality) を問題にすれば, 運動の力学の構造は Galileo と Kepler の実験と観察による発見と, Huygens と Hooke の理論的考察の成果です。特に Kepler の仕事は太陽系の全遊星の軌道を正確に決定したにとどまらず, 第 2, 第 3 法則で, 運動法則そのものを発見呈示している点が注目に値します。Galileo の運動法則が直線の運動法則であるのに対し, Kepler のそれは, 中心力による周回運動の法則で全く別物だからです。

4. 哲学に影響を与えた『プリンキピア』

貴族僧侶に次いで Newton が絶対的に評価され, 根本的な影響を与えたのは哲学者たちでした。ここで哲学者とは, 文学部の哲学科を出た人を指す日本語の意味でではなく, 最高に広く深く学問をする巨人をさす Philosopher というヨーロッパ語の意味で, です。そのような哲学者の典型的な例としては Locke, Voltaire, Kant, Hegel, Marx を挙げるとことができます。

Newton　Leibnitz　Huygens

　これらの哲学者 = Philosopher が Newton を評価し，それに倣おうとしたのは，『プリンキピア』における学問の方法でした。つまり学問のあり方そのものです。これらの哲学者に一番アピールしたのはそれまでヨーロッパ学問で絶対的権威を持っていた Descartes（デカルト）の学問の態度と方法を敢然と否定して別の方法を示したからです。デカルト主義は Rationalism と呼ばれ，その実行者は Cartesian として今でもフランスでは褒め言葉ですが，実は中世スコラ哲学の名残で近代の学問と思想はこれを克服する必要があったのです。Rational は Reason に由来する言葉で，「合理主義」と訳されます。Reason は「理性」と訳されることもありますが，もとの意味は「訳(わけ)」あるいは「理屈」です。デカルト主義は理屈がつかなければ神の存在さえ認めないという**理屈主義**で合理的に見えますが，理屈を絶対視するあまり誤りがあります。ことわざに言う通り「理屈と膏薬は何にでもつく」からです。

　理性の立場から Rationalism を真っ向から否定したのは，Francis Bacon（1561〜1626）です。彼は検事総長，首相を務めながら Shakespeare 作品の真の作者と言われるほどの知的巨人ですが，後に残る最大の仕事は，Descartes 主義を否定し，有用な知識に達する道として観察と実験による Empiricism（経験主義）を唱えたことでした。そのために彼が作ったのが Royal Society（王立学会）でした。イギリスの学問がフランス，ドイツと違って観察と実験を重んずるのはここに根源があるのです。しかし王立学会の議論の中で，観察実験の実例を集めただけでは学問にならない。実例を例に終わらせず一般法則にするには骨組みが必要だ。それは数学だと気付いたのは建築家として数学のできた **Hooke** でした。実際に Kepler の第 3 法則という観測事実から万有引力の逆二乗法則を導き Newton に示したのでした。それを完璧な形で示したのが，『プリンキピア』でした。これによって観測・実験を数学という恣意性のない方法で組織化して確かな知識に達する

Newton　Leibnitz　Huygens

Empiricism（経験を基礎にした学問の方法）が確立しました。これはRationalism（思弁だけで学問する方法）への真っ向からの挑戦で，Lockeはこの方法を学問の正道として擁護した最初の哲学者となりました。

　Lockeが『プリンキピア』から汲み取ったもう一つの需要な真理は，自然界には自然法則があるように人間の社会には自然な**取り決め**（Law of nature）があるという認識です。ここで自然とは恣意的なものを含まないという意味で，自然な取り決めを考えるには人間の自然な状態（State of nature）が前提になります。同時代の最高の哲学者Hobbsは人間の自然な状態は万人の万人に対する戦い（War of all against all）でした。従って「強力な政府が必要」との結論になりますが，Locheが考えた自然な状態は理性的な人間の集まりという状態でした。そこで必要から自然に契約が作られる，それが社会契約であり，自然な取り決めだとの考えでした。

　Lockeのこの二つの哲学は英国では当時全く注目されず問題にされませんでした。それが注目され英国の誇りになったのは米国の憲法制定（1767），フランス革命（1789）後のことです。双方の基本になった思想は「人間は平等に生まれている」「人間関係は契約であり，それが法律である」というLockeの思想だったからです。このLockeの思想を王侯，貴族だけが人間である時代錯誤（Ancient regime）の国フランスに持ち込んで，遂には革命まで起こさせたのはVoltaire（ボルテール）です。Voltaireは大貴族に恥をかかせたため監獄にぶち込まれますが，うまく逃れて英国で3年暮らしました。その時，国王の首をはねた国，契約で新しい国王を迎えた国の自由さと暮らしやすさにびっくりします。そしてそれをフランスで実現するためLockeの思想，その基礎にあるNewtonの学問を懸命に吸収し，それを広めることを自分の使命としました。

『プリンキピア』については，Voltaire が愛人の大貴族 Emille du Chatelet と共同研究を行ない，その Emille がフランス語全訳を出版し，Voltaire は『Newton の科学』を出版し，この2冊がヨーロッパの科学者に Newton 力学を知らしめ，その後の物理学の急激な発展が英国ではなくヨーロッパでおこる原因になりました。このもっと大きな原因は実は Newton が会長になってからの王立学会が研究の面では全く不活発になったことにあります。Locke の思想のもう一つの面については Voltaire はさらに積極的な紹介をしました。Locke の「人間の自然な状態（Natural state）」「人間の自然の取り決め（Natural law）」に加えて Voltaire が強調したのは「人間としての自然権利」でした。自然な状態で人が「人間として等しく有する権利」でした。それは人は「平等である」こと，それが「全ての取り決めの基礎である」ことでした。Voltaire は Diderot（ディドロー）が中心になった百科全書の書き手でしたが，百科全書の中で一番影響力があった Voltaire が書いたのはこの主張でした。百科全書が米国憲法とフランス革命の思想的基礎とされる理由もこの点にあります。

Newton の『プリンキピア』がフランス革命を生んだとは言えません。しかし『プリキピア』がなければ，フランス革命があの形であの時点で起こることはなかったでしょう。人々の Descartes 式思考＝Rationalism からの脱却には，遥かに長い時間がかかったでしょう。

5．偉大さと時代錯誤　Newton の『プリンキピア』

まず，貴族，僧侶らから，つづいて哲学者から画期的な書として評価された『プリンキピア』ですが，内容が一番解かる筈の科学者からの評価はいま一つでした。その理由は根本的には次の二点です。①『プリンキピア』の内容は全て既に Galileo, Huygens らによって発見されていることで，Newton によるオリジナルな発見はない。②万有引

力を発見したというが，それが逆二乗の法則に従うことは既に Hooke が明らかにしているので問題はこの不可思議な力の物理的説明だがそれがない，の2点です．

　これらの評価や批判が直接に Newton に向けられたかどうか分かりませんが，第 2 の批判に対しては第 2 版で答えています．つまり「Hypotheses non fingo」（私は仮説を作らない）です．ここで Newton のいう Hypotheses は conjectures(想像)の意味です．Newton のこの答えは，論戦における反論としては完璧ですが，真面目に疑問をぶつける科学者への答えにはなっていません．なぜ「想像」をしないのか，その理由を答えてないからです．想像をしない理由は万有引力には物理的原因があるだろうが，それがまだ分からないから自分は勝手な想像はしないのか，それとも物理的原因ではない超越的な力と思うから説明しないのか，どちらの意味が Newton の考えか知りたいのです．彼の残した文書のどこにも決定的な答えは残っていません．彼は見事に完全主義者でした．

　Newton の仕事は Original（源流）でないという批判を徹底して行なったのは Hooke でしたが，これに対して Newton はまともには応じず，彼の死後，彼を歴史から抹殺することで答えました．彼は，言葉での反論はしませんでしたが，『プリンピキア』の意図そのものは見事に反論になっています．Hooke までの物理学が，実験と観察で新事実を発見し，それを理論的に分析する分析的研究であったのに対し，『プリンピキア』はそれとは逆で，まず核心となる原理を提示し，それから数学を用いて観測された事実を全て導いて見せる構成になっています．つまり『プリンピキア』の意義は新しい事実の発見にあるのではなく，そういう発見が行なわれる世界の構造そのものを明らかにした点にあります．

つまり『プリンキピア』の意義は，科学研究の姿勢として従来は分析（アナリシス）という方向しかなかったのに対し，その逆の方向を初めて示したことです。初めての方向なので決まった名称はありません。Vavilov はこれを「原理の物理学」と呼んでいます。日本では「分析」の反対語として Newton の「総合」が知られています。ただし日本語では総合の意味は，様々なもの単に集めてまとめる意味ですから Newton の総合では本当の意味が伝わっていません。Newton の意味を表すには，Synthesis（シンセシス）という必要があります。これはヨーロッパ語では Analysis（アナリシス）の反対で，原理から様々なものを導き出すという意味だからです。

シンセシスは Galileo, Kepler, Huygens のようにローマ教会に反抗して事実の発見に努める学者にとっては気付かなかった方法でありますが，ローマ教会に従順な学者にとっては原理から思弁によって全てを導き出すのは Descartes の方法であり，自分たちの方法でした。そこで問題になったのは Descartes と Newton のどこが違うかです。はっきりした違いから言えば，Descartes は言葉で述べられた原理から言葉による論理で全てを導き出そうとしますが，Newton の場合は数学の公理，定理のように表現された原理から数学の論証法だけで全てを導き出そうとします。

もう一つ Newton ははっきり述べていませんが，最大の違いは出発となる原理の定め方です。Descartes の場合はそれは教祖の霊感か何かで決まるのでしょうが，Newton の場合は自分では認めませんが，先人たちが実験観測結果をアナリシスして到達した自然の法則を自分の原理にしています。つまり Descartes との決定的な違いはアナリシスがあってのシンセシスです。

これが『プリンピキア』の一番大きな学問的意味です。このことを

一番早く一番正しく認めたのは, Hegel とその弟子の Marx です。Marx は初期の著作（経済学批判）で経済学のあるべき方法を定式化しています。それはまず Population（人々の生存，生活）というような雑然とした事象から出発しながら賃金，物価というような一般性ある概念を使って研究し，さらにそれを分析してもっと一般的な抽象的概念である賃労働，資本などに到達します。これがアナリシスの過程です。研究の次の段階は，逆向きにたどり，分業，欲望，交換価値のような抽象的なものから，国家，世界市場といった複雑で具体的なものへと遡って行くシンセシスの過程だというのです。Marx はこの方法を『プリンピキア』から学びました。それを実行したのが『資本論』です。「自然の法則」を明らかにすることで，フランス革命の原理を作った『プリンキピア』は，アナリシスに基づくシンセシスという研究方法を提示することで『資本論』を作ったのです。ここに『プリンキピア』の偉大さがあります。

　しかし，これは普通の科学者にとっては関心のない所かも知れません。科学者が関心を持つのは，科学的に新しい内容と自分の物理研究に使える有効強力な道具としての方法です。特に道具としての方法に関心が集まったでしょう。それは『プリンピキア』出版（1687 年）前後から, Newton が新しい力学の研究の為に微分法を発明したとの噂が広まり, Leibnitz との先取権争いが激しくなったからです。しかし科学者をがっかりさせたのは, Newton が『プリンキピア』では微分積分を一切使わなかったことです。それに相当することを幾何学だけを使って証明しています。幾何学ですから式は一切使っていません。万有引力の公式 $F = k m_1 m_2 / r^2$ も書かれていませんし，運動方程式 $\ddot{x} = F(x)$ も書かれていません。全て言葉で表現されているだけです。そして全ての証明は幾何です。これでは『プリンキピア』に新しい解法としての数学を期待した科学者は失望したと思います。Newton の数学はギリシャ時代の古さです。

Newton　Leibnitz　Huygens

　式を使う数学は，中世のイスラム文化の中で発達し，それを受け継いだイタリアでさらに発達し，1545年出版のCaldanoの本では3次方程式，4次方程式の代数的解法が紹介されています。Descartes（1590〜1650）は，その幾何学（1639）で，x, yの2変数を含む方程式は曲線を表すことを指摘し，これを基礎に曲線に接線を引くなどの幾何学問題が式による計算操作で解けることを示しました。解析幾何学の始まりです。この時に代数演算はほぼ現在の形に整備されました。科学者は幾何学的問題の解決は解析的（式によって）行なうようになったと思います。遥かに楽だからです。ところがそれから100年近くも経って現れた『プリンピキア』は，一切式を使わない幾何学的証明，つまり2000年も前のギリシャ時代の証明法に戻ったのです。古来の方法ですから，解からない訳ではありませんが，何かを期待した科学者は失望したと思います。さらに驚くのは『プリンキピア』の構成です。2000年前のEuclidの幾何学「原典」とそっくりです。無理にそれに合わせて構成しています。その結果，最初に質量を定義する必要が生じ，「質量は密度と体積の積である」と有名な定義をしています。この時代錯誤は自分の『プリンキピア』をEuclidのElementsに次ぐ歴史的成果にしたいとの思いあるいは思い上がりが主因と思いますが，もう一つそれを助けたのはDescartesに対する対抗意識だったのではないかと思います。

6．数理物理学を作ったBernoulli（ベルヌーイ），Euler（オイラー）

　『プリンピキア』を期待した科学者を失望させたであろう多分一番の大きな理由は，発見されたと噂の高かった微積分が使われていないことでした。Newtonは万有引力でHookeと争った後，微積分の先取権でLeibnizと争いましたので，Newtonの微積分には関心が高まった筈だからです。しかし『プリンピキア』では微積分はおろか式も使われておらず，証明は徹底してギリシャ幾何学でした。

Newton　Leibnitz　Huygens

　NewtonとLeibnitzの争いは，Newtonの信奉者の一人がLeibnitzが発表した微積分学の本はNewtonを剽窃(ひょうせつ)したものだと広言したことに始まります。これに対してLeibnitz自身が剽窃したのはNewtonだと反論しました。Newtonはこれを許さず，それがLeibnitzの人物評価を下げ，終生Leibnitzを苦しめることになったと言われます。「どちらが先に微分積分を発見したか」，これは難しい問題です。Newtonは極端に隠したがる人で，Leibnitzは反対に見せたがる人だからです。

　Newtonは隠したがり屋ですが，先取権は取っておきたいので，微分法の発見も外には秘密にしながら学問的にごく親しい人に知らせました。1669年以後のことです。これに対し，Leibnitzは微分学について1684年に，積分学について1686年に本を出し，これが微積分学を世に知らしめる最初の本になりました。この間15年ありますが，中間の1677年に王立学会の書記官がこの手紙をLeibnitzに紹介したことが解かっています。すると問題はその7年後に微積分学の本を出したLeibnitzにとってNewton情報が決定的だったかです。それはNewton情報の内容のレベルとLeibnitzがそれまでに到達していた発見のレベルによりますが，それは歴史に消された謎です。残されているのは当時の人たちの両人に対する印象ですが，非常に慎重で必要なことさえ言わなかった帝王Newtonに比べてLeibnitzへの尊敬や人柄評価は大分落ちます。そのため，微積分の発見は最初の本を出したLeibnitzより何も発表しなかったNewtonの方が先というのが定説となっています。

　ここでLeibnitzの名誉のため一言付け加えると，20世紀最高の哲学者Bertrand Russellは，その著書『西欧哲学の歴史』の中でLeibnitzを評し，彼は人間としては問題があったが，その知性は2000年の哲学史の中でも最高に属すると認めています。ですからたとえ最初の発見ではNewtonに負けても，その後では圧倒的にNewtonを引き離している筈なのでそれを見ていきましょう。まず現在使われている微積分

Newton　Leibnitz　Huygens

の記号を作ったのは Leibnitz です。Newton は位置 x の一階微分つまり速度を $\dot{x}$ で，2 階微分つまり加速度を $\ddot{x}$ と記しましたが，Leibnitz は一階微分を dx/dt，2 階微分を d^2x/dt^2 と表しました。現在と同じ表現です。また関数を $f(x)$ と表し，$f(x)$ の積分を積分記号 $\int$ を使って $\int f(x)dx$ と表すことを定めたのも Leibnitz です。つまり現在微積分学で使われている記号は殆ど全て Leibnitz が作りました。Leibnitz 表現の特長は表現が論理的なことです。微分 dt の d は差分 Δt の Δ をゼロにした時の表現です。ですから dx/dt は数値上は $0/0$ です。しかし Leibnitz の微分学では dx/dt は $\Delta x/\Delta t$ の極限値になるので不定ではありません。記号の中に極限の考えが入っています。2 階微分の d^2x/dt^2 の d^2 も単なる記号ではなく，$d^2x = ddx$ であって計算の仕方そのものを表現しています。Leibnitz の作った微積分学では記号が数学の論理に従っていますから，微積分記号を代数記号のように，使って出た結果は証明なしで正しいのです。例えば，$\int (dx/dt)\,dt = \int dx = x$ 最後のステップは $\int d = 1$ から出ます。つまり計算で出た結果に証明は要りません。計算だけで新しい定理が生まれ，計算が正しいなら証明はいらない。これは Leibnitz が目指した数理論理学でした。Leibnitz の微積分学はその最初の試みとなっています。

　Leibniz の微分積分学の本を読んで感激し，Newton の『プリンキピア』の内容を微積分で式を使って表現しようと思い立ち，Leibnitz に師事したのが Swiss 人の Johannes Bernoulli（ヨハネス・ベルヌーイ）です。彼はたちまちにして『プリンピキア』の全内容を Leibnitz の微積分学に書き換えてしまったと思います。現在私たちが教科書で習う Newton 力学とは，Leibnitz〜Bernoulli の Newton 力学です。その中心は「運動量の時間的変化は力に等しい」という第 2 法則ですが，これを $md^2x/dt^2 = F$ と表したのは Leibnitz と Bernoulli です。この式から出発して，『プリンピキア』で幾何学で証明されている定理を微分積分の計算で出すことは二人にとっては難しいことではなかったと

思います。その結果,『プリンキピア』にあるいくつもの定理が新しい表現を得ましたが，その特長は「分かりやすく短いこと」でした。言葉を使った幾何学の証明ではなく，方程式を次から次へ変換して行く代数計算ですから，ぐっと短くなります。『プリンキピア』では20～30頁を必要とした定理の証明も 2～3 頁の計算で済むようになりました。理解も容易になりました。理解の仕方が変わりました。『プリンキピア』の叙述に従って事柄や論理を頭に入れるだけではなく，物理概念そのものがまず頭に入り，その組み合わせとして物理，つまり物の仕組みが理解できるのです。これは物理学概念が「運動の量」というような言葉ではなく，*mv* のように数式で表されたためです。それまで物理現象は言葉で表現し言葉で考えて来たのに, Leibnitz～Bernoulli 以後は物理現象は数式で表現し，どうなるかは計算で出せるようになりました。自分の頭の中に浮かんだ物理現象に関する考えも，それを言葉にする前に数式で表現し計算して考えを進める方法が現実になりました。まさに「感覚と数学の統一」です。これを本書では「数理物理学」と定義しますが, Johannes Bernoulli がまさに数理物理学の誕生でした。これは数理論理学的思想に基づく Leibnitz の微分積分学が可能にしたものと思います。

　この数理物理学を本格的に発展させたのは Johannes の息子 Daniel（ダニエル）です。Daniel Bernoulli は Newton の幾何学的方法によっては解決できない様々な物理現象に数理物理学を適用して非常に有用な成果を次々に挙げました。Dannemann（ダンネマン）は彼を数理物理学の本格的開拓者と呼んでいます。代表的成果は「ベルヌーイの定理」です。彼は流体の運動に数理物理学を適用し，一つの流線に注目すると，任意の場所の流速と圧力と高さの間には，
$1/2\, \rho U^2 + p + \rho g h = $ 一定 の関係があることを示しました。この式は飛行機が空気より重いものを運んで浮いていられる原理を示し，翼型と飛行速度の決定に使える重要な式です。もう一つの代表的なのが大

規模なつり橋の設計に使える懸垂線の式です。この式も微積分を使った数理物理学でなくては解決できなかった問題です。

　Daniel Bernoulli を超えて，数理物理学を現代物理学の必須基盤にまでしたのは Euler です。現代物理学の必須基盤は振動論，波動論と最小作用原理であり，その数学的基盤は虚数の指数関数，偏微分方程式，変分法ですが，Euler は莫大な仕事の中でこの三つの数学的基盤について不滅の発見をしました。

　このうち，虚数の指数関数とは e^{ix} のことで，彼は，
$e^{ix} = \cos x + i \sin ix$ であることを発見しました。この発見は，彼が $e^x, \cos x, \sin x$ のそれぞれをテイラー展開してみてすぐわかったことです。誰にでも発見できた筈のこの真理をなぜそれまで誰も発見しなかったのか，それは人々は二つのことを恐れて手を出せなかったからです。一つは虚数を数のように扱うこと，もう一つはテイラー級数のような無限級数をその収束性を確かめる前に使うことです。Euler が違っていたのは，答えが出たのは収束したからだとして一切気にしなかったことです。

　でもこの単純な発見が Euler を不朽にしたのは，物理学理論における $e^{i\omega t}$ という数式表現の普遍性です。これは角速度 ω の振動現象を記述する際，振動そのものを表わした物理記号と言えます。振動現象があるところでは電磁気学でも量子力学でも現象はまず $e^{i\omega t}$ で表わされ，それで十分だからです。これと並んで物理理論で Euler を不朽にしたのは変分法の発見です。Euler が変分法を考えたのは大数学者 **Fermat**（フェルマ）の予想「光は到達時間が最短になる経路を通る」に従って複雑な密度分布のある媒質中での光線経路を決定するためです。

光の到達時間は，光線経路を表わす関数によって決まります。つまり到達時間は関数によって決まる関数ですから，汎関数と言います。問題は汎関数である到達時間が極小値をとる経路関数を決めることです。関数の極小値を見つける方法は，関数を変数で微分してゼロになる変数値を見つけることでしたが，汎関数を関数で微分してゼロになる関数を見つけるのが変分法です。これは現代物理学の基礎になっています。現代物理学では粒子の運動の決定はNewtonの運動方程式を解くのではなく，運動経路に沿って求めた粒子の「作用量」が最小であるという**最小作用原理**を使っており，計算には変分法を使うからです。

BernoulliとEuler（オイラー）の輝かしい仕事に刺激されて，ヨーロッパでは多数の天才がこの分野に集まり，数理物理学は短時間の間に異常な発達と変貌をとげました。活躍した天才達の名前を挙げればLagrange（ラグランジュ），Laplace（ラプラス），d'Alembert（ダランベール），Maupertuis（モーパテュイ）ときりがありません。その活躍の中心はSt. Peterburg（サンクトペテルブルグ），Berlin（ベルリン）の科学アカデミーでした。科学が大好きだった**Ekaterina**女帝（ピョートル大帝の娘）とプロシアの**Friedrich**（フリードリッヒ）大王が国籍は問わず天才科学者を呼び集めたからです。Eulerはまず**Sankt Peterburg**の，続いて**Berlin**の科学アカデミーの総裁を務め，その後はLagrangeが引き継ぎました。

これらの科学者は全てヨーロッパ大陸の科学者でイギリス人はいません（大きな仕事をした**Hamilton**〈ハミルトン〉は生粋のアイルランド人です）。イギリスで本格的な数理物理学をしたのは**Lord Rayleigh**で約100年後のことです。神格化された巨人**Newton**の負の遺産だと思います。

7．人を自由に大胆にする数理物理学

　Leibnitz, Bernoulli, Euler の仕事を知ったヨーロッパの科学者たちの興奮は大変なものだったと思いますが，それはなぜだったか，どんなものだったかを知るのが大事なのですが，残念ながらそれを記した記録はありません。でも全然想像できないかという訳ではありません。自然がどんなに振る舞うか，自分が自然になった気持ちで考える典型物理少年であった私が，高校 2 年で突然微分積分学を知った時の興奮は今でも詳しく覚えているからです。

　その時の感じを一言でまとめると，自由で大胆になれたことです。自由とは，自分が正しいと感じていることが規制されないことです。物理少年である私は，代数学が大嫌いである理由がありました。例えば, $(x^2-1)/(x-1)$ の答えは $x+1$ と書くと間違いで, 必ず $x=1$ なら0/0で不定と付け加えねばならないことでした。ところが連続数は物理量と思っている私は，1 からの距離がゼロという物理量はないので $x=1$ という場合を付け加えることを拒否しました。x が1に近づけば答えは限りなく2に近づくだけなのに, $x=1$ という現実にはありえない点で，その値を不定とする代数学に不自然と非合理を感じていました。

　ところが Leibnitz の微分学では，$y=f(x)$ の x における微係数は $x+\Delta x$ に対する $y+\Delta y$ を求め，$\Delta y/\Delta x$ を求めた後，Δx, Δy をゼロにした dx, dy から dy/dx を求めます。これは代数学的には 0／0 で不定ですが，微積分学ではこれを Δx が十分ゼロに近づいた $\Delta y／\Delta x$ の値で代用します。これこそ私が望んでいた自然な数学でした。

　もう一つ忘れられない感激は，Leibnitz の微分学では物理的概念が数式として頭に入るので，数式を使って物理を考えることが可能になったこと，しかも計算さえ間違えなければそれは論理としては正しいことが保証されていることです。このため複雑な問題でも頭に浮かん

Newton　Leibnitz　Huygens

だアイデアを迷わず計算し，結果を見てみる大胆な自分になったことを覚えています。具体例でいうと，微分の逆演算として積分を練習したあと，平面図形の面積が積分で求められることを知り思わず気付かされたことがあります。計算で正しいことは何をやってもよく，理屈としても正しいということです。

　その気持ちでやったのが，曲線の長さを求めることでした。曲線Sの微分 dS は，$dS = \sqrt{(dx)^2 + (dy)^2}$ だから，dx を外に出して $\sqrt{1 + (dy/dx)^2}$ を x について積分すればよい筈と気付きました。これが正しいとわかると，さらに難しい問題に挑みました。「まゆ」のような複雑な立体の表面積を求めることです。これを電車の中で一生懸命考えて出た答えを本の裏表紙に書きつけたことを覚えています。もしやと思って探したらその本が出てきました。タイトルは『マルクスの数学に関する遺稿』で，内容は Leibnitz 微分学を勉強して感激したマルクスが微分学の基礎について書こうと書きかけた遺稿です。第1章のサブタイトルは「記号 0/0 を記号 dy/dx でおきかえることについて」となっていて，論点は私が抱いた感想と同じでした。Leibnitz 微分法は資本論執筆中の著者を興奮させるほどの力があった証拠です。

　Leibnitz 〜 Bernoulli による数理物理学が，Newton の物理学と違うことの説明として，潮汐(ちょうせき)に関する Newton の説明と私の説明を比較してみます。満ち潮の原因は月の引力という説明は古来行なわれていましたが，月の南中は1回なのに，満潮が2回起こることは不思議でした。その説明をしたのが『プリンキピア』で，『プリンキピア』が有名になった原因です。瀬戸内海汚染の研究の最中に，この問題に興味をもった私は，『プリンキピア』を読みました。『プリンキピア』ではこの問題が約15頁に亘って言葉で説明してありますが，私は頭に入りにくい説明と感じました。そこで私は，流体を扱う Bernoulli の物理と，質点ではなく，剛体の力のバランスを扱う Lagrange の物理を使ってこ

Newton　Leibnitz　Huygens

の問題を取り扱ったところ，約 **15 行**で Newton を超える結果を得ることができました。微積分を自由に使ったヨーロッパ物理学こそ使える物理学の源流です。そこで高校の友人から説明を求められた際，自分で考えた数理物理学的な説明をした図（40 頁）が残っているのでここに示します。要点は 2 つあります。①は C の部分が引き上げられるのではなく S の部分から押されて押し上げられる。その結果の潮位上昇は力の釣合から計算できて具体的には 0.5 メートルになる。②は月が地球の裏側にまわった時，もう一度満潮が起こるのは，影の月が頭上にあらわれるからである。**影の月**に見えるのは地球が受ける遠心力である。月は地球をまわって遠心力を受けるが，同時に地球は月を回っており遠心力を受ける。

　このメモは，私が猛烈に力学を考えていた高校 3 年の時に作ったものですが，客観的に評価して『プリンキピア』より優れていると思います。その理由は，単に後の世代だからではなく，数理物理学という道具あるいは言葉のお陰と思います。

Newton Leibnitz Huygens

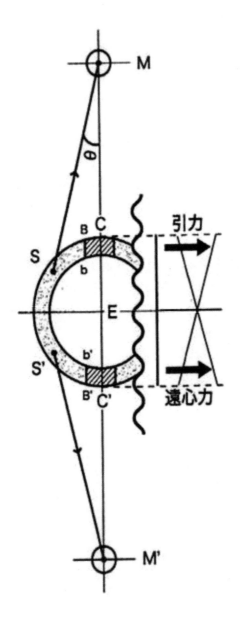

S部分が月から受ける引力は
$F = (\gamma M/D^2) \rho hwL$ (γ:万有引力定数, M:月質量, D:月までの距離 h:水深, w:幅, L:Sの長さ)
Bbの壁に垂直な方向の成分は$F\sin\theta$
$=F(a/D)$、これが潮位上昇(H)に伴う圧力増加$\Delta p = \rho gH$ が界面Bbにおよぼす力$P=\Delta phw = \rho gHhw$と釣り合う。
$g = \gamma E/a^2$ (E:地球質量、a:地球半径)
だから、釣合条件は
$\rho(\gamma E/a^2)Hhw = (\gamma M/D^2)\rho hwL(a/D)$ したがってL=aとすると
$H = (M/E)(a/D)^3 a$

II

学問的総合としての Lagrange 力学

1. 社会における物理学のあり方，欧米と日本　42
2. Philosophy とは学問の総合　46
3. Newton から Lagrange へ激変の時代　51
4. Lagrange における力学の総合とは何か　54
5. Lagrange 力学とは　55
6. Newton 力学と違う Lagrange 力学の基本概念　60
7. Newton の太陽系と Lagrange の剛体振子　65
8. Lagrange 解析力学の論理構造　69

1. 社会における物理学のあり方，欧米と日本

　本書では，これに続く話は「Lagrange の解析力学」になります。解析力学は将来，物理学の研究をしようとする学生には欠かせないので要点だけを掴んで取り上げますが，現代物理学のコースでも化学や工学部の学生のコースでは余計な負担を避けるため省いてしまいます。一般の人々を対象とする物理のコースでは，相対論や量子論の常識を超える世界の話はしますが，そんな面白さは期待できない Lagrange の話はしません。でもこの本は学問としての物理ですから少し違います。Lagrange を外すと古典力学と量子力学が繋がらず，物理という一つの学問にならないからです。工学部の物理がその良い例です。高校でも大学の教養課程でも Newton の第2法則を習い，逆二乗の引力法則を使えば Kepler の3つの法則が全部導けることを確かめて力学をマスターした気分になります。しかし専門課程で原子の物理学を習うと，原子核を中心に逆二乗の引力法則が働いているのは太陽系と全く同じなのに，Newton 力学は使えず，全く別な Schrödinger の方程式が与えられ，3次元空間の電子の存在確率を知るために複雑な偏微分方程式を解くことを教え込まれます。こうして力学と量子力学は全く別な関係ない世界と確信するようになります。量子力学の前に，Newton 力学を理解することは必要なかったと知るのです。こうして原子の世界をマスターした人が，今度は**素粒子**に興味をもって学ぼうとすると，これは Schrödinger の量子力学の世界とは全く違う世界であることを思い知らされます。いきなり出てくる言葉が「正準変換」「ゲージ理論」「対称性」だからです。Newton 力学しか知らない人がいきなり Schrödinger の世界に迷い込んだ時と同じ状況の再現で，完全な門前払いです。ですから化学や工学の学生で量子力学に詳しい人でも**場の量子論**のわかる人はいません。

　物理学が学問として化学や生物学と違う点は，**物の理屈**という学問の性質上，物理学は密接に繋がった一つのまとまりであり，どんなに

特殊な問題を扱っても専門分野化し特殊化することなく，他と密接に繋がって一つの全体になっていることです。ですから**力学**と**量子力学**と**場の量子論**の特殊化，専門化のようなことは物理学では認められない筈です。実際に優れた物理学者は，Landau, Feynman, Fermi, Nambu（南部陽一郎）が良い例ですが，チョーク一本だけで，物理学のあらゆる面を完全に講義できたのです。これは能力の問題ですから誰にも要求できる訳ではありませんが，学問として「物理を行なう」ものが心掛けるべき態度です。一つであるべきものがばらばらの特殊分野に別れてしまうのは，単に心がけの問題ではなく，互いを繋ぐ結節点となるべき分野への認識がなく，軽視あるいは無視されているからと思います。力学と量子力学と場の量子論，三つの分立についてならば，結節点は Lagrange の解析力学と Maxwell の近接作用電磁場理論です。物理の専門教育ではこれは軽視されていませんが，学問としての立場から見ると，数式の繋がりだけを追った表面的なものに終わっています。学問としての物理学者はそうではない筈です。

　例えば，Landau の『理論物理学教程』全10冊の第1巻は力学ですが，第1章の運動方程式では「運動法則の最も一般的なものは作用量 S の最小なもの（最小作用）」と宣言されています。そして作用量 S は L を Lagrange 関数として，$S = \int_{t1}^{t2} L(q, \dot{q}, t) dt$ と定義されています。つまり Newton の運動法則ではなくて Lagrange 力学が Landau の全物理学の基本になっているのです。また「物理学は一つ」の思想を強く持ち，力学，電磁気学，量子力学，統計力学を一冊にまとめた Kompaneyets（カンパニェーツ）の『理論物理学』も第Ⅰ部力学の冒頭を「Lagrange の方程式」で始めています。でもこの二つは例外です。力学を「Lagrange」から始める本は，私は他には見たことがありません。私は1951年に東大に入学した直後，一週間のアルバイトをしてやっと買い求め，66年後の今でも大事に持っているのは名著の誉れ高い山内恭彦『一般力学』（当時の定価330円）ですが，この名著でも Newton

力学から始めて,解析力学は後半の140頁,全体の半分以下です。それから12年後の1963年,世界中に旋風を巻き起こしたのが,Feynmanの物理学講義ですが,その力学はNewton力学だけで,Lagrangeと解析力学は影も形もありません。Kompaneyetsの『理論物理学』は英語版がその直前1961年に出ているのにです。この違いは物理学思想の違いというより,当時のソ連と米国の学生のレベルの違いと思います。そして日本のレベルは米国に近いと思います。物理教育のレベルは米国よりさらに低いと思います。それは米国人は,広大な田舎での生活の必要上,みんな日本人よりはるかに機械の取り扱い修理に慣れたMechanic(機械屋)であり物理学を体で掴んでいるからです。

　物理学に対する理解がこのような状況にある日本社会ですが,物理専門家の研究レベルは非常に高いものです。常に超大国米国に次ぐ,第2位を堅持しています。それは日本人の天性が物理に向いているためなのか,Yukawa(湯川秀樹)・Tomonaga(朝永振一郎)以来の歴史的伝統のせいなのか,あるいは,物理研究,特に応用物理研究に巨額の予算を配分する政策の成果なのか分かりませんが,世界から高く評価されていることは確かです。それは研究の量と質を見た研究の国際競争力の客観的評価であります。しかしここで問いたいのは,それが直ちに「日本の物理学」の「学問としての評価」になっているかです。これに対して「Yes」と答える日本の物理学者・物理研究者は一人もいないと思います。その第1の理由は日本には実体として物理学と言える学問はないからです。日本には世界のどの国にもあるPhysical Society(物理学会)に相当するものがありません。日本の物理学の学会は物理学会(会員数約1万7千人)と応用物理学会(会員数約2万4千人)の二つに分裂していて,全く別です。これは日本の大学には,欧米の一流大学にはない工学部があって,そこが応用物理を細分化した航空,電気,機械などの学科に別れて大学で最大の勢力になっているのに対し,物理は化学,生物と共に理学部の一学科に過ぎない状況

の反映です。工学部は応用物理だといっても，それぞれの学科はそれぞれの学会を作りますから応用物理学会を作るのは学科がない半導体物理の専門家で，これがまた専門ごとに細分化され，互いの繋がりはないのです。唯一の繋がりは米国留学で作った同じ分野の研究者との繋がりです。その典型が原子力の研究です。米国では「核エネルギー」研究は必ず物理学者が中心になり，Engineer（工学者）がそれを支援しますが，日本では原子力工学科の仕事となっています。しかし原子力工学科は高圧容器とか熱伝達の専門家の寄せ集めで，原子炉を物理学者の眼で一人で全部見られる人は大学にも企業にもいません。世界第2の日本の物理学の実情です。

　このような細分化，専業化と唯一の繋がりとしての米国専門家との繋がり，はっきり言えば，その下請け化が日本の先端分野研究の特徴ですが，それは第1位国になる可能性も意思もない第2位国の政策としても，職業人としての成功を第一と考える個人の態度としても賢いものでしょう。しかし，物理という学問の側から考えると，物理学は人の物質生活を支える単なる道具あるいは手段だけに終わるのではありません。迷いの多い人間の精神生活を正しい方向に向ける何か強大な力でもあるのです。具体的に言うと，地球は神が住むところで，宇宙の中心という宗教的世界観の誤りを正したのは物理学でした。「ものごと」は必ず「原因」と「結果」の連鎖によって起こるのであって，それを超えて神の力とか不思議な力はないという常識を人々の間に確立させたのも物理学でした。これが「ものごと」の判断において「事実」と「理性」を重視する思考態度を生み出したのです。そしてこれが人類を迷信と恐怖に満ちた中世から救い出し，人間を人間として扱う近代に導いたのです。

　一言で言えば，これが「学問としての物理学」の意味であり，意義，役割です。私が先に世界第2の日本の物理学の問題点として指摘した

のは，日本の物理学には学問としての物理学が欠けているし，欠けているだけでなく，欠けているという自覚もないことです。日本の物理学には「実学」しかないことです。工学部の物理学が実学だけになるのはやむを得ないとしても，理学部の物理も工学にはならない分野の実学だけです。これに対し，物理学そのものを作った欧米の物理学は違います。欧米語には「実学」という言葉はありません（福沢諭吉による造語と言われます）。そして日本語では実学の反対語として使われる「学問」に相当する言葉もありません。もし勉強するという意味での「学問する」なら「Learning」で良いのですが，「Physics as learning」とは絶対に言いません。では「学問」という概念が無いのかというと，それは全く逆です。学問という考えが社会に充満しているから学問という言葉はないのです。「Physics」という言葉は学問としての物理を指す言葉なのです。「実学」は応用を指す言葉なので「Applied Physics」なのです。物理の応用は非常に大事なことだが，応用は応用，学問があっての応用というのが欧米の学問観です。

２．Philosophy とは学問の総合

日本には「学問としての物理学」という言葉はあるが，現物は存在しない。これが，日本の物理学の最大の問題です。日本の物理学が技術の基盤というだけに止まらず，社会における思考の重要な基盤となるためには，物理学者自身が学問としての物理学を具体化し，これを社会に広めるよう努力しなければならないのです。そのために何をすべきか。それを考えるのが本書の目的です。

欧米では，学問という概念を表わす言葉は Philosophy です。そして Philosopher とは「学問する人」です。欧米で Physics や Mathematics が学問中の学問とされるのは，学問の世界の中心に学問する人 Philosopher がいて学問のあり方を示しているからです。Philosopher

は日本語では「哲学者」と訳され，哲学を勉強し，哲学を専門とする人を指しますが，そんな人を Philosopher とは呼びません。Philosopher とは学問の高さで仰ぎ見られる人です。

　日本語には Philosophy に相当する言葉はあるが，Philosopher に相当する言葉はないということは，社会的存在としての Philosophy も Philosopher も日本にはないことを意味します。Philosopher が存在しない社会での Philosophy とは，まさに絵に描いた餅だからです。

　そこでまず必要なのは，欧米にはあって日本にはないらしい，学問としての物理学の姿そのものを知ることです。これは難しいことではありません。物理学者の中には Philosopher と呼ぶべき人が何人もいて，スタイルと狙いは様々ですが，学問としての物理学について立派な著述を残しているからです。この問題に若いころから関心の深かった私は，実に多くの文献を読んで来ましたが，私に確実に役立った著述は比較的少数で，次の通りです。スタイルと分野別に示します。

　第1のスタイルは，論文の中に直接に Philosophy が記されているケースです。その1番の例は Einstein です。第2のスタイルは自分の思想で物理学全体を展開した本格的教科書を通じて物理学そのものあるいはその思想を示したものです。その好例は Landau と Lifshitz 共著の『理論物理学教程』全10巻です。ロシア語の原著が書かれてから60年以上経っていますが，未だに Harvard 大学の図書館で貸し出し用に最大の部数を用意している物理学書は Landau & Lifshitz だと聞きました。それほど影響力のある本です。ただし現在の物理屋にはプロを含め，全10巻の全部を読む広い興味と実力を持った人はいないと思います。

　でも Landau こそが本物と思う人には，Kompaneyets の『理論物理

学』がお薦めです。Landau の力学とそっくりの力学に始まり，電磁力学，量子力学，統計物理学の4部構成で，Landau の教程のエッセンスが正確に述べられています。彼は Lifshitz と共に Landau の最初の学生で，そのノートを取った本人だからです。

著者の物理に対する思想と方法がよく表われている好著が，Tomonaga の『量子力学 I, II』です。日本の物理学書の間では絶対的な人気のある教科書ですが，Landau とは基本がはっきり違います。Landau の関心は物理学全般ですが，の関心は量子力学に絞られます。Landau の関心は技術の基盤としての物理学の認識の正しさと有効性ですが，Tomonaga の関心は物理学の知的な冒険性と楽しさにあります。それに読者対象も違います。Landau は研究者向け，Tomonaga は入門者向けです。

量子力学の形成の論理とその思想的意味について Tomonaga とは相当に異なる見解をもって地道な解明をしたのが，Taketani（武谷三男）と Nagasaki（長崎正幸）『量子力学の形成と論理 I, II, III』です。共著者である Taketani は，日本では珍しい Philosopher に加えられるべき人です。Taketani は Yukawa が阪大で中間子の第1論文を書いた直後，まだ京大の学生だったのに Sakata（坂田昌一）を助けて第2論文，第3論文を書いた素粒子論の最初の研究者です。**中間子**は初め，電子，陽子，中性子以外の唯一の素粒子と想定されていましたが，次々に新しい素粒子が見つかり，現在 200 ほどになりました。この素粒子の性質と相互関係を調べる人たちのグループ，素粒子論グループが戦後に結成されました。その中心になったのが Taketani です。Taketani と Sakata の関心は素粒子論という生まれつつある学問について，あるべき姿を考え，それをビジョンとして示すことで，各人の研究に向かうべきヒントを与えることでした。二人はまさに Philosopher の仕事をしていたのです。この Taketani が Nagasaki という協力者を得て量子

力学の学問としての総合を試みたのが『量子力学の形成と論理』です。Umezawa（梅沢博臣）も Taketani の強い影響のもとで Philosophy ある物理屋に育った一人です。

　学問としての物理学にとって一番大事な書でありながら普通，大学図書館にはないので上記リストには落とした一冊があります。それが Lagrange の『Analytical Mechanics（解析力学）』，500 頁の大冊です。原著はフランス語ですから現在の日本の物理学者と科学史研究家からは完全に無視されている一冊です。

　Lagrange の著書『解析力学』が物理学者の間で完全無視されているという状況は，日本の物理学では「学問としての物理学」が尊重されていないことの直接で明瞭な証明になっていると私は思います。Lagrangean（Lagrange 関数）や Lagrange 方程式は量子力学への準備として誰しも一度は習います。しかしそれは単に数学的変換と形式的に受け取られ，Lagrange が長年かけて最終的表現に至った研究過程や思想に注意を向けられることはありません。日本の物理学は目に見える結果ばかりを追うあまり，表面的に過ぎ，学問的でないようです。

　問われるのはこのような実学重視，学問無視の日本の物理学の体質が，どんな問題を持っているのかです。これに答えるのが本節の議論の目的です。第 1 の問題点は Lagrange の『解析力学』という著述と Lagrange の人物そのものを無視することは，1680 年誕生の **Newton 力学**が，1925 年誕生の**量子力学**によって否定修正された **250 年に及ぶ力学の歴史**の革命の意味を理解することを妨げるからです。それを読み物風に偶然的な実験的発見と天才的な理論的思い付きの結果とみるのは物理学の歴史としては間違いです。物理学の研究の役に立ちません。250 年に及ぶ物理学研究の積み重ねを構造の変化として捉える必要があります。力学の歴史を構造として見れば，Newton の『プリンキピ

Lagrange

ア』は力学の全貌が見える 5 合目にありますが，頂上は Lagrange の『解析力学』の延長線上にある Hamilton 力学です。量子力学へは頂上を通って初めて到達できるのです。天才 Schrödinger は Newton の運動方程式から直接に Schrödinger 方程式を思いついたのではありません。

Lagrange の著書を全く無視することの第 2 の問題点は，日本の物理学研究には大きな弱点があり，それに気付くことが必要なのに，最良の手本を失うことだからです。弱点とは，日本の物理屋の多くは物理理論の論理と数式の展開と心得ており，言語による論理の展開とは考えていないことです。これは欧米の物理学者と違う点です。彼らは理論の展開の論理を正確な言葉で表現でき，その具体化として数式の展開を示すことができます。どちらが大事かと聞いたら，言語による論理展開が主で，数式展開は従と答えます。その最適な例が，Lagrange の『解析力学』です。これに対し，日本の物理学者の場合は数式展開が物理の論理であり，言語論理は補助的説明に過ぎません。

こうなる原因は，実は日本語が，単語と文法論理の未確立のため，がっちりした論理の表現に向いていないためです。日本語だけで考える人が，物理理論の論理は分かっても，論理を頭の中で再現し，論理を発信するのに困難を感じるのはそのためです。できれば物理の勉強と研究は英語でやるべきだと私は思います。

Lagrange の著述を無視する日本の物理学の第 3 の問題点は，日本の物理学における Philosophy の貧弱さ，欠如です。言葉を替えれば「学問としての物理学」の欠如です。より具体的に言えば，物理学が何を達成し，現在どんな構造にあり，今後何に力を注がねばならないかという学問論です。この問題意識は物理を職業とする誰の頭にもあり，人気のあるテーマで，日本ではこれは「研究方法論」として人気ある分野です。しかしそれに耳を傾ける人々の関心は「どうしたら注目さ

れる論文が書けるか」という実利的なものですから，議論は How to になってしまい，学問論にはなりにくいのです。学問論である Lagrange の著作に見習う必要があります。

3．Newton から Lagrange へ激変の時代

　完璧な芸術とは，作品だけを残してそれを生んだ人をも時代をも全て消してしまうものです。Lagrange 力学もそうです。残されているのは，運動エネルギー T と,位置エネルギー U の差として定義される Lagrange 関数 $L = T - U$ を使った運動方程式
$d/dt\ (\partial L/\partial \dot{q}_\alpha) - \partial L/\partial \dot{q}_\alpha = 0,\ 1 \leq \alpha \leq \nu$. だけです。でもこれを Newton の運動方程式の単なる数学的書き換えと見たのでは，学問にはなりません。これを作った人と時代を探る必要があります。

　Lagrange がその著『解析力学』を出版したのは 1788 年でした。これは Newton が『プリンキピア』を発表した丁度 100 年後でした。これで Newton の時代は終わり，Lagrange の時代になるという意図的な宣言だったと思います。しかし 1788 年は Lagrange の小さな意図を遥かに超えた大きな年でした。翌 1789 年に近代の決定的始まりであるフランス革命が起こったからです。それはすさまじい破壊であり変化でした。教会という教会は全て内部を破壊されました。現在フランスにある古い教会はその後修復されたものです。国王 Louis16 世と王妃 Antoinette が斬首されただけでなく，旧体制を支えた無数の人々がギロチンにかけられました。燃焼現象は燃料と空気中の酸素の化合によって起こることを実験的に示した化学の父 Lavoisier（ラボアジェ）もギロチンで消されました。徴税請負人だった上，貴族の地位を金で買っていたからです。もし Newton が Lavoisier と同じ頃フランスで生きていたら，多分 Lavoisier と同じ運命に遭ったでしょう。Newton は自ら望んで造幣局長官になり，貴族の称号を受けているからです。実際

にそうならなかったのは，Newton は Lavoisier より丁度 100 年早く 1642 年にイギリスで生まれ，イギリスで生きたからです。1642 年はイギリスで国王 Charles I を斬首する革命が起こった年です。革命を起こしたのは国王の離婚の都合だけから生まれた「英国国教会」に反発した清教徒たちで指導者は Cromwell でした。この政権は Cromwell の死 (1658 年) まで続きましたが，やがて国王の独裁政治に戻ってしまいます (1680～88 年)。Newton が自ら「自然哲学の数学的原理」と称した力学の研究を行なったのはこの時期です。そして『プリンピキア』の出版は 1688 年です。この翌年 1689 年には「名誉革命」と呼ばれる革命が起こり，独裁者 James II は国外追放になり，代わりに議会が呼んだオランダ国王 William III がイギリス国王となり，オランダと同様な立憲君主体制になります。Newton が国会議員や造幣局長官を務めたのはこの国王及びその娘の Anne 女王のもとです。

　Newton が生まれた 1642 年と Lagrange が『解析力学』を出版した 1788 年は，丁度イギリスの清教徒革命とフランス革命という世界二大革命の勃発の年と一致しています。この二つの革命は双方ともに国王の首を切った政治革命という共通性の他に，千年以上に渡って人々の精神と生活を完全に支配して来た Catholicism (カトリック教) を完全に否定したところでも共通性があります。でも神の手を借りずに社会をどう築けるのか。清教徒は信仰に基づく「個人の良心」の力を信じました。フランス革命は「平等な個人」が「契約によって作る法」の社会を実現しました。いずれも神が恐怖によって人を支配することを拒否し，平等に作られた個人が，理性によって作る社会を目指しました。「神から人間へ」「恐怖から理性へ」の大きな変換でした。カトリック教が作った神が 1000 年以上に亘って社会を完全支配していたヨーロッパを根底から破壊し，理性と人間主義の近代を作ったのはこの二つの革命でした。

この大転換の150年のことを，フランス人は「Siecle de Lumiere（灯りの時代）」と呼びます。英国人はこの時代を一つの時代と捉える感覚はありません。いろいろなことがあったからでしょう。ただフランス人の言う「灯りの時代」の英訳には，「Age of Enlightenment（明るくする時代）」と，「Age of Reason（理性の時代）」の二つがあります。日本ではこの時代を英語文献から理解しており，日本語にする時，「Enlightenment」を「啓蒙時代」と訳しました。啓蒙とは，解かっている人が解かっていない人の目を開かせることですが，これは時代の意味ともフランス語の意味とも違う明らかな誤訳です。もう一方の英訳「理性の時代」の方が適切な訳です。筆者は以前この時代を含めて研究し『物理学者が発見した米国ユダヤ人キリスト教の真実』(2011年10月) を著しましたが，そこでは「Enlightenment」を「理性革命」と訳しました。時代の意味を捉えた訳だと言われています。

　このようにNewtonとLagrangeが生きた時代は，数式で表された彼らの仕事からは想像できないことですが，世界史上は，中世的世界から近代，世界への変換が一挙に起こった激しい動乱の時代でした。この動乱の中でそれに乱されない完璧な仕事がなされたのでした。しかしそれは二人の仕事が時代の大きな変革と無関係であったことを意味しません。この大きな変革は彼らの仕事と無関係に起こったのではなく，理性革命という二つの大変革がこの時期に起こったのは，二人を含む多数の自然研究者の発見が引き金となり牽引力となったからです。

　中でもNewtonの影響は群を抜いていました。既に述べたように，フランス革命の最初の火付け役はVoltaireですが，彼を最初に有名にした要因が二つあります。一つは「イギリスからの手紙」に強調されたイギリス社会における意見発表の自由です。これは旧世界のフランスから清教徒革命で国王の首を切ったイギリスに亡命したVoltaireの最大の驚きでした。もう一つはNewtonの『プリンピキア』の思想としての画期的意義をフランスの貴族と知識階級に伝えたことでした。

Voltaireはその仕事をMarquise侯爵の夫人でフランス最高のサロン主宰者であった Marguise de Chatelet と共に行ないました。まず Marguise 夫人がラテン語で書かれた『プリンキピア』の仏訳を完成し，次に Voltaire が多分 Marguise 夫人と協力して『Element de philosophie de Newton（Newtonの力学の思想的意義）』と題する本を出しました。思想史的意義とは太陽系遊星群の精密で整然たる運動は神からの作用を一切受けることなく，自然自身の法則によって完全に決定されていることでした。ここで **Natural**（自然な）という概念は明らかに **Devine**（神的な）という概念と対抗しています。ですから Newton が示した神の介入のない自然法則の世界が理性革命の時代の指導原理となったのです。

　Lagrange の場合はそれほど目立ちませんが，フランス革命に至る変革思想としっかり結びついています。Lagrange の大著『解析力学』はフランス革命を導いた理論思想家 d'Alembert との共同研究がその出発点になっていますが，この d'Alembert の生涯は破天荒です。彼は実はフランス最高の貴族でそのサロンが有名な Madame de Tante の私生児ですが，生後数日で Jean de Rond 教会の階段に置かれた捨て子です。ですから彼の名は発見された場所をとって「Jean de Rond d'Alebert」といいます。ただし父親の配慮で最高の教育を受け，貴族に列せられ，貴族社会の中ではその大胆な思想で大変な影響力を持った物理学者です。その彼の協力者である Lagrange は，実は Atheist（無神論者）であったと考えられています。そして革命思想の持ち主であった Napoleon から最も尊敬された学者です。

4．Lagrange における力学の総合とは何か

　Lagrange は Newton に丁度 100 年，Euler（オイラー）に約 30 年遅れてイタリアの Turin に商人の子として生まれましたが，早くから

稼ぐ必要があったので17歳から砲兵学校で微分積分と弾道学を教えています。その直後から波動伝播の数学的研究をはじめ，Newton や Euler の誤りを指摘しています。そして20歳の時には Euler から自分が数学部門を率いていた**ベルリン科学アカデミー**へ来るよう誘われています。これはドイツの統一と近代化の父 Friedrich（フリードリッヒ）大王がドイツの学問を世界一にするため，宮廷内に世界最高の学者を集めた組織で，哲学では Kant, Voltaire, d'Alembert がメンバーで公用語はフランス語でした。大王は文学，音楽，建築のいずれにも才能と指導性があり Berlin を Paris に次ぐ世界の文化都市にした人ですが，思想は完全に Enlightenment（理性革命）の人でした。Euler はここで30歳から60歳まで大活躍したのですが，大王は Euler が数学職人ではあるが学問の人でないことが不満になり，彼が 60 歳で St.Peterburg の**ロシアアカデミー**に戻ることを認めました。そして大王自身が Euler の後任に選んだのが Lagrange でした。自身で直接 Lagrange に「ヨーロッパ最高の王はヨーロッパ最高の数学者を宮廷に迎えたい」と頼んだのでした。Lagrange は 30 歳の 1766 年から大王逝去の 1786 年までの 20 年間，Berlin で研究しました。その成果が『Mecanique Analytique（解析力学）』です。

5．Lagrange 力学とは

物理学を少し勉強した人は Lagrange の名前を憶えていると思います。量子力学への準備として解析力学を少し習った時，最初に出てくるのが，運動エネルギー T とポテンシャルエネルギー U の差として定義される Lagrange 関数 $L = T - U$ だからです。次に全ての運動はこの Lagrange 関数 L を出発点 t_0 から終点 t_1 まで，時間について積分した値 S [$S = \int_{t_0}^{t_1} L(q, \dot{q}, t) dt$] が最小のものであると習います。光の経路は始点から終点までの経過時間が最小のものであるという Fermat の原理に相当する力学の原理です。最小作用の原理とも呼ばれ，力学

の基本原理は Newton の第2法則（力 ＝ 質量×加速度）ではなく，最小作用原理だという人もいます。最小作用の原理に基づいて物体の運動の経路を決めるには Euler が発明した変分法を用います。変分法とは「東京と Los Angels の間の最短経路は？」と聞くと，地図上の直線コースではなく，一旦アリューシャン列島まで北上し，その後南下する所謂（いわゆる）大圏コースであることを教えてくれる魔術的計算術です。変分法に「作用 S が最小な運動の軌道は？」と聞くと，微分方程式の形で答えてくれます。それが Lagrange の運動方程式
$d/dt\, \partial L/(\partial \dot{q}_\alpha) - \partial L/(\partial q_\alpha) = 0$，です。$q_k$ は質点の位置を表す座標，$\ddot{q}_k$ は q_k の変化速度です。

　「Lagrange 関数」「最小作用原理」「Lagrange の運動方程式」の3つが物理を少し勉強したことのある読者の頭に Lagrange に関係あることとして言葉だけが頭に残っていることの全てかも知れません。人によっては Lagrange 関数の定義が $L = T - U$ と，運動エネルギー T とポテンシャルエネルギー U の差であって，和でないことにひっかかったかも知れません。量子力学で Schrödinger の波動方程式を書く時は，似たような式を使いますが，こちらの方は Hamilton 関数 H で $H = T + U$ だからです。さらに人によっては，Lagrange 方程式を使って少しややこしい力学の問題を解く練習をしてみて，複雑な問題でも特別に頭を使わずに機械的に解けるのを体験しびっくりしたかも知れません。これは本当です。どんな複雑な物体の運動でも，うまく座標軸を選んで運動エネルギー T さえ表現すればあとは，機械的に問題が解けるからです。私が大学で力学を教えていた頃は，練習問題を解くには Lagrange の方法を使ってはいけないと制限したほどです。機械的に解けてしまって力学のセンスが養われないからです。

　Lagrange の力学はこれほどに身近であり，表面的には十分に理解され，使われてもいるようです。それなのに私が日本では Lagrange が理

Lagrange

解されてないと強調するのは次の点です。第 1 には，なぜ力学の基本関数は運動エネルギーと位置エネルギーの差である Lagrange 関数なのか，そしてなぜ運動経路を決める原理は Lagrange 関数の時間積分が最小になる最小作用原理なのか，誰も答えてくれないことです。次に力学にはエネルギー保存原理，角運動量保存原理，最小作用原理など幾つもの原理がありますが，Lagrange 力学とはこれら全ての原理を引き出すことができる「原理の原理」であることを解かっている人が少ない，あるいはいないという事です。

　専門家を含め大部分の物理学習者には Lagrange の力学は Newton の力学の解析的表現と理解されています。解析的とは微分積分を使った高度の数学のことです。つまり Lagrange 力学とは物理的内容としては Newton 力学を超えるものではなく，その数学的表現を高度化し洗練したものに過ぎないという理解です。Newton 力学を初めて超えたのは，量子力学だというのが専門家の常識です。しかし私がここで多分，日本ではっきり述べるのは Newton 力学と Lagrange 力学は，物理的内容が同じではないということです。Lagrange 力学は Newton 力学を含みながらそれとは違うもっと広い力学的内容を持っています。ですから古典力学から量子力学への変貌は，天才的思い付きによって Newton 力学が突然変化したのではなく，古典力学の全てを呑み込んだ Lagrange 力学の必然的変貌だったことです。Heisenberg はトンネルを通って Newton 力学から量子力学に抜けたように見えますが，学問的に確かな Schrödinger の道は，Lagrange 山の頂上を通った必然的な道だったと思います。

　Newton 力学と Lagrange 力学は，両者ともに力学の総合という点で共通点があるように見えますが，総合の考え方，やり方が全く違うし，大体，力学の対象として考えている物理系が Newton の場合は単なる質点の集合が，Lagrange の場合は，同じ質点系でも互いが重さのない

固いリンク（連結系）で結ばれている連結質点系です。振子ならNewtonの場合は，重りを吊るすのは紐ですが，Lagrangeの場合は棒です。1個の場合は二つに違いはありませんが，2個になると違いが出てきます。Lagrangeの場合は二本の棒を縛ると一本の棒の2ヵ所に重りのある振子ができます。Newton力学ではこれを剛体振子として，質点系力学とは全く別の扱いをしますが，Lagrange力学では剛体を別扱いせず，質点系として取り扱います。その結果，Newton力学では出て来なかったテコの原理やエネルギー保存の原理が直ちに得られ，Newton力学に比べて実際の問題解決に有効強力な力学になるのです。Lagrange力学はNewton力学の数学的表現の一つとは違います。

　Lagrange力学とNewton力学の違いというと，加速度と力の関係を基本とするNewton力学と，運動エネルギー T と位置エネルギー U の差であるLagrange関数 $L = T - U$ が満たすLagrange方程式が，力学の基本法則であるとするLagrangeの解析力学の外観の違いのことと思われています。しかしそれでは表面的に過ぎます。違いはもっと深い所，基本的な力学概念の違いにあります。一つは力の概念，力とは何かです。次には運動の中で何が保存されるかに関する考え方です。さらには質点と質点系に対する考えの基本的な違いです。これらの違いに気付き理解することが必要なのは，それなくしては，Lagrange関数がなぜ $L = T - U$ となるのか，なぜ L の中に運動エネルギーが含まれるか理解できないからです。

　学問としての物理学の立場から見ると力学の総合という大仕事をしたこの二人の総合の仕方を比較することは重要です。なぜなら二人の性格が全く逆だからです。Newtonは天才意識が強く，総合の基本となる原理は独断で決めて批判を許さないのに対し，Lagrangeは反対でした。過去の全ての研究を検討する中から最も優れた基本原理を作り上げたのです。Lagrangeのこのやり方はどんな分野にせよ，学問の総合

を目指す人には最高に参考になる仕事です。しかし物理学書にはLagrange 力学形成の学問的基礎について述べたものはありません。全て Lagrange 方程式から出発し，その応用を詳細に展開しているに過ぎません。これはプロの物理学者としては当然な態度かも知れませんが学問とは言えません。

　ここで不思議なのは，1780 年に出た Lagrange の著書には，総合に至る学問的検討結果が丁寧に叙述されているのに関わらず，それを紹介した物理学書が皆無なことです。これには幾つもの理由が考えられますが，一番の原因は驚くなかれ，英米の Newton 派物理学のヨーロッパ物理学への対抗心と無視です。その一番の表れは 1780 年に出た『解析力学』の独，露訳はすぐに出たのに，英訳は 200 年間出なかったこと，そこで中心的な概念 vis viva について仏訳 Force vives はありますが，英訳はないことです。原著はフランス語で 580 頁の大著で，基本概念はイメージで掴むべきものではないとの強い信念から一枚の図もありません。従ってこれを完読できた物理学者は日本には一人もいなかっただろうと断言できます。図と式だけで 1 を知って 10 を知る物理学者の思考様式では絶対に理解できない本だからです。1980 年にやっと出た英訳本も，東大図書館にはなく，やっと物理学科図書室で見つけましたが，記録によると借り出した人は 1 人で，2 人目は私でした。

　物理学のプロは，最先端の分野にだけ集中します。現在は相対論と場の量子論です。そして「ひらめき」と「思い付き」で年に 10 報程度の論文を書くよう迫られます。そういう人が世界で 300 人はいるでしょう。数年たてばそれらの論文は殆ど「くず」と消えます。そういう気違いじみた狂想曲の中で生まれたのが「ひも理論」です。それが結果的に正しいかどうか分かりませんが，それに携わっている人が迷っていることは確かです。迷っている人が思いつきで議論しても何も生まれません。際立って能力の高い人が何十年か時間をかけて本格的な

学問をする必要があります。Lagrange は『解析力学』の完成に 20 年を費やしました。それを支えたのは Friedrich 大王です。大王のいない現在，支えるべき主人は，社会のあらゆるところにいる筈の学問を大事にする人です。この本はこれらの人々に向けて書いているのです。そのために Lagrange の『解析力学』を学問の書として紹介します。この書の初版の序は「この本は今までのいかなる力学書とは根本的に違った（Entirely new）書である」と自信をもって宣言されているからです。

6．Newton 力学と違う Lagrange 力学の基本概念

Lagrange の『解析力学』という本の特長は，第 1 部・静力学，第 2 部・動力学となっていて，単に静力学と動力学の両方を一冊で取り扱っているというだけでなく，両者を一つの力学の二つの側面として扱っていることです。というよりも静力学の原理と方法で動力学を扱っていることです。静力学とはローマ時代以来，滑車のような機械やつり橋のような建造物の設計のための力学です。静力学で一番重要なのは「テコの原理」です。これを定式化したのは 2000 年前の Archimedes ですが，Lagrange は力学全体の基礎をこのテコの原理に置いています。Archimedes と違うのは，テコの原理に証明を与えていることです。方法は「仮想仕事の原理」です。仕事とは力に動く距離を掛けた量で，力と動く方向が同じならば系に与えられる仕事，逆なら系が消費しなければならない仕事を表わします。重力に逆らって上に動けば仕事を消費し，下に動けば系は仕事を蓄積します。いま水平になっている天びんに支点を挟んで右 a の距離に重り A，左 b の距離に重り B を吊したとします。ここでもし天びんが微小角度 θ だけ時計回りに傾いたとすると，A は下方に $a\theta$，B は上方に $b\theta$ 動きます。その結果，系は右側では $Aa\theta$ だけ仕事を得ますが，左側では $Bb\theta$ だけ仕事を失います。この差引きがプラスなら時計回りの傾きはますます強まる筈です。天びん

が釣り合っているとは,この差引勘定がゼロのこと,つまり$\mathbf{Aa} = \mathbf{Bb}$で,これがArchimedesの「テコの原理」です。Newton力学では力の釣合の原理として「平行四辺形の法則」は出てきますが,「テコの原理」は出てきません。結局,「テコの原理」を基本とするか,これを無視するかが二つの力学の最大の違いです。**力学の対象を質点とするか剛体とするかの違いです。**

　Lagrangeの『解析力学』の第2部は,主題である動力学ですが,第1章は「動力学に関し今までに提出されたさまざまの原理の総括」となっています。そしてGalileo, Huygens, Newton, Leibnitz, Bernoulli, EulerなどLagrangeに先立って力学を作り上げた先人たちの仕事を丁寧に紹介しています。それも科学史家の羅列的な紹介ではありません。これら先学の仕事を全て踏まえて出来た解析力学の立場から,誰の仕事が誰の仕事の基礎になり,結局は解析力学の原理になったかを正確に記したものです。これは同じ力学の総合といってもNewtonの姿勢とは大分違うものです。Newtonの『プリンキピア』では定義に始まり,続いて,選び抜かれた公理とその系が並びます。するとあとは完全に数学と論理によって運動法則が得られることになっています。先人の姿は全く出てきません。しかしそれは歴史の実際とは違います。実際の力学の研究は定義から始まるのでないからです。

　力学の歴史の中で混乱し整理に一番時間がかかったのは,Force, 力の概念だったと思います。Newtonが強引なのは『プリンキピア』で一挙にこの混乱に片を付けられるとしたことです。Newtonの第2法則,**力 = 質量×加速度** は自然法則と認められていますが,論理的にはそうではありません。力と質量が定義確定された量ではないからです。『プリンピキア』の巻頭には,8個の量が定義されていて,質量と力の定義もありますが,驚くほど**いい加減**なものです。質量は密度と体積の積となっていますが,密度の定義はありません。力は物体に働いて

Lagrange

その状態を変える Action（働き）とあるだけです。その後，物理学者たちはこの定義を無視し，第 2 法則を力の定義として来ました。地球上での重力加速度 *g* のわずかな違いから重力つまりは地球引力の僅かな違いを知り，地球が真の球体ではないことを知るという具合です。

　こうして Force の科学的認識は一本に整理されましたが，Force の概念自身は人間が長年，技術的活動を通じ獲得した経験概念でありますから内容としては実に様々な力があります。それを Newton の力だけが力としてしまうと，単に社会的混乱が起きるだけでなく，今まで「力」に関連して蓄積された経験的知見と科学的知見が全て無視されることになり，大きな損失にもなります。例えば，英語の「力」には Force と Power があります。単純には牛の力強さは Force で，馬の力強さは Power です。物理学の感覚で言うと Force は力で Power はエネルギーです。物理的に違うものです。ところがエネルギーという用語が物理学に初めて現れたのは1850 年 Kelvin（ケルビン）によってですから，『プリンピキア』（1688 年出版）以来の Newton 物理学にはエネルギーという概念はなかった筈です。ところが Newton が激しい抵抗心を燃やしていたヨーロッパ大陸の物理学には，早くからこの概念がありました。運動エネルギーに限りますが，最初にこれを言ったのは Newton の宿敵 Leibnitz で，それを発展させたのは Huygens（ホイヘンス）です。但しその呼び名は，ラテン語で **vis viva**，フランス語で force vives（フォルスビーブ），日本語なら「活力」ですが，**英訳はありません**。Newton の影響力が強い間は，概念そのものが認められなかったからでしょう。ですから『プリンピキア』以後，力学は英国と大陸では全く違った発展をしました。大陸では Huygens が vis viva の考えをフルに使って力学の大問題であった剛体振子の問題を解決し，Bernoulli 父子が流体力学を創始し，Euler がその流れの上で数理物理学を発展させました。Lagrange の解析力学は明らかにその線上にあります。つまり，Lagrange の力学が基礎にしている力は，加速度で定義された力で

なく，それをも含めたエネルギーとしての力 vis viva です。ここに Newton 力学と Lagrange 力学の大きな違いがあります。

　Lagrange の『解析力学』では Newton 力学の目からは，間違っている考え，必要ない考えでも，意味があるなら全て体系の中に取り入れるよう徹底した努力をしています。まず力については，物体の運動を変える「動力」と変えない「静力」を等しく扱っています。Newton 力学で無視されていた「静力学」を力学の基礎にしています。その結果，既に述べたように Archimedes のテコの原理とその証明のための仮想仕事の原理が力学全体の基礎になっています。動力学の問題を静力学の問題として解く試みは古くからありました。一点を中心とする回転運動を遠心力と引力という二つの力の釣合と見る立場です。遠心力は重りに紐を結びつけて振り回せば誰でも経験する確かな力だからです。Newton はこれを回転に必要な加速度と引力が等しいことだとして**遠心力という力を認めませんでした**が，Huygens は加速度を使わずに，物理的考察から直接に遠心力の正しい公式を発見し自分が書いた『振子時計』という名著の巻末に $F = mv^2/r$ という結果の式だけ記しました。そうした理由は半径 6,300 km の地球は 24 時間で自転していますから，その速度が秒速 460 m になる赤道と他の緯度では遠心力が違う筈で，その結果，振子時計の周期を決める下向き加速度 g は，赤道付近で最小で，他は大きくなる筈であり，その変化を正確に示そうとしたのです。

　実際には赤道付近の遠心力を加速度で表示すると，0.033 m/s^2 になります。下向きの重力加速度 $g = 9.8 \text{ m/s}^2$ の 300 分の 1 に過ぎません。ですから Newton のリンゴは木から下には落ち，空に飛んでは行かないのです。でも地球中心からの距離が増えて万有引力が小さくなり，遠心力と釣合うと落ちなくなります。それが月ではないか，そう考えたのが若い Newton です。それを証明するには，月について地球

からの引力と遠心力が丁度一致することを示せばよい訳です。地球と月の距離を R,月の公転周期を T(= 27.3 日)とすると,遠心力は Huygens により $F = m(2\pi/T)^2 R$ です。引力は Hooke によって距離の 2 乗に反比例することは知られていましたが,Newton によって $F = km M/R^2$ と定められました。m, M は引き合う天体の質量,R はその間の距離です。月と地球との距離 R は地球半径の 60 倍と知られていました。二つの力の位置を確かめるには地球の質量と引力定数 κ が必要ですが,これは知られていませんでした。そこで Newton が思いついたのは,天体間の引力の式をリンゴにも適用することです。つまり重力とは,地球が地表の物体に及ぼす引力で重力加速度 g は $g = kM/R^2$ の筈です。これを入れて引力と遠心力の釣合条件を書くと,$g = (2\pi/T)^2(R/r)^3 r$ となります。Newton が全生涯で**一番緊張**したのは,この一行の式の一致を確かめる瞬間だったと思います。そう思って各自やってみて下さい。その結果が $g = 9.8 \ m/s^2$ にどれくらい近いかは,Newton が使った $R/r = 60$ という値がどのくらい真の値に近かったかによります。この誤差は 1% 以下です。従って計算結果の 9.8 からのずれは 2% 以下の筈です。もしそれ以上のずれがあるなら,理論にどこか間違いがあることになります。

あなたは自分の計算で Newton の理論が正しいことを確認できたと思います。この計算の一致は科学史上最高の驚きを与えました。リンゴも月も太陽も土星までも同じ引力に従っていることを確認した驚きです。この科学史上最大の発見は,天才 Newton 一人の天啓による発見のように思われていますが,Lagrange はそれは歴史の事実に反することを静かに丁寧に述べています。Newton の前に様々な貢献が積み重なって,最大の発見の一歩手前まで来ていたことです。その中でも Kepler の遊星法則の発見と,Huygens も力学の理論的基礎確立への貢献と遠心力公式の発見が決定的であったことを強調しています。

7. Newtonの太陽系とLagrangeの剛体振子

　Lagrangeが，動力学の第1章で大半の頁を割いているのは，Leibnitz（ライプニッツ）により発見され，Huygensが徹底的に利用した「運動エネルギー」の力学全体における重要性です。Lagrangeの時代には，エネルギーという概念も言葉もありませんでしたから，LagrangeはHuygensに従ってそれをforce vivesという言葉で表わし，それが保存（conservation）されるというHuygensの考えの重要性を強調しています。Lagrangeはそれを具体例に即して行なっています。それが物理振子です。

　物理振子とは，質量のない剛体の棒に何個もの質点を固定した仮想的振子で，剛体振子のモデルです。力学理論の建設に当たり，Newtonは質点系を対象にし，具体的にはKeplerの遊星系を思考モデルにしたように，Lagrangeは連結質点系を対象にし，具体的には物理振子を思考モデルにしました。このモデル力学の基本問題を解く様々な試みの中から，Lagrange力学の基本概念と原理が生まれています。以下それを具体的に説明しましょう。

　まず物理振子の力学の性質を調べます。物理振子は質点が数個ついた振子ですが，問題の本質は2個でも同じなので以下では同じ質量の質点が2個ついた振子について考えます。さらに話を分かりやすくするため，質点は始点の1m下と2m下にあるとします。この振子はどのような運動をするかが問題です。もし1mのところの質点だけならば，周期は $T_1 = 2\pi\sqrt{1/1.98} = 2.00$秒，2mの振子だけなら，$T_2 = 2\pi\sqrt{2/9.8} = 2.84$秒　です。質点2個の場合は2つの中間に質点があると同じになる筈です。その位置を振動中心といいます。単純に考えて2個の質点の重心を振動中心とみなすと，周期は $T = 2\pi\sqrt{1.5/9.8} = 2.45$秒　となりますが，これは実験値2.59秒とは一致しません。それはなぜか。理論はあるのか。この振動中心を求

Lagrange

めるのが実に難しい問題でした。Galileo も Descartes もこの問題に取り組みましたが誰一人成功せず，Huygens が初めて成功したのは問題が出されてから 27 年後でした。

Huygens がこの難問を解決するに当たって鍵になった概念は，Leibnitz が考えた vis viva（Living Force）$L = mv^2$ でした。Leibnitz は衝突の際保存されるのは $\sum m_i v_i^2$ だと主張し，保存されるのは運動量 $\sum m_i v_i$ だと主張する Descartes や Newton と争ったのですが，Huygens は $L = mv^2$ の全く別な側面に注目しました。それは，Jesus 会による宗教裁判の結果，有罪とされ隔離幽閉されていた Galileo に死の 3 ヵ月前に会い，3 ヵ月だけ師事した Torricelli の法則です。$Mv^2 = 2gh$ と表され，質点が h の高さだけ降下した時の速度 v を示したものです。質点が h だけ垂直に落ちた時の到達速度が $v = \sqrt{2gh}$ であることは Galileo が示したのですが，質点が垂直でなく，どんな経路で落ちようとも，また最後はどんな向きであろうと速度は落下の高さの差だけで決まることを示したのが Torricelli です。Huygens は振り上げられた振子が支点の真下に来た時の $L = mv^2$ は，振り上げられた高さだけで決まることに気付き，それを利用したのでした。長さ l の振子が角度 θ だけ振り上げられると，真下に来た時との高さの差は $l(1 - \cos\theta)$ となります。従って長さ l_1 の振子と l_2 の振子なら，高さの差はそれぞれ $l_1(1 - \cos\theta)$, $l_2(1 - \cos\theta)$ で，これが vis vivo (living force) L になる筈です。大きさの比で言うと l_1 と l_2 です。1m と 2m なら 1 と 2 です。この周期の違う二つの振子を結合束縛して出来た物理振子の周期は T_1 と T_2 の中間に，振子長は l_1 と l_2 にウエイト w_1, w_2 をかけて，$l = w_1 l_1 + w_2 l_2$ と決まる筈です。ここで Huygens は，ウエイトは vis vivo L の比に等しいと考えました。vis vivo の比 $L_1 / L_2 = l_1 / l_2$ ですから，$l = (l_1^2 + l_2^2) / (l_1 + l_2)$ となります。1m と 2m なら $l = (1+4) / (1+2) = 5/3$ です。1m と 2m の間を 3 等分して 2m に近い方です。こう考えるなら l_i の位置に m_i の

質量がある一般の場合では $l = \Sigma m_i l_i^2 / \Sigma m_i l_i$ となります。これは正しい答えです。

　振り返るとこの正しい答えは積み重ねの結果でした。まず Leibnitz の vis vivo(mv^2)の導入がありました。次に Torricelli による降下高さと $(1/2)\,mv^2$ の関係に関する法則の発見がありました。そして Huygens が vis vivo と位置エネルギーの関係に気付いたことが重要です。そして最後に Huygens が，振子を例に結合質点系が束縛されて作られる系の運動法則を決める原理を示しました。

　このうち最後の段階が実は力学として一番難しい所でした。vis viva は振子の長さに比例しており，2mのそれは1mの2倍です。この二つの振子を束縛した時の振子の姿は，二つの振子の重み付き相加平均とする。この重みは vis viva に比例すると考えるのが妥当であり，vis viva 自身は振子長さに比例するから，$w_1 = l_1 / (l_1+l_2)$, $w_2 = l_2 / (l_1+l_2)$ となります。従って,二つの振子を束縛した系の振動中心は
$(l_1^2+l_2^2) / (l_1+l_2)$ となるのです。

　vis viva を基本にして Huygens のこの考え方と結論は，厳しい批判を受けます。特に vis viva を重み付けとする考えについて根拠が薄弱であると批判されました。これに対し，この結論は正しいと確信していた Johanes Bernoulli は, vis viva を全く使わずにこの結論を証明できる方法を考え成功しました。基本は，vis viva でなく，Newton 流の力を考えることですが，違う所は系に外部から働く力（**外力**）ではなく，系の内部で働く力（**束縛力**）を考えたことです。束縛力は既に説明したように，要素となる結合性質点を結合して結合質点系にする時,結合性にするために必要な力で，Newton 力学には全くない概念です。

　その束縛力をどうして求めるかですが,2振子を結合した物理振子の

Lagrange

場合は次のようになります。長さ l_1 と l_2 の単振子を結合した物理振子の振動中心は l_1 と l_2 の中 l にあるとします。ここで物理振子の運動について，Newton の第 2 法則を適用して考えます。振り角を θ，その変化速度 $\dot{\theta} = \omega$，そして ω の変化速度を $\dot{\omega}$ とすると，円周運動の速度は $v = l\omega$ 加速度は $\dot{v} = l\dot{\omega}$ となります。質点への外力は下向きに mg ですから，その円周方向への成分は $mg \sin\theta$ となります。従って Newton の運動法則に従えば $mg\sin\theta = ml\dot{\omega}$ となり，l から $\dot{\omega}$ が決まることになります。しかしこれは結合されていない自由振子の場合です。物理振子の場合は l の違う複数の質点があっても $\dot{\omega}$ は振動中心の長さ l で決まる $\dot{\omega}$ 一つに決まります。ということは，各質点にかかる力は外力が $mg\sin\dot{\theta}$ ではなく，それに束縛力が加わった合成力だということです。その結果，角加速度は l_1 で決まる ω_1 ではなく L できまる $\dot{\omega}_L$ になるのですから，逆にこのことを使って束縛力が求まります。

実際は次のようになります。物理振子の各質点の角加速度は共通ですから，円周加速度は l に比例します。従って，L を基準にすると，各質点にかかる合成力は $\dot{\omega}_L = g\sin\theta/L$ ですから，
$F_1 = ml_1\dot{\omega}_L = mg\sin\theta l_1 / L$ であり，束縛力 R は，
$R = F_1 - mg\sin\theta = mg\sin\theta (l_1 - L) L$ となります。

ここまでは振動中心の L がわかれば Newton の法則から束縛力が求まるという話です。あとは L がどうして決まるかです。ここで Bernoulli の最大の貢献は，これは剛体の 2 点に向きの違う二つの力が加わった時の釣合の条件を求める静力学の問題であることに気付いたことです。しかもそれは支点のある剛体の釣合だから「テコの原理」で解決できることに気付いたことです。つまり l_1 に加わる束縛力は
$mg\sin\theta (l_1 - L) / L$ で，テコの長さは l_1 だから $(l_1 - L)l_1 / L$ に比例，l_2 については $(l_2 - L)l_2/L$ に比例します。従って釣合の条件から決まる L は $L = (l_1^2 + l_2^2)/(l_1 + l_2)$ となります。一般の場合について

行なうと $L = \Sigma m_i l_i^2 / \Sigma m_i \theta_i$ となり，Huygens の結果が得られます。

　このBernoulliの証明は，基本の力としてNewtonの定義による力を使い，証明法としては，動力学の問題を静力学の釣合の問題に変えた上，「テコの原理」を使って最後の証明を行なっているので，反対論の余地がないよくできた証明です。でもこれはJohan Bernoulli一人の力でできた訳ではありません。Newtonの運動法則の内包による「力」の明確化と，動力学問題の静力学問題への転換は「d'Alembert原理」で知られる d'Alembertの基本思想です。従って，この証明法はBernoulliの証明というより，Bernoulli-d'Alembertの証明というのが正しいと思います。このBernoulli-d'Alembertの証明法は, Huygensのvis vivaによる証明より前提となる概念や考察が少なくて済み，証明法自体も反論を許さない簡明さと論理性があるので, Huygensより優れた証明法と一般には思われています。しかしLagrangeの評価は違います。それは結果を知った後で証明を考える要領よい（shrewd）方法ではあるが，何もない所に定理を発見できたのはHuygensの方法だと述べています。これがLagrangeの考え方の特長です。振動中心はどこかという未知の山では，第一にLeibnitzのvis vivaを出発点に一つ一つの発見を積み重ねるジグザグコースで頂点を知り，その数学的構造に気付いて，きれいな証明を見つけたBernoulliとd'Alembert, 第三に問題を哲学的（学問的）にもっと大きな世界から見て，力学一般に通じる大きな原理を発見したd'Alembertの貢献がありましたが, Lagrangeは力学の総合にはこれら物理的，数学的，哲学的貢献の三つがいずれも欠かせないと認識しました。それを実現したのが彼の『解析力学』です。

8．Lagrange 解析力学の論理構造

　『解析力学』では上に要約した第Ⅰ章「さまざまな力学原理」に次ぐ第Ⅱ章は「外力を受ける質点系の運動力学の一般式」となっていて，

Lagrange

Lagrangeの力学の基本式が１本の式と12行の説明で示されています。

$$S((d^2x)/(dt^2)\delta x + (d^2y)/(dt^2)\delta y + (d^2z)/(dt)^2 \delta z)m + S(P\delta p + Q\,\delta qx + R\delta r + \cdots)m = 0$$

　Lagrange の力学の心髄は，Lagrange 関数 $L = T — U$ とそれを使った Lagrange 方程式 $(d/dt)(\partial L)/(\partial \dot{q}_\alpha) - (\partial L)/(\partial q_\alpha) = 0$, と思われていますが，Lagrange の解析力学にはこの表現はすぐには出て来ません。これを使わずに，「運動量」「角運動量」「全エネルギー」の三つが保存されることの証明を立派にした後，初めて現われる第 4 章「どんな動力学の問題でも解決できる微分方程式」で Lagrange 方程式が Lagrange 力学の原理となる上式から導出されるのです。ということは，上の 1 行の式の中に Lagrange 力学を完全に表現し定式化できるだけの基礎概念と表現が詰まっているという事です。従ってLagrangeの解析力学を理解できたかどうか，その試金石は上の式から Lagrange 方程式を導けるかどうかになります。やってみましょう。

　上の式を Lagrange 力学の原理の式と呼びます。これに対応する Newton 力学の原理式は $m(d^2r)/(dt^2) = F$ です。rとFはベクトル (vector) なので，x 軸方向の表現にすると $m(d^2x)/(dt^2) = X$ です。これを Lagrange の式と比べると次の違いに気付きます。①冒頭に S という字がある。②第 1 項は $(d^2x)/(dt^2)$ 単独ではなく δx が掛かった項である。③右辺はXではなく別の力Rになっている。④座標軸変数も x ではなく別な変数 $p, q, r \cdots$ になっている。これらの違いは Lagrange力学がNewton力学と根本的に違う面があることを暗示しています。違いは，①独立した質点の集団ではなく連結質点の集団を扱っていること，②連結質点系の静力学平衡の原理を使って動力学を論じていること，③この平衡原理とは仮想仕事速度の原理であることから来ています。

Lagrange

　つまり Lagrange の動力学を理解するには，連結質点系の静的平衡を論ずる Lagrange の静力学の理解が前提となります。そこで『解析力学』の第 I 部静力学の最初の章を見ると Lagrange 静力学の原理が 1 行の式で示されています。$P\delta p + Q\delta q + R\delta r + \cdots = 0$, ここで P, Q, R は系を構成する質点に作用する力全てです。一つの質点に数個の場合も含めて全部の質点について考えます。力は質点の中心を貫く連結棒に沿って引力と斥力があります。力 P が作用する連結棒に沿っての質点の微小変位を δp とします。$\delta q, \delta r$ も同様です。従って $P\delta p$ は，P が斥力なら，質点が斥力に逆らって δp だけ押す仕事（= 力 × 距離）を表わします。従って上式は P, Q, R の力を受ける質点が $\delta p, \delta q, \delta r$ だけ動いた時，質点がする仕事の代数和を表わします。しかし，Lagrange の力学では $\delta p, \delta q$ は任意ではありません。系に許された自由度に従って全ての質点が一斉に動いた時，決められた微小時間 δt で各質点が動いた距離を $\delta p, \delta q$ とします。この点を強調するためか，Lagrange は $P\delta p$ を virtual velocity（仮想速度）と呼んでいます。δp を仮想速度と呼ぶのはいいのですが，$P\delta p$ をそう呼ぶのは不適切です。これは「仮想仕事速度」と呼ぶべきです。本書ではそうします。

　次に注目したいのは，Lagrange 力学での virtual（仮想）の意味です。Lagrange は**静力学の前提**は系には動く自由度が残されており，それを決定するのが静力学だということです。平衡点を決定する原理は，平衡状態にある系は多少ずれても自分で元に戻ることです。そのためのずれは自由度として残されている変位に限り，戻るかどうかは系全体について計算した仮想仕事速度の正負で決まると考えます。系が使う仕事より受ける仕事が大きければ，ずれはどんどん拡大する筈です。従って平衡状態とは仮想仕事速度の代数和が零の筈です。

　Lagrange 力学では，動力学の問題でも静力学で成功したこの原理と方法を使います。そのためには力と運動という動力学の問題を力だけ

Lagrange

の平衡問題に変え，仮想仕事速度の原理を使う必要があります。動力学を静力学に変えるための原理が d'Alembert（ダランベール）の原理です。その実行は Newton の第2法則を出発点にします。ただし Newton の法則は，自由な独立質点に関するものですが，Lagrange は拘束を受ける連結質点を対象にしているので，質点に働く力は重力のような外力 F のほかに拘束力 F' が加わるので $m(d^2x)/(dd^2) = F + F'F'$ となります。この式はベクトル表現だから1行ですが，x, y, z 軸に分解すれば3行になりますから，質点がN個なら3N行の連立微分方程式になります。これを直接に解くのが，Newton の方法ですが，拘束力 F' の入った連立微分方程式を解くのは問題ごとに解法の工夫を必要とする面倒な問題です。そういう問題ごとの工夫を必要としない一般的解法として考えられたのが，Lagrange の方法です。その秘密の核心は，拘束力を決定しないですむ解法を考えたことにあります。その秘法の核心は二つあります。第一は質点個々の運動を扱わず，全体としての挙動に注目すること，第二は，力と運動の関係ではなく，仕事速度の総和に注目することです。つまりは動力学の問題の解法に Lagrange 静力学の解法を使うことです。

そのためにまず必要なことは，運動に関する量で力に相当する量を選んで力として静力学の中に入れることです。これを考えたのは d'Alembert です。d'Alembert は（加速度×質量）は質点に働く力に等しいのだから（加速度×質量）は動力学を静力学で扱う際の力であると主張しました。これが d'Alembert の原理です。これに従うと，静力学流に表わした動力学の基本式は，

$$S((d^2x)/(dt^2)\delta x + (d^2y)/(dt^2)\delta y + (d^2z)\delta/(dt^2)z)m + S(P\delta p + Q\delta qx + R\delta r + \cdots)m = 0$$

となります。最初の3項は加速度の3つの成分が表わす3つの力に関わる3つの仮想仕事速度です。ここで qx, qy, qz は，系に残された自由度に従ってその質点が動く時の x, y, z 方向の速度を表わしていま

Lagrange

す。丸括弧の前にあるSは（　）内を全ての質点について総和せよという記号です。上式はLagrange力学の原理を表現した式です。しかしこれはLagrangeの解析力学の式として物理学者の間で確立している式とは違います。誰もが知っているのはLagrange関数 $L = T - U$ が満たすLagrange方程式です。この T と U は運動エネルギーと位置エネルギーです。ただし，Lagrangeが解析力学を完成した頃にはまだエネルギーという言葉概念もなかったことを注意しておきます。

　本節の残された課題は，Lagrange力学の原理を表わした1頁前の式から上のLagrangeの方程式を導くことです。これは長く複雑な数学演算に頼る仕事ですが，単なる演算操作で到達できる課題ではありません。絶えず物理滝意味を問い直して数学を使う必要があります。まず，原理の式から得ることが期待される結果は何であるか考えてみます。純粋な静力学の場合は，Lagrange力学の原理とは仮想仕事速度の総和ゼロですが，これはテコの原理と同等のものです。これから得られる力学の平衡状態の結論とは，単なる力のバランスではなく，力と力のかかる位置の両方を考えたバランスです。この静力学の体系の中に力の一つとして，加速度を入れたのがLagrangeの動力学の原理です。従ってLagrange動力学は，位置を考えた力が位置を考えた加速度を決定する関係として表現される筈です。これは力と加速度の関係の表現としてはNewton力学と同じですが，Newton力学ではこの関係が各質点について x, y, z の3方向で都合3N個の式で表現される筈ですがLagrange力学は仕事速度の総和ですから原理式は一本です。そこから導かれるLagrange方程式は1からνまでν本です。νは運動の自由度です。

　この運動の自由度という考えは，Newton力学にはないLagrange力学独特の考えで，Lagrange力学が実際問題の解決で強みを発揮するポイントになっています。自由度とはいま問題となっている系の自由座

Lagrange

標の数です。原理式には, $x, y, z,$ の直交座標と力 P, Q, R の作用の方向に沿った作用座標 p, q, r があらわれますが，自由座標はそのいずれとも違うものです。最初に説明した物理振子で言えば，質点はいくつかあっても 1 本の振子棒に拘束されていますから自由座標は振子棒の振れ角度 θ（シータ）一つです。つまり自由度は 1 で，物理振子についての Lagrange 方程式は 1 本です。Newton 力学なら 3N 本の連立微分方程式を解くべき問題がたった 1 本の微分方程式を解くだけで済むのが Lagrange 力学です。これは少し不思議に聞こえますが，自由度 1 の系とは，一つ決めてしまえば他は全て決まる系ですから,それでよいのです。物理振子では振子棒の振れ角度 θ の運動さえ決めれば，全ての質点の運動もそれにかかる力も全て自動的に決まってしまいます。

　この Lagrange 力学の強みとの説明には次のような反論があるかも知れません。それは自由度 1 の系では質点のうち 1 つを選んでその運動を決定できれば，他は全て自動的に決められるということと同じで，特別なことではないのではないかという声です。それは間違いです。連立方程式とは全部一緒でなければ答えが得られない方程式のことで，そのうちの 1 つだけを選んで答えを知ることはできません。Lagrange 力学でそれができたのは，Newton 力学のもとの式ではなく，その総和をとった式を解くことにしたからです。

　では総和をとれば，なぜ，解ける一本の式になるのでしょうか。正確に言えば，どんな総和をとれば変数 3N 個の連立方程式が自由度の数 v に等しい少数変数の連立方程式に変わるかです。答えは拘束力の消去です。N 個の連結質点系について Newton の方法で運動方程式を書くと，各質点について $mi\ d^2Fi/dt^2 = Fi+Fi'$ となります。Fi は系外から働く外力ですが連結質点系では，これ以外の力が働きます。これが Fi' です。物理振子では各質点が外力だけで動けば，ばらばらの単振子になりますが，一本の振子棒の上に固定されて動きます。棒に

固定されていることを Newton 力学の観点から見ると棒に拘束する力が働いていると見るのです。遠心力も半径を一定に保つ拘束力です。質点がカーブに沿って滑り落ちる場合も Newton 力学では拘束力が働いています。

　しかし「遠心力は天才 Huygens の最大の発見」と言われるほどに難しい仕事ですから，様々な場合に拘束力を決めるのはさらに難しい仕事です。Lagrange 力学の最大の強みは，拘束力があっても，それを無視して質点の運動を計算できる道のあることを発見したことです。それが自由座標の導入と仮想仕事速度の総和の導入です。その理由ですが，自由座標を使って仮想仕事速度の総和を計算するなら拘束力は全く表に出て来ないからです。自由座標に沿って動く時，拘束力はこれに直角に働いていますから仕事速度はゼロになります。半径一定という高速なら半径方向の遠心力の仕事速度も当然ゼロになります。この結果，Lagrange 力学では力としては外力だけを考えればよいことになります。これも Lagrange 力学の大きな強みです。

　最後に説明しなければならないのは，Lagrange 関数が $L = T - U$ 運動エネルギーと位置エネルギーの差になっていることの意味です。T と U の和が全エネルギーであり，保存量であることは Lagrange 関数を使って容易に証明できますが，その Lagrange 関数自体が物理的に何者であるかは，どこにも説明はありません。結論からいうと，T と U の差に物理的意味はありません。数式の都合で組み合わされただけです。むしろ，ここで問題にすべきは，なぜ Lagrange 関数の中に運動エネルギーが現れるかです。これを調べるため Lagrange 関数を T と U に分けて Lagrange 方程式を示すと，

$d/dl\ \partial T/(\partial \dot{q}_\alpha) - \partial T/(\partial q_\alpha) = -\partial U/(\partial q_\alpha)$ 　となります。ここで自由度1の物理振子を例に取ると自由座標は $q = l\theta$ です。すると右辺の

$-\partial U/\partial q = -\partial U/\partial (l\theta = F_\theta)$ は重力 mg の θ 方向成分 $mg\sin\theta$ です。そうなら左辺は θ 方向の加速度成分 $m\,l\ddot{\theta}$ でなければなりません。それを満たす関数 T を探すと，$\dot{q} = l\dot{\theta}$ ですから，
$T = m\dot{q}^2/2 = m(l\dot{\theta})^2/2$ で，T は運動エネルギーであることが分かります。 $\partial \dot{T} = m\dot{q}$ で，その時間微分は確かに加速度になります。T が満たすべき方程式を知れば，このように T を決定できますが，本来解決すべき問題は，原理の式の第 1 項
$S((d^2x/dt^2)\delta x + (d^2y/dt^2)\delta y + (d^2z/dt^2)\delta z)m$ の内容を表現すべき関数 T と，それが満たすべき方程式を決めることでした。それが，Lagrange が解決した最高の課題です。『解析力学』の 2 部 4 章は丁寧な議論の後，$S(dx^2 + dy^2 + (dz^2/2dt^2))\,m$ を求める関数としています。現代表記で書けば， $(1/2)\Sigma_i((v_x^2 + v_y^2) + v_z^2)\,m_i$ です。こう決定した理由は軸方向の違いも質点の違いも全てを平等に扱って考慮に入れる関数，しかも座標実の変換で不変に保たれる関数は Leibnitz の考えた visa viva を 1/2 にしたこの関数しかないからです。対立し，憎み合った Newton と Leibnitz をこのようにまとめたところに Lagrange の総合の真価がありそうです。

III

場の物理学としての Maxwell 電磁気学

1. 近接作用の数理物理学 Maxwell　78
2. Maxwell 方程式　議論の物理的基礎　81
3. 物理と数学　82
4. 次元と単位　83
5. 真空の誘電率，透磁率と SI　85
6. Maxwell 方程式の導き方，解き方，Faraday の電磁誘導と $rotE$　87
7. Ampere Bio Savart と $rotB$　89
8. Faraday の変位電流と dF/dt　90
9. 残りの 2 式　$divB$, $divE$　92
10. ベクトルポテンシャル，スカラーポテンシャル，ゲージ変換　93
11. Maxwell 方程式の解き方と Lorentz ゲージ　94

1. 近接作用の数理物理学 Maxwell

　物理学を現代物理学と古典物理学に分ける時，どこを切れ目にするか議論百出しそうですが，もっとも簡単でしかも異論が少ないのは，「Einstein 以前」と「Einstein 以後」でしょう。ここでお話しする Maxwell は，Einstein 以前の科学者で，科学者の間では Newton の次に尊敬される科学者です。尊敬という言葉が大事です。突如現れた天才でもなく偶然大発見をした訳でもないので，伝記が残るような人ではないのですが，統計力学と電磁気学では，粘り強い努力を続け，不朽の結果を残しました。残された結果はいずれも物理学の新しい世界を開くもので，人としての性格とは対照的に非常に際立つ仕事です。その彼が全ての物理学者から尊敬されるのは，徹底して物理学者らしい問題へのアプローチと，不可能と見える困難を乗り越える彼の力強さにあります。次にそれを説明したいと思います。

　Maxwell の仕事は Newton の仕事と似ていると感じられますが，それはそれまでの先達の実験や理論を全て吸収し，一つの秩序ある世界を築き上げた総合の仕事という点です。Newton は力学において Kepler が発見した法則と Gallileo や Huygens が築いた力学理論を総合して『プリンキピア』を提示しました。その中心には加速度は力に比例するという運動法則と，空間を無媒介に伝わる神秘的な万有引力を置き，これを自身の最大の貢献としました。これに対し，Maxwell はそれまでの電気と磁気に関する実験研究を全てまとめて電磁力学の総合を完成しましたが，総合の形には大きな違いがあります。Newton の総合は『プリンピキア』という 2 巻の本ですが，Maxwell の総合は，4 組の方程式に過ぎません。それで十分なのです。Newton の場合は，幾何学的方法ですから，運動法則を公理として，そこから定理としての Kepler の 3 法則を導くには複雑な証明作業が必要ですが，Maxwell の場合は，数理物理学ですから，物理の感覚（経験と理論）に合致する「微分方程式」を公理として置いてしまえば十分なのです。あとは，

この微分方程式を積分して得られる結果は全て物理的な真理と認められます。いちいち証明や説明はいらないのです。

　MaxwellがNewtonと違う点もあります。Maxwell方程式では電気に関し2組，磁気に関し2組の合計4組の方程式から成っています。具体的には，電気に関しては，電荷と電荷の間に働く力に関する法則が一つ，電流が作る磁界に関する法則（Ampereの法則）がもう一つです。もう2組は磁気に関するもので，第1は，磁力線は閉じているというFaradayの観察結果であり，第2は磁界の時間的変化が電流を流す力（起電力）になるというFaradayが発見した電磁誘導の法則です。ここでMaxwellの物理学者としての大きな力が発揮されたのは，電磁誘導の理論化です。実験の達人だったFaradayですが，この発見にはほぼ10年かかっています。そうなった原因は，この法則が従来の物理法則と全く違っていたからです。従来の法則では原因があれば結果があらわれ，原因をなくせば結果は消えました。電流が磁場を作るのはまさにそれでした。電気と磁気は対称関係にあると信じていたFaradayは，電流が磁界を作ると知った後は，磁界が電流を流す筈と考えて約10年の間，いろいろ実験しましたが全て不毛でした。どんなに強い磁場を作り，その向きをいろいろ変えても電流は全く流れませんでした。この頃，彼が使っていたのは，鉄の環の2ヵ所にコイルを巻きつけた簡単なものでした。一方のコイルを電池に繋いで電流を流せば，他のコイルを貫いている鉄心の中に強い磁界ができますから，そこを流れる電流を測定しようとするものです。同様な装置で何年やっても電流は流れないのですが，1831年8月29日，新しい装置で実験を始めた時，助手の砲兵軍曹Andersonが注意深く検流計を見ていて気付いたことがあります。「一次コイルを電池に繋いだ瞬間，検流計は小さく正に振れるが，すぐにゼロに戻る。逆に電池を外した瞬間，検流計は小さく負に振れるが，すぐにゼロに戻る」ということです。同じ現象はそれまでも観察されていた筈ですが，衝撃の当然の結果とし

て見過ごされていたと思います。多分 Anderson が新任の助手であったために当たり前と思わずに報告したのだと思います。こうして世紀の大発見がなされたのです。科学の大発見はこのようにしばしば助手が行なうものです。その理由は，研究者には研究の目的があり，発見されるべき法則の形について予断があるのに，助手にはそれがないからだと思います。

　Maxwell の仕事が当時の数理物理学の主流であるフランス，ドイツの研究者とかけ離れて違っている理由は，Maxwell は Faraday を心から尊敬して，その物理的直観を正しいと信じ，彼が描いた物理像を理論化しようとしたことです。これは数理物理学の中心にいる研究者は誰もやらないことでした。それは Faraday の学歴は小学校で数学は全く解らなかったため，彼の描く物理像を理解しようとする物理学者はなく，全く無視されたままでした。当時の物理学者は電磁気の理論は Newton 力学と同じ形で組み立てるものと思っていました。つまり，電気の＋と－，磁気の N と S は，万有引力と同じく途中で力を伝えるものなしで引きあったり，反発したりすると考えていました。これに対し，Faraday は素朴な実験物理屋の感覚から，何かが無を介して何かに作用するなんてことはどんなに見事に数学的に示されても納得できないことでした。いわゆる遠隔作用か，近接作用かの対立です。

　両者の考え方の違いは，まず磁力線の解釈に表われます。棒磁石の上にガラス板を置き，鉄粉を振り掛けると N 極から S 極に向かう磁力線にそって鉄粉の濃淡の縞ができ，磁力線が浮き上がりますが，これをどう見るかです。遠隔作用に従う数理派は，この縞は真空中に理論的には形成される筈の磁場に従って鉄粉が並んだだけと考えたのに対し，Faraday はこれほどはっきりした物理現象は理論的な場だけでは起こりえない，磁力線とは空間中にある双極子が向きをそろえる物質的なものだと主張しました。これについてはどちらも一理ありで決着

はつかないのですが，誘電物質を挟んで二枚の金属板を向き合わせ，両側に＋と－の電気を貯めるコンデンサーの説明になると，誘電体の中の双極子が向きを変えるので両側に等量反対符号の電気がたまるという Faraday の説（変位電流の説）が圧倒的に有利になります。

　Maxwell は Faraday が十分な根拠なく呈示する様々な物理的考えを全て信じた訳ではありませんが，電気と磁気の現象は遠隔作用ではなく近接作用であるという点については Faraday の物理的勘を全面的に信用し，それを理論化することを自分の仕事にすることを決めました。それにはまず，感覚に過ぎない Faraday の考えを物理的モデルに具体化することに努めました。次にそれをベースに完全な数理物理モデルを完成させる努力をしました。近接作用の数理物理学の実現ですが，これは数学的には遠隔作用の Newton 力学の数理物理学より遥かに面倒な仕事でした。力学では基本は力と加速度だけの関係でしたが，今度は 3 次元の電場と磁場の積分が相手の場の時間的変化によって決まるというややこしい関係だからです。特に座標系の取り方に完全な自由度が求められるからです。Maxwell がこれをどう実現したかを大きく見ていくことにします。

2．Maxwell 方程式　議論の物理的基礎

　以下，Maxwell 方程式に関し，少し頁を割いて論じますが，Maxwell 方程式そのものを解説するためではありません。それはどこにも出ているからです。そうではなくて Maxwell 方程式が学問的に興味ある点に焦点を絞って解説します。興味ある点は二つあります。第一は Maxwell 方程式の解が空中を光速度で伝わる電磁波を表わしているという点です。第二は Maxwell 方程式が電磁気力を否定し，近接作用だけで動的現象を説明する力学，その意味は Newton 力学とも Lagrange 力学とも全く違う力学として，その理論の論理的構造がどうなってい

るかという点です。この二つのうち電磁波放射の問題は，19世紀末のWien（ウイーン）の物理学者Hertz一人の傑出した思考と実験により解決され，それは一般の科学史書に書かれていますので，ここでは触れません。第2の問題に絞ります。

　第2の問題では解説したい目標が3つあります。目標の第1は電磁気に関する実験結果の具体性とMaxwell理論の抽象性を繋ぐ仕事です。針金のコイルに直流を流せば磁石になるし，コイルに磁石を突っ込めば電流計が振れるのは極めて身近な単純な体験です。ところが，それを法則にしたMaxwellの方程式は，なぜ $rot\,E + 1/c\ \partial H/\partial t = 0$ という超難解な表現になるのか説明する必要があります。それも数学的に等価な表現であると証明するのではなく，物理的意味からそのように変換される，表現されることを理解してもらう必要があります。目標の第2はMaxwellの方程式の表現法の進歩，特にベクトル解析化，それに伴う物理的意味の鮮明化，本質化について述べることです。Maxwellが発表した時，この方程式は12個の未知数を含む12本の連立微分方程式という絶対に解けそうには見えないお化けのような代物でした。これに対し，Lagrangeが解析学によってNewton力学の構造を整理して求解を容易にしたように，ベクトル解析という新手法で構造を整理し，2変数の連立方程式を解けばよいところまで持って行った天才がHeavisideです。目標の第3は，Heavisideの新しい解法が，場の量子論にも共通する場の物理学に特有な特殊だが強力な手法であることを示すことです。それはゲージ変換という方法であり，それに必要なのが**ベクトルポテンシャル**と**スカラーポテンシャル**です。

3．物理と数学

　では第一の目標に進みましょう。つまり，実験から知った自然法則を場の物理学の法則として表現し直すという過程です。これは少し丁

寧な物理教科書にはよく書かれている事ですので，わざわざ本書で取り上げる以上はもう少し物理にこだわったやり方で行ないます。そのこだわりは具体的には二つあります。一つは説明を専門家がよくやるようにベクトル解析という数学的基礎に関する部分と，これを駆使しての方程式導出という物理の部分の二つに分けないで，物理の話で始めて物理の話で通し，その中でベクトル解析を説明していくことです。こうした理由はベクトル解析という数学の分野は流体力学，電磁気学という物理研究の中から生まれたのであって，初めにベクトル解析という数学があった訳ではないからです。それに，物理から数学を分けてしまうと物理の議論は公式の適用のようになってしまい，議論の物理性が下がるからです。

　もう一つ，私の説明が専門家の説明以上に物理に拘っている点は，普通以上に次元の確認と検討を行なっている事です。私は物理を理解する上で一番大事なのは，様々な次元を正確に認識することだと思っているからです。**数学と物理の最大の違い**は，数学は次元のない純粋な数の間の関係の学であるのに対し，物理は異なる次元を持つ量の間の等価関係を発見する学だと思っています。次元の異なる量は等価になりませんから，どちらの量も別の次元を持つ量と組み合わせて両辺が同じ次元になるようにしなければならない，これがうまく成功したものが物理法則です。数学では等号の要件は数の一致ですが，物理学では次元の一致が第一要件です。なお本文中では次元を表現する際，次元の単位でこれに替えています。力，電位差，仕事率というより，N，V，kW という方が分かりやすいからです。

4．次元と単位

　物理をする人は常に次元を意識せねばなりません。それもこれは「力」だ，「仕事」だと言葉で意識するだけでなく，次元を具体的に感覚でき

る必要があります。そのためには自分の筋肉で引ける最大の力は 50kg 重 ≒ 500N（ニュートン）であり，排気量 1500cc のマイカーのパワー ＝ 仕事速度は 30 馬力 ＝ 20 kW（キロワット）であるというように次元を具体的な単位で認識している必要があります。ここで具体的な単位を強調するのは，電磁気学の物理では，「次元」以上に「単位」と「単位系」に注意を払う必要があるからです。これは不思議に思えるかも知れません。次元は物理学だが単位は単なる尺度で，単位系の違いは単に物理量を表現する数値の違いに過ぎず換算表が一枚あれば十分な筈だからです。物理学は foot-pound 法でも尺貫法でも全く同じにできる筈だからです。確かに物理も力学まではそうでした。CGS 系でも MKS の ST 法でも不便を感じることはありません。ところが電磁気学になると単位が違うと次元も違い，従って物理法則そのものの表現が違ってきます。

　電磁気学でよく使われる単位系は二つあります。一つは，理論物理学者が好んで使う **cgs** Gauss 単位系で， Landau も Kampanetz もこれを使っています。もう一つは，応用物理学者がもっぱら使う，国際単位系 SI 単位系といいます。SI はフランス語 Systeme Internacionale の略です。この二つで Maxwell 方程式の表現が違います。Faraday の法則に相当する式は，ガウス系では
***rotE* =(1/*c*) (∂*H*/∂*t*)_** ですが，SI 系では ***rotE* ＝ μ_0 (∂*H*/∂*t*)** です。Ampere の法則に相当する式は Gauss 系では
rotH* ＝ (1/*c*)(∂*E*/∂*t*)+(4π/*c*)*j ですが，SI 系では
rotH* ＝ ϵ_0 (∂*E*/∂*t*) + *j です。よく使われる教科書の中でも Landau, Kampanetz は Gauss 系ですが，Feynman は SI 系です。基礎式の表現が違ってくる理由は，Gauss 系では基本次元は長さ，質量，時間の 3 次元であるのに対し，SI 系では次元はこの 3 次元に電流が加わった 4 次元で，単位は（meter, kg, sec, Ampere）の MKSA だからです。

単位系の違いが次元の違いを引き起こすのは，単位系によって基本次元の数が違うからです。CGS系は3個なのにSI系は4個というのは理論的におかしいように見えますがそうでない理由は，CGS系では電荷の次元をCGSの3単位で作り出してしまうのに，SI系では電流の単位はA（アンペア）を導入し，これから電荷の単位C（クーロン）を作り出すからです。CGS系では，静電気力の法則
$F = (e_1 e_2 / r^2)$ を使えば，単位距離離れて単位の引力（dyne）になる電荷量を電荷の単位に決めることができます。これをesu（静電気単位）といいます。CGSにはもう一つ電流の単位を決めてしまう方法もあります。この場合は距離d離れた平行線電流の間に働く力についてのBiosavrtの法則 $F = I_1 I_2 / \alpha$ を使って，単位距離離れて単位の力を引き起こす電流を電流の単位にできます。電流の単位が決まると単位時間を掛けて電荷の単位も決まります。これをCGSのemu（電磁単位）と言います。つまりCGSにesuとemuの二つの単位系があります。esuもemuも電荷あるいは電流からはじまり，それぞれが全ての電磁気量の単位を出すことができます。しかし困ったことには二つの結果は天と地ほど違います。正確には光速度倍だけ違います。C = 3×10^{10} cm/s 倍だけ違います。そしてesuとemuとではMaxwell式の形が違います。どちらもくせがあってどちらが良いとは言えません。そこで現れたのがGauss系です。Hertzの提案と言われていますが，Maxwell方程式が電気を磁気で対称になる単位系です。その方法は意外と単純で，電気的量の単位にはesuを磁気的の単位にはemuを使うことでした。

5．真空の誘電率，透磁率とSI

CGS Gauss系は理論物理学者からは一番満足すべき単位系とされていますが，実際に電気の仕事，電気通信の仕事をしている人からみれば使いものにならない単位系です。電流の単位が小さすぎるのです。実用される電流の単位A（アンペア）はemuの電流単位に近いのです

が，Gauss 系では電流単位は esu によるため，これより C = $3×10^{10}$ だけ小さいのです。これで測ると実用的な電流の数値が 10^{10} 程度になってしまい使いものにならないのです。

　そこで考え出されたのが，電流単位を（長さ，質量，時間の）3 つの基本次元で表現しようとせず，もう一つ電流という次元を導入して基本次元を 4 元にしてしまうことです。これが MKSA(m, kg, Sep, Amp) 系です。これを行なうには導入したい 1A という電流単位が Bio Savart の法則から自然に出て来るように係数を一個導入すればよいのです。具体的には前出の式に透磁率 μ_0 を入れて $F = (\mu_0 I_1 I_2)/\alpha$ とします。そして I の単位が 1A になるように μ_0 を決めればよいのです。実際には $\mu_0 = 1.25663706 × 10^{-6}$ とします。より正確に言えば $\mu_0 = 4\pi × 10^{-7}$ であり，これによって 1A の電流単位が定義されています。μ_0 は真空の透磁率と呼ばれています。透磁率とは磁界がかけられた時，誘導磁化のために磁界が強まる現象の程度を表わしている係数ですが，真空にはそのような作用があるとは確認されていません。従って真空の透磁率とは単純に磁界 H と磁束密度 B との間の関係を示す比例定数で，それは単位系によって決まる数値になります。

　電流を基本次元に入れて 4 元系にすると，esu の基本にした静電気力の式も単位を換算する係数 ε_0 を入れて $F = \varepsilon_0 e_1 e_2 / r^2$ とせねばなりません。ε_0 は真空の誘電率と呼ばれます。ε_0 は μ_0 と違って実験的に定める必要があります。なぜかというと，Maxwell の方程式は波動を表わす方程式で，波動の進行速度 $1/c = \sqrt{\varepsilon_0 \mu_0}$ と決まっており，しかも実験からこの c が光速度にほかならないことが確かめられているからです。$C = 3×10^8$ m/s として ε_0 を計算すると，確かに理科年表にある真空の誘電率 ε_0 の値になります。この ε_0 の次元は F/m ですが，F（ファラッド）はコンデンサーの容量を表わす数値で，$F = C/v$ です。1V の電位で溜まる電気量を示しています。すると真空にもコンデ

ンサーのように電気を**溜める**性質があるように聞こえますが，それは次元 F の意味の読みすぎで真空にはそのような作用はありません。ε_0 を超える ε はコンデンサー作用を表わしますが，ε_0 自体は，電荷と引力の関係を示す静電気力式に不可欠な常数で質量と引力の関係を示す万有引力重力式の重力常数 G に相当します。つまり，μ_0 は電流単位を決める指定定数であり，ε_0 は光速度の実験値から決められた静電気力式の定数に過ぎません。

重力定数	G	6.67	10^{-11}	N・m²・kg
真空中の光の速さ	C	2.99	10^{8}	m・s⁻¹ （厳密に）
真空の透磁率	μ_0	1.25	10^{-6}	H・m⁻¹
真空の誘電率	ε_0	8.85	10^{-12}	F・m⁻¹
電気素量	e	1.60	10^{-19}	C
プランク定数	h	6.62	10^{-34}	J・s
	ℏ	1.05	10^{-34}	J・s
電子の質量	m_e	9.10	10^{-31}	kg

6. Maxwell 方程式の導き方・解き方，Faraday の電磁誘導と $rotE$

　Maxwell 方程式は，電磁気の実験結果の数式表現ですが，それは次の 3 段階で行なわれます。①実験事実の経験的物理量による表現，②経験的物理量を局所物理量である場の量の積分として表現し，実験結果を積分量の間の関係として表現，③積分量の間の関係を局所の場の物理量の間に表現を変える，です。具体例で説明します。Faraday の電磁誘導の法則は，言葉で表現すれば，**起電力は磁束の時間的変化の比例，** 式で表現すれば $e \propto d\Phi/dt$ です。ここで磁束とは磁力線の総数です。針金のリングを磁力線が貫いている簡単な装置の場合，リングに発生する起電力は，リングを貫く総磁束の時間的変化に比例するという内容です。比例定数は，まだ磁束の単位が決まっていないので自由に選べます。次の仕事は上式を局所的場の量の積分形で表現することです。**起電力 ＝ 2 点間電位差**とは単位電荷を地点 1 から 2 に運ぶ

に必要なエネルギーつまり仕事量（J/C）です。電位差を場の量で表わすには，その点で**電荷が受ける力 E** に移動する**距離 dl** を掛けます。ただし電位差が 2 点の位置だけで決まり，途中の移動経路の選び方によらない為には，E と dl の表現に注意が必要です。E も dl も方向を持った量ですから E，dl とベクトルで表現します。すると電位差は
$e = \int E\,dl$ と両ベクトルの内積の積分とするのが正しいのです。

　$\varPhi$ は総量ですが，場の量に変えるためには磁束密度 B を導入します。その点での単位面積当たりの磁束です。当然 $\varPhi = \int B\,ds$ です。従って実験式の積分表現は $\int E\,dl = \int (dB/dt)\,ds$ です。次元を調べると左辺は V ですから，磁束 $\int B\,ds$ の変化速度も同じ次元になり，磁束密度の次元は時間次元を s とすると，V・s/m² となります。この磁束密度 B は，電磁気を扱う技術者には電流 I に次いで身近な表現です。磁石を使って作れる磁束密度の最強値を聞くと 1 万ガウスと答えます。SI では 1 万ガウスをテスラと呼んで磁束密度の単位にしています。

　最後に残った仕事は，場の物理量について積分の形で表わされた式か，積分を消して場の物理量そのものの関係に変えることです。このためには経路に関する積分を，面積に関する積分に変えて，両方の積分操作を面積積分に統一すればよいのです。ループで囲まれた領域の周辺の一周積分をその領域の面積分に変えること，これは簡単なことです。まず，全領域を細かい碁盤目におおいます。そして全ての碁盤目について周囲を一周する積分を行ないます。すると小さな碁盤目についての積分値の総計は領域の外周を一周積分した値に等しくなります。隣り合う碁盤目では，一周積分の向きが逆になるので，積分が消去し外周部分の寄与だけが残るからです。この碁盤目を dx，dy の微分目にした時は，話は簡単になります。$x \cdot y$ 面上に横 dx 縦 dy の碁盤目 ABCD を考えます。この点のベクトルは E とします。すると ABCD とまわる一周積分は $((\partial E_x/\partial y) - (\partial E_y/\partial x))\,dx\,dy$ となります。

同様に考えると，$y-z$面については $((\partial E_y)/\partial z-(\partial E_z)/\partial y)$ が，$z-x$ 面については $((\partial E_z)/\partial x-(\partial E_x)/\partial z)$ が考えられます。これら3つの値はこれらを z 方向，x 方向，y 方向への成分とする一つのベクトルを表わしています。それでこれを $rotE$ と表し，E の**面積当たり一周積分**ベクトルと呼ぶことにします。$rotE$ を使うと
$\int Edl = \int rotEds$ であり，磁束密度 B を使うと $\Phi = \int Bds$ ですから，Faraday の法則の場の物理量による表現は $rotE = dB/dt$ となります。これが Maxwell 方程式の第1式です。

7．Ampere Bio Savart と $rotB$

同じような考えで第2式を導くことができます。基礎になる実験法則は電流が作る磁界に関する Bio-Savart の法則で，言葉で表現すれば**起磁力は電流に比例する**，です。式で表現すると，起磁力は起電力と相似に $\int Hdl$ と定義します。H は磁界の強さで，定義は電解の強さに相似していますが，磁気の場合は単極がないので単極が受ける力から決定することはできません。実際は電流単位の決定に使った方法を使います。図（下）のように d 離れた平行線に電流を流すと，電流が同じ向きなら反発力が，逆向きなら引力が働きますが，その力は

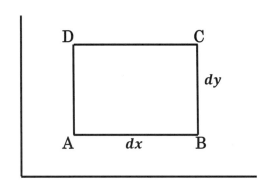

$F = \mu_0 I_1 I_2 / 2\pi d$ となります。起磁力 H と電流との関係はこの式中に隠れているのです。電流 I_1 と I_2 との間に力が働くのは，実は電流 I_1 が電流の周囲に磁界 H を作り，それに比例した形でその点の磁束密度 B が決まり，結果としてその地点を流れる電流に力が働くことになります。式で書くと電流 I_1 が距離 α の地点に作り出す磁界 H は $H = I_1 / 2\pi d$, その結果作り出される磁束の密度 B は $B = \mu_0 / H$, 磁束密度 B の中に置かれた長さ l の電流 I_2 が受ける力 F は $F = lBI_2$ です。従って，$I_1 I_2$ の間に働く力 F は $F = l\mu_0 I_1 I_2 / 2\pi d$ となります。つまり $H = I / 2\pi d$ が磁界の強さに関する実験式です。これは無限に長い直線電流についての式で，H と一周長さ $2\pi d$ を掛けたものが，この円環の中を流れる電流に等しいことを言っています。これを積分表示すると $\int H dl = \int j ds$ となります。左辺の経路積分を面積積分に変えて積分を外すと場の量の間の関係は $rot H = j$ です。そしてこれが Maxwell 方程式の第2式の筈です。

8．Faraday の変位電流と dF/dt

以上，Maxwell の方程式は Faraday の法則，Bio-Savart の法則という経験法則を場の物理量で表現したものであることを示しました。これはマクロな物理法則を場の物理量による表現に変えることで場の物理学を創出したという点で理論的意義はありますが，それ以上の画期的意義はありません。Maxwell 理論の画期的意義とは，電場と磁場の相互作用は波動となって進み，これが光であり電波であるという画期的結論であり予言なのですが，実験法則を場の理論で表現しただけではそれは出て来ません。数学的には連立方程式である Maxwell 方程式の解が波動であるためには，二つの変数，B と E のそれぞれについて時間微分の項が含まれていることが必要です。$\partial B/\partial t$ は既に含まれていますから，$\partial E/\partial t$ が必要な筈です。調べると Maxwell の方程式の第

2 式は $rotB = j + (\partial E/\partial t)/E_0$ となって確かに $\partial E/\partial t$ が入っています。これは実験法則からではなく Maxwell が多くの反対を押し切って独断的に入れたものです。彼は Faraday の近接作用の考えを理論化したいとこの研究を始めたのに，この時点で近接作用の典型系である変位電流をまだ理論化していなかったからです。そこで彼は次のように考えを進めました。絶縁物質を挟んだ 2 枚の金属板からなるコンデンサーを例にとると，極板に電気が溜まることは導線を通って電流が流れて行くが先どまりなので極板条に溜まったと見るのが普通の見方です。これに対して Faraday は絶縁体は空ではなく両端に＋とーの電荷をもった双極子の海を見ます。ここに電界がかかると，双極子は＋を右に，－を左に向きを変えて並びます。その結果＋の極板には＋電気が，－の極板には－の電気が集まります。これがコンデンサーの蓄電現象だというのです。絶縁体の内部では双極子が向きを変えることは＋の電気が右に，－の電気が左に行くことなので，電流が石に流れたことになる。これが Faraday の近接作用の考えです。この電流は電子の流れではなく，双極子が向きを変えただけで流れる電流なので変位電流といいます。

　Maxwell はこの変異電流を次のようにして理論化しました。まず，コンデンサーの電界 E（＝ 電位差）と蓄電量 e の関係は $E = 4\pi e/f$ です。そして電流 I は de/dt ですから $I = (f/4\pi)(\partial E/\partial t)$ です。これは変位電流です。電流密度 $j = I/f$ で表わすと変位電流密度は $j = 1/4\pi\, \partial E/\partial t$ となります。Maxwell の第 2 式の j（外部電流）の他に変位電流を加えると，Maxwell 方程式の第 2 式は $rotH = j + \epsilon_0\, \partial E/\partial t$ となります。ここで $\mu_0 H = B$ の関係を使うと $rotB = \mu_0 j + \mu_0 \varepsilon_0\, (\partial E/\partial t)$ です。

　上の議論には磁界強度 H も磁束密度 B も出て来ます。二つは $\mu_0 H = B$ と比例するので，数学的には同等ですが次元を考える物理学

では違います。B は $F = lBI$ から次元を求めると N/mA で，第一義的には磁界の力学的作用を表わす量です。これに対し，H は $H = I/2\pi d$ からわかるように，次元は A/m となり電流の影響を表わす量です。二つの量を比べた時，物理的には電気量より力学量，影響結果より影響する量をとった方が身近なので，H よりも B を使う方が自然だと思います。

9．残りの 2 式 $divB$, $divE$

　Maxwell 方程式は全部で 4 本ですが，残りの 2 式は $divB = 0$ と $divE = \rho/\epsilon_0$ です。その物理的意味は磁束 B は場の中で発生も消滅もしない。電界強度も ρ は電解密度ですから場の内部に電荷がなければ発生，消滅はないという内容です。この 2 式が加わった意味は，よく考えると興味深いものがあります。数学的に言うと変数は E, B の 2 個のベクトルで成分を考えると変数は 6 個です。これに対し，実験法則を表わしたベクトル式は 2 本で，成分を表現すると 6 本です。変数 6 個に対し，式も 6 個でこれで完全であり数学的にはあとの 2 本の式は余分に見えます。しかしそれだけでは極めて大事な物理的事実が表現されていません。それは磁気には電荷のような単極磁荷がないことです。どんなに細かく見ても磁石は N 極と S 極は一対になっています。このため磁力線は必ず閉曲線になっています。このことは実験法則には含まれない独立な事柄なのでどうしても基礎式に入れねばならないことですが，そうすると変数より方程式の方が数が多くなってしまいます。数学と物理が矛盾することの物理的意味を考える必要があります。わかりやすいように 2 次元の平面だけの空間を考えます。すると，E と B の相互作用はないので，B だけについて考えます。$rotB = j$ なので，外部電流の流れない平面の各点では $rotB = 0$ です。つまり面積当たり磁束一周積分の極限値はゼロです。これが場の大事な性質ですが，一周積分ゼロという条件だけでは，B の一番大事な性質が出

て来ません。それは磁力線は必ず閉曲線になるという性質です。その為に一番大事な条件は磁力線が空間のどこかで突然消えたり，突然発生したりしないことです。これが $divB = 0$ です。これは言葉を変えて言うと平面のどこにも穴がないということです。これは当然のことのように思われて忘れがちですが，$divB = 0$ で押さえておかねばなりません。特に注意したいのは極座標を用いた時です。この時，原点0と無限遠点∞に穴がないことをおさえておくことが必要です。

10. ベクトルポテンシャル，スカラーポテンシャル，ゲージ変換

　変数の数と式の数が合わないのは物理的必然だと述べました。従ってこの問題の解決は物理の側から行なわねばなりません。$divB = 0$，$divE = \rho/\epsilon_0$ の2式は，前2式の外に余計にある式ではありません。前2式，成分で示せば6本の微分方程式の解が物理的に意味があるためには，絶対に満たさなければならないのがこの2式です。つまり条件式です。すると前の6本の式のうち有効なのは4本，従って有効な変数は4つになります。6個に変数に代えて4個の新しい変数を作るのが問題解決の鍵です。その結論がベクトルポテンシャル A とスカラーポテンシャル Φ です。ベクトル A の3成分とスカラー Φ の4変数です。

　この4変数こそが問題解決にふさわしい選び方であることは，数学的しかも計算技術的な話を避けては通れないことなので，本書の趣旨に似つかわしくないと思う人がいるかも知れません。しかし私はあえてそれをやろうと思います。「ベクトルポテンシャル」「スカラーポテンシャル」，それに続く「ゲージ変換」の言葉は，量子力学までは一応理解し応用もした多くの技術者が学問としての興味から「場の量子論」の世界を覗こうとした時，入口の所に絶壁のように立ちはだかって内部へ入ることを困難にする言葉だからです。これらの言葉は辞典や解説記事を読んでも決して理解できません。Maxwell 方程式の物理的内

容を理解したこの時点で，その必然的解法として理解するのが一番と思います。

　計算技術的数学と言いましたが，それがベクトル解析です。ベクトル解析を学ぼうとすると一冊になるほどの内容ですが，ここで必要なことは僅かです。第1は二つのベクトル **A**, **B** の掛算，内積と外積です。内積は **A・B** あるいは単純に **AB** と記しますが，結果はスカラー（数値）で，その大きさは $AB\cos\theta$ です。θ は **A**, **B** の挟む角度です。外積は **A×B** と記し，結果は **A** と **B** が決める平面に垂直なベクトルでその大きさは $AB\sin\theta$ です。従って同一ベクトルの外積は0です。次に微分記号が作るベクトル ∇ （ナブラ）を定義します。$\nabla = (\partial/\partial x,\ \partial/\partial y,\ y/\partial z)$ 次はこの ∇ を使って新しいベクトル **grad**∇ を定義します。**grad**$\Phi = \nabla\Phi$ です。Φ はスカラーポテンシャルと呼ばれるスカラーです。従って **grad**$\Phi = (\partial/\partial x\ \partial/\partial y\ \partial y/\partial z)$ です。スカラーポテンシャルの1例は空間中各点の大気圧です。**grad**Φ は気圧勾配と呼ばれるもので，東西方向，南北方向，高さ方向と独立なものが3つあり，これがベクトルです。∇ を使って表現できるのがベクトル **rotA** です。**rotA** は **A** の1周積分の面積当たりの極限値ですが，これを偏微分記号を使って表現すると，**rotA** $= \nabla \times A$ であることが分かります。以上の結果を適用すると，任意の Φ, **A** に対し，**rot grad**$\Phi = 0$, **div rotA** $= 0$ が簡単に証明できます。
rot grad$\Phi = \nabla \times \nabla\Phi$, **div rotA** $= \nabla \cdot \nabla \times A = \nabla \times \nabla \cdot A$
両方とも $\nabla \times \nabla$ を含んでいるからです。

11．Maxwell 方程式の解き方，Lorentz ゲージ

　最後に，ベクトルポテンシャルとスカラーポテンシャルを使ったMaxwell 方程式の解法を示します。説明を見通し良くするため，場は真空とします。つまり場の中の電荷 ρ や外部電流 **J** が0の場合です。

Maxwell

まず問題と解法の骨格を示します。問題の対象は E と B の 2 個のベクトルで変数は 6 個です。これに対し満足すべき方程式はベクトル方程式が 2 本とスカラー方程式 2 本の計 8 本です。スカラー 2 本は制約方程式なので自由な方程式数と変数は 4 個です。解法の骨格は 2 段に別れます。第 1 段は自由になる変数 4 個を選んで 6 個の変数を表現します。第 2 段はこの 4 個の変数を使って 8 個の方程式を表現します。この時もし 4 個の変数の選び方の方式が適当であったため 8 個の方程式の 4 個が自動的に満足され, 4 個の変数と 4 個の方程式だけが残されたならばこれを解くことで Maxwell 方程式の解を求めたことになります。

もっと具体的に説明しましょう。独立な変数は4個であることに対応し, Maxwell式の8個の式を4個の式2つに分けることにします。対称性の観点からこれはベクトル式1本とスカラー式1本を組み合わせた2組に分けることです。含まれる変数のタイプからこれは, スカラー式 $divB = 0$ と $dB/dt = rotE$ です。そしてまず, この2式が恒等的に満たされるような解の形を考えます。まず $divB - 0$ を満たす B の形は, 任意ベクトル A に対し, $divrotA = 0$ とであることを思い出すと $B = rotA$ とおきます。これで1つのスカラー式は満たされた訳です。次にこのBから求められる dB/dt に対し, ベクトル $dB/dt = rotE$ が恒等的に満たされることを要求すると, $rotE = rotdA/dt$ となります。ここで両辺から rot を外すことを考えます。単純に E = dA/dt です。しかし, rot は微分操作であることに注意すると, rot を外した時, 積分定数に相当するものが加わらねばなりません。それは $rotgrad\Phi = 0$ であることを思い出すと, $grad\Phi$ でなければなりません。従って, ベクトル方程式 $rotE = dBdt$ を恒等的に満たす解は, $E = dA/dt + grad\Phi$ です。Φ はスカラーであれば何でもよく定数とは限りません。場の各点で値が決まるスカラー関数 $\Phi(x, y, z)$ です。そこで A をベクトルポテンシャル Φ をスカラーポテンシャルと呼びます。

あとは残りの方程式 $divE = 0$ と $rotH = dE/dt$ の合計4式によって A と Φ の4つの変数を決めればよいのです。そこで解法を見通し良く簡単にするために、この4式を A に関する3式と Φ に関する1式に分けることを考えます。これをゲージ変換といいます。ゲージとは長さを測る基準のことです。以下での操作はゲージの変換とは何の関係もないのでゲージ変換というのは間違いなのですが、どうした訳か、プロの物理学者の間ではこの言葉が残っています。それはとにかく A と Φ を分離する方法として一般的に使われるのが Lorentz の方法です。それは A と Φ の間に $divAE + d\Phi/dt = 0$ の条件をつけます。これを Lorentz ゲージと呼びます。こうすると A と Φ の式が分離され、両式とも次のように簡単で美しい形になります。

$$rot\, rotA - d^2A/dt^2 = 0 , \quad \nabla^2\Phi - d^2\Phi/dt^2 = 0$$

IV

古典力学の総合 Hamilton 力学

1. 古典力学の最終的統一原理としての最小作用原理　98
2. 最小作用原理とは何か　99
3. 作用積分最小の変分原理 Euler　102
4. 力学体系の中心に最小作用原理 Hamilton　105
5. Newton と Hamilton, England と Ireland　106
6. Hamilton の正準変換と生成関数 Lagrange 力学と Hamilton 力学の違い　109
7. 正準変換と Hamilton 方程式　110
8. 正準変換とは何か　112
9. 正準変換を生む生成関数　115
10. 生成関数から導かれる正準変換群　116
11. 複数粒子系の運動量と角運動量の保存　117
12. Hamilton-Jacobi 方程式　主役，作用量関数 S の意味と循環座標　121
13. 時間 t とエネルギーE は正準共役，最終解へ　124

1. 古典力学の最終的統一原理としての最小作用原理

　1788年, NewtonのPrincipia出版の100年後にLagrangeは**Mccanigue Analytique**を発表し, Gallileo, Kepler, Huygens以来の力学の本格的総合を達成したのです。ここで総合の仕事は終ったと考えられましたが, それから約50年後, 光学と力学を総合するという非常に高い視点に立って力学を総合する人が現れました。**Ireland**のHamiltonです。仕事は**最小作用の原理**を力学の基本原理と認めるだけで, Newton力学の第2法則を手始めに, 力学エネルギーの保存則, 質点系の運動量の保存則, 中心力場における角運動量の保存則が自動的に結論されるというものです。つまり, Gallileoによる落体の法則の発見以来, 観測と実験から生まれた数々の自然法則の総合としてLagrangeの解析力学が現れたと思っていたのに, 力学には最小作用の原理さえあればよい, あとは原理から導かれる数学的結論に過ぎないというのがHamiltonの結論です。この数学的結論を得るには最小作用の原理だけでは足らず, もう一つの原理を使います。Gallileo変換の原理と呼ばれるものです。それは自分のいる空間が慣性で動いているならば動きがどんな速度であろうと, その上での運動は同じように起こるという半経験則です。

　つまるところ, Hamiltonの最小作用原理とは, Newtonの第2法則と等価なものです。Newtonの第2法則を基礎にすれば, 最小作用原理は数ある法則の1つとして導けますが, ただそれだけのものです。逆にHamiltonの最小作用原理を基礎にすればNewtonの第2法則は法則の一つとして導けますが, ただそれだけのものに終わります。するとどちらをとるのが良いかは今後の研究にどちらが有用か適合しているかで決まります。現代物理を考える本書の立場から言うと, 最小作用原理の見方が必要な理由が二つあります。一つは, 力学と電磁理論を同時に考慮する必要が出て来ますが, 最小作用原理は電磁理論にも適用できるからです。実際に原理からNewtonの第2法則を導いたよ

うに，原理から Maxwell の方程式さえ導くことができます。

　第 2 の理由というか最も主要な理由は**量子力学**及び**場の量子論**との関係です。簡単に言えば量子力学は質点系の力学を量子化したものであるのに対し，場の量子論は分散場の物理学を量子化したものです。このうち量子力学には Heisenberg が創始した**行列力学**とこれとは相容れない Schrödinger 創始の**波動力学**の二つがありますが，このうち Schrödinger の波動力学は Hamilton が創始した最小作用原理に基づく Hamilton 力学の量子化であります。従って Schrödinger の波動力学がなぜ Hamilton 力学の形式をとっているのか，どこでどのような理由で作用量子 h を持ち込んでいるのかを調べるには，Hamilton の原理論に戻るのが有効です。Hamilton の原理論は元々工学と力学を統一する理論として作られたからです。これは量子力学の草創期，1925 年後の数年間に最も対立した問題である**電子は粒子か波動か**について厳密かつ合理的な考察を進めるのに絶対に必要なことです。

　さらに最大の関心事である『場の量子論』を批判的に理解するためには，**最小作用原理**と **Hamilton 力学**の理解は欠かせません。場の量子論を実質的に創始したのは，量子力学における粒子か波動かの厳しい対立を，最小作用原理と Hamilton 理論に基づく対応理論の創始で一応の完全解決に導いた大天才 Dirac ですが，最小作用原理に基づく Hamilton‑Jacobi 力学の方法で築き上げたものです。従って場の量子論の内に一歩でも入るためには正準変換，ゲージ理論の理解が前提となります。これらの概念を正確に深く理解するには，Hamilton が古典力学を見事に統一し，体系化した Hamilton‑Jacobi の理論を学ぶべきなのです。

2．最小作用原理とは何か

　つまり最小作用原理とは，古典力学の世界と量子力学の世界を繋ぐ

懸け橋です。別の言い方をすれば，Newton の世界から場の量子論の世界に直接に移る道はなく，移るには，一旦最小作用原理と Hamilton-Jacobi の高度に抽象的な世界にまで登りつめた後，そこから移るしかないということです。本書は場の量子論の物理学としての意味目的を理解するという大きな目的をもって話をしているのですが，話しかけている相手は，早く 1 報でも論文を書きたいというプロ物理学者ではなく，学問としての物理学の考え方を正確に知りたいとう物理学好き一般読者です。そこで最初に注意したいことが一つあります。それは非専門家である人が「最小作用」のような全く未知の専門事項を理解するのを妨げているのは，その言葉の字面から想像した勝手な解釈，つまり誤解だということです。名前をつけたのは専門家ですが，専門家は内容が解かっているから使用上適当に名前をつけます。しかしそれはしばしば不正確だということです。最小作用の場合，最小は間違いで，積分で定義した作用量が極値あるいは停留値を取るというのが正しい内容です。便宜的名称としても「作用量極小の原理」というべきです。

　最小作用の作用についても事情は同様です。非専門家は作用という字面から意味をつかみ取ろうと努力をします。しかしそれは虚しい努力です。作用という言葉からは「働きかけ」という意味しか思い浮かばないし，それが積分量であると言われてもさらに分からなくなります。それでも非専門家は自分でなんとか意味をつけようと努力します。そして物理を少し知っている人が考えるのは Fermat の原理との関係です。**Fermat（フェルマー）の原理**とは，フェルマーの定理で有名なフランスの数学者 Fermat が考えた光の進行経路に関する理論です。光は直進しますが，それは，空気とか水とか同じ物質の中のことであって，空気から水に入る時は界面との角度が増えるような屈折をします。この現象の説明として光は粒子と考えていた Newton は界面で運動量が保存されるという理論で説明を試みました。界面に薄く入って

くる光線が深く曲がるのに進行方向の運動量が保存されているというためには、空気中より水中の方が光の速度が大きくなければなりません。しかし実際に測定してみるとそうではありません。水中の方が光速度は小さいのです。つまり Newton の理論はどこか間違いです。これは光は粒子と考えたことに原因があります。これに対し Fermat は光は到達時間が最短になるような経路を選ぶという理論を立てました。空気中の1点から水中の1点に光が進む場合、光はできるだけ速度のかせげる空中を進み、最後、水中を通って終点に到達するということです。どこで屈折するかは空気中と水中の光の速度の差によります。もし、差がなければ、光は屈折せずに始点と終点を結ぶ直線を進む筈というのが Fermat 理論の答えです。

これは見事な正解でした。光の経路に関するこの成功を見て、質点の運動経路に対しても同様な理論が立てられる筈と考えた物理学者は多くいます。Johanes Bernoulli が最初と言われますが、はじめに広く有名になったのは Maupertuis（モーペルテュイ）です。彼は二種の衝突問題、一つは完全弾性体の、一つは完全非弾性体の衝突について考察しました。その結果、完全弾性体の衝突の場合は運動エネルギー保存則を使って、完全非弾性体（衝突後、二つが合体してしまう物体）の場合は運動量の保存則を使って答えが得られることを確認しましたが、Maupertuis はここで、両ケースを統合して一つの原則から答えを出せる方法はないか、その原則を探し出そうと努力しました。その結果が最小作用原理です。

Maupertuis の最小作用原理とその適用法と意味を完全非弾性体の衝突の例で示します。両物体の質量をmとm'、衝突前の速度をv_0とv_0'とします。そして衝突して二つが合体した後の速度をv_1とします。この問題への正解は運動量保存則を使えばすぐに求まり、v_1は、$v_1 = (mv_0 + m'v_0')/(m + m')$となり、$v_0$と$v_0'$の加重平均になります。

最小作用原理とは運動量保存則を使わずにこの結果に達するための他の方法で，そのために Maupertuis は**作用の量**というものを定義します。これは衝突の結果生じた物体の運動量の変化に変化を生じた距離を掛けたものです。運動量の変化は $m(v_1 - v_0)$ と $m'(v_1 - v_0')$ です。この変化が起こった時間を Δt とすると変化が起こった距離は $\Delta s = (v_1 - v_0)\Delta t$ と $\Delta s' = (v_1' - v_0')\Delta t$ です。従って Maupertuis の考える作用の量は $(m(v_1 - v_0)^2 + m'(v_2 - v_0')^2)\Delta t$ となります。この量は v_1 だけの関数ですが，これを v_1 だけで微分して作用量が極小になる v_1 の値を求める上掲の結果と一致します。

Maupertuis は科学者には珍しい狂信的ともいえるキリスト教徒でした。そして神の自然設計の原理は極めて明確単純なものである筈と信じていました。光の経路が通過時間最小であるのに対応し，物体の運動経路は何かが最小である筈と信じて努力の結果到達したのが，自分が定義した作用量が最小であるという発見でした。今の時点で評価してみると最小になる量として「作用」あるいは「作用の量」を選んだのは正解でしたが，後の議論の仕方は不完全で，この時代の理論物理学としては合格点に達していません。

3．作用積分極小の変分原理 Euler

Maupertuis の最小作用の原理の不完全さに気付いて，これを力学の中核になる本格的原理と方法までに高めたのは Euler です。それは**作用積分極小の原理**と言うべきものです。彼はまず作用の物理的内容を定義することなしに作用積分を定義します。それは座標を q_r (1.2....)，速度を $\dot{q}_r$ として q_r と $\dot{q}_r$ で定義される未決定の関数 f を $f = f(q_r, \dot{q}_r)$ と置いた上で，その積分 $F(t_0, t_1) = \int_{t_0}^{t_1} f(q_r, \dot{q}_r) dt$ で定義される量です。未決定の関数の積分とは一見無意味に見えますが，Euler の方法の特長はまさにこの点にあります。つまり q_r の時間的変化 $q_r(t)$ を決める

のが力学ですが，Euler は $q_r(t)$ が力学原則に従うのであれば，積分 $F(t_0 t_2)$ は極小値を取るべきことを力学の原理とします。そしてこれが極小値を取るという条件だけから未決定の関数 $f(q_r, \dot{q}_r)$ を決定するのです。

実際にそれをやってみましょう。まず作用積分 $F(t_0, t_1)$ が，力学が決定する経路 $q_r(t)$ の周りで極小値を取るということを数学的に追い詰めてみます。関数 $f(q_r)$ が変数値 $q_r(t)$ において極小値を取るというのであれば，関数 $f(q_r)$ の q_r に関する微分系 $\partial f/\partial q_r$ が $q_r(t)$ でゼロになることを言えばよいのですが，今問題にしている極小は大分違った問題です。それは t_0 から t_1 にかけて $q_r(t)$ と $\dot{q}_r(t)$ を与えてきまる $F(t_0, t_1)$ という積分について，正しい力学軌道 $q_r(t)$ からずれを $\Delta q_r(t)$ とし，これを t_0 から t_1 までの全区間で与えて，積分 $F(t_0, t_1)$ のずれ (変分) $\Delta F(t_0, t_1)$ を求めます。この時，力学軌道 $q_r(t)$ のどんな変分 $\Delta q_r(t)(t_0 < t_0 < t_1)$ に対しても $F(t_0, t_1)$ の変分 $\Delta F(t_0, t_1)$ が 0 (ゼロ) であるならば，$F(t_0, t_1)$ は力学軌道の周りで極小あるいは極大であると言えます。

このための計算法は変分法と呼ばれ Euler が発明した数学の新しい分野です。変分法と微分法との違いは，微分法は目的関数が極値を取る多次元空間の点を決めるものですが，変分法は目的関数が極値を取る多次元空間の軌道を決めるものだからです。早速その計算を実際にやってみましょう。計算は 2 段になります。まず，軌道 $q_r(t)$ の変分 $\Delta q_r(t)$ に対応する被積分関数 $F(q_r, \dot{q}_r)$ の変分 $\Delta F(q_r, \dot{q}_r)$ を求めます。次に変分 $\Delta F(q_r, \dot{q}_r)$ を t_0 から t_1 まで積分して目的関数 $F(t_0, t_1)$ の変分 $\Delta F(t_0, t_1)$ を求めます。

まず，被積分関数の変分は $\Delta f = (\partial f/\partial q_r)\Delta q_r + (\partial f/\partial \dot{q}_r)\Delta \dot{q}_r$ となります。次にこれを t_0 から t_1 まで積分しますが，被積分項の中に $(\dot{q}_r)$ と時間微分項が入っているので，部分積分を実行します。これは 2 変

数 A, B の積の微分の逆操作です。つまり，微分を (ʹ) で表わせば
$(AB)' \, \partial f/\partial \dot{q}_r = A'B + AB'$ ですから，これを積分すれば
$\int_{t_0}^{t_1} AB = \int_{t_0}^{t_1} A'B + \int_{t_0}^{t_1} AB'$ です。この式を $(\partial f)/(\partial \dot{q})\Delta \dot{q}$ 項の積分にあてはめてみます。$\Delta \dot{q} = d/dt\,\Delta q$ ですから $\partial f/\partial \dot{q} = A$，$\Delta q = B$ として上式をあてはめれば $\partial f/(\partial \dot{q}\Delta \dot{q})$ の積分は
$(\partial f/\partial \dot{q})\Delta q \int_{t_0}^{t_1} - \int_{t_0}^{t_1}(d/dt)(\partial f/\partial \dot{q})\Delta q dt$ と等しくなります。ところで，軌道からのずれは積分の両端 t_0 と t_1 では「なし」ですから $\Delta q(t_0) = 0$, $\Delta q(t_1) = 0$ です。従って，上式の第1項は0となり，考えていた積分 $\int_{t_0}^{t_1}(\partial f/\partial \dot{q})\Delta \dot{q}dt$ は $-\int_{t_0}^{t_1}(dt(\partial f/\partial \dot{q}))\Delta q dt$ に等しくなります。従って，目的関数の変分は
$\Delta F = \int_{t_0}^{t_1}(\partial f/\partial q_r) - d/(dt(\partial f)/(\partial \dot{q}_r))\Delta q dt$ となります。これがいかなる $\Delta q(t)$ に対しても0であるための条件は
$(\partial f/(\partial q_r)) - d/dt(\partial f/(\partial \dot{q}_r)) = 0$ です。つまりこれは $f(q_r, \dot{q}_r)$ の時間積分が極小値をとる力学軌道を決める式となっています。ところが式を良く見てみると，これは Lagrange 力学の解説の所で説明した有名な Lagrange 方程式と全く同じです。つまり極小にすべき作用積分関数として定義せずに導入した関数 $f(q_r, \dot{q}_r)$ とは，既に解析力学の解説で知っている Lagrange 関数 $L(q_r\dot{q}_r)$ であることが分かりました。

さて，作用積分関数 $f(q_r, \dot{q}_r)$ がどんな微分方程式に従うかは分かりましたが，本当に知りたいのは力学軌道 $q_r(t)$ です。それがどんな軌道になるかは被積分関数 f として何をとるかによって変わります。まず常識的に f は Lagrange 関数 $L = T - U$ に等しいとおいてみます。T は運動エネルギー，U はポテンシャルエネルギーでした。上述の Euler の変分原理によると Lagrange 関数の満たすべき式は1次元の直線座標の場合は $(\partial U/\partial x) - d/dt(\partial T/(\partial \dot{x}))$ となります。ここで U として原点からの距離に比例する引力を考えて $U = 1/(2kx^2)$ とし，$T = (1/2)m\dot{x}^2$ とすると，上式は $m(d^2x/(dt)^2) = -kx$ となり単振動を表わす Newton 方程式となります。力学の基礎として作用積分

極小の原理と Newton の第 2 法則は等価であることが分かりました。これが Euler が成し遂げた仕事です。Maupertuis の最小作用原理とは物理理論としてのレベルが違います。従って最小作用の原理と呼ばれているこの分野の創始者を Maupertuis とするのは「力学の歴史」を書いた Mach の間違った思い込みで，正しくは Euler とすべきと思います。発表の年代でも両社は同じ 1744 年です。さらに最近の研究によるとこの考えは，39 年前の 1705 年に Leibnitz が唱えられたことも分かりました。

4．力学体系の中心に最小作用原理 Hamilton

　Euler は作用積分が極小という変分原理が Newton の運動法則と等価であることを示しましたが，場の量子論を含む現代力学の立場からすると Euler の仕事は不十分だったところがいくつかあります。一番大きな点は**作用量極小の原理**に基づいて実際に力学的軌道を決めるのにこの原理だけで十分か，あるいは被積分関数 f を与えなければならないかの問題です。数学的には f を与えることは必須と思われます。従来は物理学者もそれに従っていました。そして f の正解は Lagrange 関数であることは確立した知識でした。しかし現代の物理学者はその知識を使いません，もっと広い物理世界の原則からそれを導き出します。その原則とは物理法則を不変に保つような自然世界の対称性です。その代表例が慣性系である限り，物理法則はどの慣性系で表現しても同じになるという Gallilei 変換の原則です。作用量極小の原理と各種の対称性の原則だけから，作用積分の被積分関数の具体的な形を決定できるのです。これは，誰の貢献とも言えませんが，Hamilton が最小作用の原理を核にして力学全体を極めて均整のとれた美しい体系にまとめ上げた功績が大きいと思います。ですから最小作用の原理に名前をつけるとすれば Maupertuis でもなく Euler でもなく Hamilton の最小作用原理と呼ぶのが正しいと思います。

5．NewtonとHamilton，EnglandとIreland

　素人物理で学問物理の本書ではNewtonの偉大さについては，プロ物理学者の常識とは異なる評価を事実として強調しました。3点あります。第1点は，力学の創始者としての評価です。私はLagrangeの正確な評価をもとにNewtonの力学における成果はKepler, Gallilei, Huygensの偉大な業績が積み上がった結果であり，決して天才一人の独創ではないこと，また最初に発見したと自称する微分法も一切公式には発表しておらず，実際に物理学に適用して赫々たる成果を挙げたのはLeibnitz, Bernoulli親子, Eulerであることを示しました。また光学では光は粒子であるという説を唱えたため，屈折法則を説明するために光の速度は密度が高いほど大きいという間違った説を唱え続けました。これは間違いを含めて常識がNewtonを過大評価している例ですが，それは科学分野の話であって，思想の分野では逆にNewtonの果たした役割が過小評価されています。『Principia』のすごい所は，天体から始まり全宇宙の全ての物体の運動は1行の式で完全に決められていることを示したことです。この思想はVoltareを通じ，フランスの貴族と知識人に決定的影響を与え，それがフランス革命へと発展しました。少なくとも，フランス革命の思想的要因となったのです。第3点は，Newtonは性格上の問題が見過ごされていることです。Newtonは自己の業績に非常な自信を持っていたので，それを絶対化し，神格化することに熱心でした。それに妨げになるものは無視し排除することに自身で努めるだけでなく周囲にも強く求めました。まず，力学の偉大な先行者であるHuygensを無視しました。微分積分学の創始者Leibnitzとは激しく争いました。さらに「引力の逆二乗則と遠心力法則を使えばKeplerの法則は全部説明できる筈だから数学的証明をお願いしたい」とRoyal Societyを代表してNewtonに手紙を出し，彼が『Principia』を書くきっかけを作った才気あふれるHookeを，歴史から消す努力をしました。Royal Societyの会長となってからRoyal SocietyにあったHookeの肖像を焼却させたらしいのです。

この Newton の性格を知っている英国の物理学者たちは，Newton に批判的と見なされることを極度に恐れたようです。光は力学に従う粒子だという Newton の説も実験的に誤りは確かなのに英国では発表できませんでした。Young がそれを発表したのは Newton の死の 70 年後でした。Leibnitz に始まり，Bernoulli, Euler を経て Lagrange に至る大陸の数理物理学に近づくことをも恐れたようです。1788 年に出版された Lagrange の本も独訳，露訳はすぐに出たのに 200 年間，英訳は出ませんでした。

　Newton が遺したこの雰囲気が英国の物理学の性格にはっきり影響を残していると思います。一言で言えばそれは物理の研究ではなく物理に名を借りた計算数学です。その典型例が Newton の後を継いで Cambridge 大学の Lucas 教授になって英国を代表した男爵 Stokes の研究です。球の周りの流れを完全に解いていますが，剥離が全くない場合の解なので流体物理の研究としては評価されません。Kelvin 男爵 Thomson の研究は，それと対照的で，地球の年齢のように社会が関心を持ちそうなことに問題を絞りながら専門バカの極みとも言うべき研究をしました。つまり，熱伝導で固体が冷えるのに何時間かかるかという数学を使って地球の年齢を推定しました。結果は赤熱した状態から現在までに数百万年程度でした。生命体が現れる程度に冷えてから現在までには数万年程度ということです。これはとんでもない間違いです。間違いの原因は，地球内部では放射性元素の壊変による発熱が起こっていることを考慮していないことでした。物理を考えない計算数学の間違いの典型でした。

　このような英国物理学者の中で一人飛び離れていたのが Maxwell です。卒業成績 (tripos) が 2 番であったため Cambridge 大学に残れず，Scotland の最北端の市 Aberdeen に飛ばされましたが，そこで，既に見たように，Newton 物理学とは全く違う近接場の物理学を一人で作り上げたのでした。この時代の英国の物理学者のうち，彼だけが今に至

るも最高の尊敬を得ている理由です。

　ここで Hamilton はどうなったのだという声が聞こえて来そうなのでお答えします。Hamilton は Lagrange に次ぐ最高の理論物理学者です。それなのに Maxwell に並べなかったのは理由があります。Hamilton は英国人ではないからです。英語国民ではありますが，英国人ではなく，Ireland 人だからです。英国に住み英国で活躍し英国で評価されて，女王から爵位をもらったというようなことはありません。彼は首都 Dublin で生まれ，家庭内で特別な教育を受け，そこのあの有名な Trinity College に進みましたが，そこでいかなる科目の試験でも必ず一番という前例のない成績を上げて高く評価され，在学中に Dublin 大学の天文学教授に任命され，生涯，Dublin で仕事をした Ireland 人です。

　もちろん Ireland 人が全て Hamilton のような訳ではありません。英国人以上の英国人もいます。あの男爵 Stokes も Kelvin 男爵 Thomson も Ireland で生まれましたが，Stokes は Cambridge 大学，Thomson は Glasgow 大学を出て生涯そこで活躍しました。そして二人とも典型的な英国物理学者として活躍し，女王から爵位をもらいました。この大きな違いはどこから来るのでしょう。それはまず，英国に行った人には行きたい強い要因があったからでしょう。要因は社会的雰囲気と宗教の二つと思います。社会的雰囲気で言えば英国は刺激と活躍に満ちた都会であり，Ireland は田舎でした。宗教は，英国が Protestant であるのに対し，Ireland は Catholic でした。熱心な Protestant であり，刺激を好んだ Stokes と Thomson の二人が英国に移ったことは当然です。これに対し，自分の周囲から前例のない評価と厚遇を受けていた Hamilton には移る理由が見出せなかったことは確かですが，本物の物理学者であった彼には計算数学に過ぎない英国物理学の雰囲気に近づく気がなかったのがもっと大きな理由でしょう。

6. Hamiltonの正準変換と生成関数 Lagrange力学とHamilton力学の違い

　1個の質点ではなく，n個の質点を含む質点系の力学問題ではNewton力学に比べてLagrange力学が遥かに使い易いことを述べましたが，その主な理由はLagrange力学では問題の性質に合わせて，最も使い易い座標が選べることにあります。Newton力学は原則として直線的な直交座標系ですが，Lagrange力学では運動の束縛条件に合わせて曲線座標でも中心力場座標でも自由に選べます。Hamilton力学は座標の選び方が自由という点ではLagrange力学と同じですが，大きく違う点が一つあります。Lagrange力学では運動を記述する変数として自由に選んだ一組の座標 $q_r(1, 2, \cdots n)$ と q_r の時間微分 $\dot{q}_r$，それに時間 t を使います。つまり Lagrange L は $L q_r, \dot{q}_r, t)$ です。これに対しHamilton力学では q_r の時間微分の代わりに速度に関係した量 p_r を選び，q_r と p_r の一組 (q_r, p_r) で運動を表現します。これは運動状態の表現としては画期的な方法です。

　従来は位置 q_r の時間的変化 $q_r(t)$ として運動を表現して来たのに対し，Hamiltonの場合は q_r を横軸，p_r を縦軸とする空間（位相空間という）を考え，位相空間内の点の連続的な動きとして運動を考えるのです。振子のような**単振動**の場合は，変位を x 軸，速度を y 軸に取ると，単振動は**位相空間内**では原点を中心とした反時計回りの円軌道となります。振子が右端の時は位相内の点は右端の1点，1/4周期たって振子が支点の真下に来た時は，位相点は原点の真上に来，半周期後に振子が左端に来た時には位相点は x 上の左端にいます。運動の位相表現で大事なことは位相軌道が連続曲線であり，飛ばないことです。このためには縦軸 p_r は速度に直接関係する量でなければなりません。外から突然に力が加わった時，速度の大きさや方向は突然変化しますが，位置座標系は連続で変化します。

次には，速度に関係する量 p_r として何を選べば，力学としての論理一貫性が保たれるかが問題になります。Hamilton は Lagrange L に直接に依拠する形でそれを決めました。つまり $p_r = \partial L/\partial \dot{q}_r$ と定義しました。Lagrange L は T を運動エネルギー，U をポテンシャルエネルギーとすると $L = T - U$ であり，T は $T = \sum (1/2) m \dot{q}_r^2$ です。従って $p_r = m\dot{q}_r$ です。つまり p_r は従来，力学でよく知られたモーメンタム ＝ 運動量です。しかし Hamilton 力学では単に重要な力学量だから，運動量を p_r に選んだのではありません。$p_r = \partial L/\partial \dot{q}_r$ という定義式に従い $q_r(t)$ を位置変数に選んだ必然的結論として p_r の関数形が出てきています。つまり p_r は q_r とは切っても切れない関係にある一組のものです。それで Hamilton は，このような関係にある p_r と q_r を共役変数（conjugate variable）と呼びました。

Lagrange 力学では，座標の取り方は自由です。それに応じて共役運動量も自由に作られることになります。例えば太陽系のように中心力のもと運動する質点の運動を極座標を用いて記述する場合を考えてみます。位置変数として中心から距離 r と z 軸のまわりの回転角 φ を取ると，運動エネルギー T は $T = (1/2)m(r^2\dot{\varphi}^2 + \dot{r}^2)$ となります。従って，r 役な運動量は $p_r = m\dot{r}$ φ に共役な運動量は，$p_\varphi = mr^2\dot{\varphi}$ となります。p_φ は角運動量と呼ばれます。

7．正準変数と Hamilton 方程式

ここで注意したいのは，座標を自由に選び，定義に従って共役運動量を作れば，いくらでも共役変数の組を作ることができますが，Hamilton 力学ではその全てを有効な力学変数とは認めていないことです。認められているのは正準変数（canonical variables）と認められたものだけです。Canon に合っている正当な変数という意味です。Canon とは「何が正統か」を決める規則です。直交座標での位置 x_r と

共役運動量 p_r はもちろん正準座標です。そして正準座標を用いて運動軌道を求めるのですが，軌道を決める式が Hamilton 方程式で，美しく対称的な二つの式です。$\dot{p}_r(t) = \partial H/\partial q_r$, $\dot{q}_r(t) = \partial H/\partial p_r$

ここで H は **Hamiltonian** と呼ばれる関数で $H = p_r\dot{q}_r - L$ と定義されています。T を運動エネルギー，U をポテンシャルエネルギーとすると，外力が時間に依存するような場合を除き，$L = T - U$ で，しかも p_r は $m\dot{q}_r$ に等しいので $p_r\dot{q}_r = m\dot{q}_r^2 = 2T$ となるので，**Hamiltonian** は $H = T + U$ となり，全エネルギー E に等しくなります。この H を使って Hamilton 方程式を見ると，第1式は $\dot{p}_r = \partial U/\partial q_r$ となりますが，これは運動量の変化速度はそこに働く力に等しいということで，**Newton の第2法則**にほかなりません。第2式は $\dot{q}_r = p_r/m$ で，p_r の定義に逆戻りです。でもこれは $L = T - U$, $H = T + U$ とした結果であって，そうでない場合を含めるとこの式は意味を持っています。

結局 Hamilton 力学とは，状態を表わす変数として座標と運動量の共役変数を用い，運動方程式としては Hamilton 方程式の第1式を用いる力学体系です。これは，直交座標に対しては Newton 力学そのものであり間違いなく有効ですが，自由に選ばれた座標系に対しても有効かどうかは問題になりますが，自由に選ばれた座標系でも Lagrange 力学では最小作用原理と変分法を用いて Lagrange 方程式を導き，その積分解を求める形になっているのでどこにも問題はありません。

これに対し，Hamilton 力学では **Hamiltonian** を $H = p_r\dot{q}_r - L$ と定義し，この **Hamiltonian** を用いて Lagrange 方程式と等価な式を立てると Hamilton 方程式と呼ばれる一組の方程式が得られ，これが Newton の運動方程式に相当するという構図になっています。この方法と結論は与えられた座標系について変分原理が適用され，Lagrange 方程式が解かれ，運動法則が得られている場合，例えば直交座標系では，

双方は全く同じ結果を与えます。速度の代わりに運動量が使われるだけの違いです。ところが自由に選んだ新しい座標系 $(q'_r, \dot{q}'_r)$ で **Hamiltonian**を $H(q'_r, \dot{q}_r, t)$ と表現し，これを用いて Hamilton 方程式を作ってもこれが正しい運動法則になっている保証は全くありません。これは検証を必要とする問題です。

8．正準変換とは何か

検証のための一番確実な方法は，新しい座標系 (q'_r, p'_r) で書かれた問題を全部直交座標系 (q_r, p_r) に書き直して直交座標の上で運動方程式を立て，それを $H'(q'_r, p'_r)$ を用いて作られた Hamilton 方程式の結果と比較することでしょう。でも新しい座標系一つ一つについてこれを行なうのは実際的ではありません。Hamilton はもっと学問的な方法を考えました。正準変換の方法です。

それはどんな方法なのか，具体的な説明に入る前にその基本的な枠を示しておく必要あると感じています。常識的に想像される検証の方法とはまるで違うからです。それは新しい座標系を，Hamilton 力学の中で使ってみて，正しい結論に導くか否かを検証する方法ではありません。その逆でそれは Hamilton 力学系の中で，力学的に正しい結論を与える座標系の数学的性質を調べて，それに適合する座標系を次々と提案します。考えている新しい座標系がその中にあれば，検証合格であり，なければ，検証未確認というだけです。

Hamilton 力学では，座標系を表わすのに，その座標系で運動体を表現した時の座標変数を使います。例えば 2 次元の直交座標系ならば，(x, y, p_x, p_y) です。簡単には (x_r, y_r) です。そしてもしこれが Hamilton 力学の手続きに従って正しい力学的結論を与えるならば Canonical 変数と呼びます。日本の物理学者は Canonical を**正準**と訳していますが，悪い訳だと思います。正準などという言葉は広辞苑に

もないからです。**Canon**（基本ルール）に従うという意味なので Canonical Variable は**正統変数**が適訳と思います。本書ではそうします。すると，直交座標は**正統変数**となります。そして正準変換の方法とは，新しい座標に一致する正統変数があるかないか探し求める方法ということになります。

　探し求める方法も Hamilton が考えました。正統変数と呼べる座標はもとの直交座標以外にも数多くあります。もとの座標を任意の方向に $\varDelta$ だけ平衡移動した座標も θ だけ回転した座標も明らかに「正統変数」です。しかし正方形が矩形になる座標や矩形が菱形になる座標については，数学的検討が必要です。その方法として Hamilton が提案したのが generating function の方法です。これは日本語では**母関数**と訳されていますが，やはり悪訳です。**生成関数**が適訳と思いますので本書ではそうします。生成関数の働きを知るには，まず**正準変換**について知る必要があります。正準変換とは二つの正統変数座標をつなぐ変換のことです。例えばもと直交座標と θ だけ回転した直交座標を繋ぐ座標変換のことです。

　このように一つの正統変数座標と，もう一つの正統変数座標という二つの座標の間の座標変換を表わすのが**正準変換**です。例えば直交座標の平行移動とか回転は正準変換です。しかし実際には正準変換にはもっと強い使い方があります。それは**正統変数座標**に**正準変換**を行なえば，その結果は必ず**正統変数座標**になるという性質です。そして Hamilton は正統変数という性質が，必ず受け継がれる正準変換とはどんなものかを，数学的に明らかにしました。それは一言で言えば generating function **生成関数**を与えると一つの座標変換が決まる。その際もしもとの座標が正統変数座標であったなら変換後の座標も正統変数座標であるというものです。

　生成関数はこのように**正準変換**にとって決定的に重要なものですが，

Hamilton

まず生成関数がなぜどこに現れるかを説明する必要があります。でも，その理由を一言で説明するのは不可能です。説明に使うべき言葉一つ一つが説明を要するからです。十分に順序立てて説明することもまず不可能です。関係する物事は砂漠に開かれた 1 本のハイウエーの両側に拓かれた街ではないからです。いろいろな理由でその前から拓かれたものだからです。いっそ言葉による説明をあきらめて数式だけを丁寧に並べるだけで良い。その方が正確だし分かり易いという意見があると思います。その方が多いと思います。でも学問物理を標榜する本書では，言葉による説明をあきらめません。数式の展開は誰がやっても同じことで，学問ではありませんが，Hamilton は何を考えてこの道を選んだかを完全に理解するのが学問だと思うからです。この精神ですから式を使いながら Hamilton の考えを想像する作業を以下で行ないます。

正準変換探索の目的は，対象にしている**共役変数 (q_r, p_r)** と一致する**正準（正統）変数**を探すことです。正準変数を作るには**正準変数 (q_r, p_r)** に**正準変換**を施せば**正準変数(q'_r, p'_r)** が得られるという正準変換の性質を使います。正準変換が正準「変数」を与えることを保証されている理由は，Lagrange 力学の基本である**作用積分**の**極小値**を求める**変分計算**を，形は違うが行なっているからです。

形が違う第 1 点は，作用積分の被積分関数に Lagrange L を使わずに $L = p_r \dot{q}_r - H$ とおいて**Hamiltonian H**を使っていることです。つまり変数として位置 q_r と速度 $\dot{q}_r$ を使わずに，共役変数 (q_r, p_r) を使っていることです。次の点は新しい座標 (q'_r, p'_r) が正準座標であることの条件として新しい座標変数(q'_r, p'_r) で表した
Hamiltonian $H' = (q'_r, p'_r)$ が，座標変換 (q'_r, p'_r) → (q_r, p_r) を行なえば $H(q_r, p_r)$ になることを確認せねばなりません。個々のケースについてその計算を行なわずに変数の正準（正統）性を確認するのが次に述

べる Hamilton の方法です。

　この方法では，既に清純性が確認されている原座標 (q_r, p_r) と今回確認したい新座標 (q'_r, p'_r) の双方について作用積分の極小化操作を書き下すと次の基本式になります。$\delta \int_{t_0}^{t_1}(p_r \dot{q}_r - H)dt = \delta \int_{t_0}^{t_1}(p'_r \dot{q}'_r - H')dt$。ここで H の変数は原座標の (q_r, p_r) であり，H' の変数は新座標の (q'_r, p'_r) です。そしてこの式自体はどの座標系であろうと，作用極小の原理で決まる軌道は一つであり一致せねばならないことを主張しています。

9. 正準変換を生む生成関数

　次に，この式を数学的に解析して得られる結論を調べてみます。数学的に見ると，この式は左右両辺の積分内関数それぞれを時間で積分してから変分すると等しいと主張しています。変分は広い意味の微分ですから，積分して変分した結果は単に変分記号と積分記号の両方を外しただけになる気がしますが，それは間違いです。厳密には $p_r \dot{q}_r - H = p'_r \dot{q}'_r - H' + dU/dt$ となり，dU/dt の 1 項が加わります。これは U という関数の時間微分項です。従って時間積分すれば U に戻ります。正確には積分の上端と下端，t_0 と t_1 における U 関数の差になります。その後これを変分しますが，変分は途中経路を変えて変化を見る操作なので両端の値にだけ依存する項の変分はゼロになり消えてしまうので，基本式には現れないのです。

　こう書くと意味のない項のような印象を与えますが，実は逆で，Hamilton がこの U 関数に原座標 (q_r, p_r) と新座標 (q'_r, p'_r) を繋ぐ一番重要な役割を与えたからです。具体的には，U は原座標変数 (q_r, p_r) の中から一方を，新座標変数 (q'_r, p'_r) の中から一方だけを選んで変数とした関数としました。具体的には $U(q_r, q'_r)$ あるいは $U'(q_r, p'_r)$ または

$U''(p_r, p'_r)$ のいずれかです。

　U あるいは U'，U'' をこのように選ぶと，U が正準変換を与えることを簡単に示すことができます。例えば U について dU/dt を表わすと $dU/dt = (\partial U/\partial q)\dot{q}_r + (\partial U/(\partial q'_r))\dot{q}'_r$ となりますから，これを上の式に代入して，項を整理すると式が成り立つためには，次の 3 式が成り立つことが必要なことが分かります。
$p_r = \partial U/\partial q_r$ ，$p'_r = -\partial U/\partial q'_r$ ，$H(q_r, p_r) = H'(q_r, q'_r)$

　次にはここで得られた 3 つの式の意味について考えていきます。まず第 3 式は原座標，新座表のどちらについて計算してみても **Hamiltonian** の値が等しくなることを示しています。**Hamiltonian** は $H = T + V$ で，力学全エネルギーですからどんな座標で評価しても変わらないというのは物理的要請ではありますが，実際にそうなるかは座標変換を行なって確認する必要があります。しかし正準変換の考えは，もし U が一価，連続，微分可能な関数であって，しかも第1式，第2式も成立するなら第3式の成立も保証しています。

　次に第1式，第2式の意味ですが，これらの式は，生成関数 U が何を表わしているかを教えてくれます。$p_r = \partial U/(\partial q_r)$ は積分表示すると $U = \int p_r\, dq_r$ となるからです。運動量 p_r を距離 q_r で積分した U は作用量です。作用量を時間積分で表わす時，被積分関数は Lagrangean ですが，距離積分で表わす時，それは運動量です。力に距離を掛ければ仕事量ですが運動量に距離を掛ければ作用量だからです。

１０．生成関数から導かれる正準変換群

　生成関数によって生まれる正準変換の代表をいくつか紹介しましょう。最初に直交座標の回転と平行移動が正準変換であることを示しましょう。

原座標 (x_1, x_2) を角 θ だけ回転した座標を (X_1, X_2) とすると，座標変換は $x_1 = X_1\cos\theta - X_2\sin\theta$, $x_2 = X_1\sin\theta + X_2\cos\theta$ です。ここで生成関数を $U' = p_1(X_1\cos\theta - X_2\sin\theta) + p_2(X_1\sin\theta + X_2\cos\theta)$ とおくと $x_1 = (\partial U'')/(\partial p_1)$, $x_2 = \partial U''/\partial p_2$ ですから，確かに θ の座標回転になっています。つまり座標の回転は正準変換であることは確認されました。

原座標に対し原点を (Δ_1, Δ_2) だけ移した座標変換，つまり「平行移動」を考えます。新座標 (X_1, X_2) と原座標 (x_1, x_2) の関係は，$x_1 = X_1 + \Delta_1$, $x_2 = X_2 + \Delta_2$ です。ここで生成関数を
$U' = p_1(X_1 + \Delta_1) + p_2(X_2 + \Delta_2)$ とおくと，$x_1 = \partial U'/\partial p_1$, $x_2 = \partial U'/\partial p_2$ なので，確かに平行移動の座標変換になっています。ですから平行移動は正準変換なのです。さらに $p'_r = \partial U'/\partial q'_r$ に注意すると，$p'_1 = \partial U'/\partial X_1 = p_1$, $p'_2 = \partial U'/\partial X'_2 = p_2$ が結論されます。つまり運動量は座標の平行移動に関し不変であることが確認されます。

次に 3 次元の直交座標 (x_1, x_2, x_3) と極座標 (r, φ, θ) の間の変換も正準変換であることを示しましょう。座標変換は
$x_1 = r\sin\theta\cos\varphi$ $x_2 = r\sin\theta\sin\varphi$ $x_3 = r\cos\theta$ です。従って，
$U' = p_1 r\sin\theta\cos\varphi + p_2 r\sin\theta\sin\varphi + p_3 r\cos\theta$ とおけば，正準変換ですからどちらの座標で見ても物理運動に変わりはない筈です。具体的には，運動量と角運動量のベクトルの大きさと方向はどちらの座標で見ても同じ筈です。3 次元のベクトルですから大きさが同じとはそれぞれの座標で表現したベクトル成分の二乗和が等しいことになります。運動量については，$p_1^2 + p_2^2 + p_3^2 = p_r^2 + (p_\theta^2/r^2) + (p_\varphi^2/r^2\sin\theta^2)$ です。

11. 複数粒子系の運動量と角運動量の保存

運動量および角運動量の保存則は単一粒子については容易です。し

かし複数粒子系についての明確な証明は容易ではありませんでした。運動量についてはNewtonが加速度と力の関係を法則化し，力と反力の関係を明示しましたので孤立した粒子群の運動量の保存則は確定しました。これに対し孤立粒子群の「角運動量」保全は物理的には明らかに見えますが，一般的証明は一筋縄ではいきません。粒子間の衝突や相互作用の取扱いが面倒なためです。Hamilton力学が優れている点はこれらの問題に対し，短くて一般的な証明を与えることができる点です。証明では短いことは決定的に重要です。それは問題の核心をついていることを示しているからです。

Uは運動量を距離で積分したものですがこれは作用量です。Hamiltonはエネルギーの次元を持つLagrangeanを時間で積分したものを作用量としましたが，物理学では力に距離を掛けると仕事量になると同様に，運動量に距離を掛けると作用量になるのは本来の定義でした。物理的次元は同じです。

Uの定義に従うと$(p_r r, p_\theta \theta, \phi p_\phi)$のいずれも作用量の次元を持っています。それから直ちに結論されることが3つあります。①$p_r r$が作用量だからp_rは運動量である。②$p_\theta \theta$が運動量だからp_θは運動量にrを掛けたもの，つまり角運動量である。③p_ϕも同じ理由から角運動量であるが，距離はrでなく$r\sin\theta$である。この点に注意すると極座標で表現した時，角運動量ベクトルはθの方向に$l\theta = p_\theta$，φの方向に$l_\varphi = p_\phi/\sin\theta$ となります。従って角運動量成分の2乗和は
$l_1^2 + l_2^2 + l_3^2 = p_\theta^2 + p_\phi^2 \sin\theta^2$ となります。このようにp_θ, p_ϕの物理的意味がわかると，前節の最後に示した運動量ベクトルの成分の2乗和に関する等式も物理的な思考だけから導くことができます。

以上によって，正準座標系ではどの座標系においても全エネルギー，運動量ベクトル，角運動量ベクトルが同じになることが確認されまし

た。しかしそれらが力学的な保存量であることの証明がなされていません。特に複数粒子群については明確な証明がありません。

　角運動量保存の証明からはじめます。先ほど座標の平行移動は正準変換であることを示しましたが，今回の証明はこのことを基礎にします。つまり物理法則は物体の絶対位置には関係なく，物体の相対的な位置関係だけによるという認識です。これはGalileoが初めて気付いて，走る船の中で行なう落体の実験の例を用いて「新科学対話」の中に書きましたので，物理学者の間ではGalileo変換の名で知られていることです。数式でこれを表現すると，**Hamiltonian**は粒子$x_R^{(i)}$には依存せず，力を及ぼしあう粒子(j)との距離$(x_R^{(i)} - x_R^{(j)})$に依存します。**Hamiltonian**では，力はポテンシャル・エネルギーの形で表現されていますが，粒子(i)と(j)では，ポテンシャル・エネルギーに入る$(x_R^{(i)} - x_R^{(j)})$　変数の順が逆なので，二つの粒子の**Hamiltonian**を足して，一方の座標$x_R^{(i)}$で微分するとゼロになります。力と反力の大きさが等しいことの表現です。従って，$\partial \Sigma_i (H(p_R^{(i)} x_R^{(i)}) / \partial x_R^{(i)}) = 0$　です。ここでHamilton方程式の$\dot{p}_R = \partial H / \partial x_R$を使うと$d(\sum_i p_R^{(i)})/dt = 0$　となります。これは孤立粒子群の運動量を表わしています。

　次に粒子群の角運動量保存の証明をいたします。粒子群の角運動量保存は，多数の陽子と電子でできている原子の問題を扱う時，中心的定理であるのに，他の方法では一般的証明が困難なので，特に注目する問題です。この問題では座標の回転は正準変換であるという証明された事実を使います。つまり回転された座標系から見ても，物理法則は同じという認識です。どちらの座標で見ても**Hamiltonian**は同じということになります。粒子群の角運動量保存則が成り立つ真の理由はここにあります。以下ではこの視点から角運動量の保存則を証明します。

Hamilton

　既に変面座標を角度 θ だけ回転する座標変換は正準変換であることを確認しましたので，この点を 3 次元空間について検討します。ここで大事なのは回転には回転軸があることです。xy 平面の回転は z 軸についての回転です。従って，3 次元空間では回転軸は 3 本あります。座標軸を x_1, x_2, x_3 と記すと，各軸の回転軸は $(\theta_1, \theta_2, \theta_3)$ です。数学的には回転軸より回転された平面を表現した方が良いので，これは $(\theta_{23}, \theta_{31}, \theta_{12})$ のように表現されます。θ_{23} でなく，θ_{32} でもよいのですが，この時，$\theta_{ij} = -\theta_{ji}$ となります。角運動量保存の証明には，この回転による物理法則の不変 = Hamilton の不変を使いますが，回転による不変をいうには回転はいくら小さくてもよいので無限小回転 $d\theta$ を使います。$d\theta_{12}, d\theta_{23}, d\theta_{31}$ を使います。

　座標を $d\theta_{12}$ だけ回転した時，座標関数 (x_1, p_1) は (dx, dp_1) だけ変化しますが，その程度は $dx_1 = x_2 d\theta_{12}$, $dp_1 = p_2 d\theta_{12}$, $dx_2 = 0$, $dp_2 = 0$, です。この変化によって **Hamiltonian H** は，数式上は次の量だけ変化するのですが，物理的には変化しないので，
$dH_2 = (\partial H/(\partial x_1))dx_1 + (\partial H/(\partial p_1))dp_1 = 0$, ここで Hamilton 方程式を代入し，さらに dx_1 と dp_1 を $d\theta_{12}$ で表わすと，
$dH_{12} = (\dot{p}_1 x_2 - \dot{x}_1 p_2)d\theta_{12} = 0$ です。微分操作を外に出すと，
$dH_{12} = (d/dt)(p_1 x_2 - x_1 p_2)d\theta_{12} = 0$ となります。従って，$(p_1 x_2 - x_1 p_2) =$ 一定 と結論されます。この項は既に説明したように，x_{12} と p_{12} のベクトル積について，$x_{12} \times p_{12} =$ 一定 ということです。$(x_{12} \times p_{12})$ は x_3 軸の方向に向いたベクトルですが，これは $(x \times p)$ というベクトルの x_3 軸方向成分です。$(x_{23} \times p_{23})$, $(x_{31} \times p_{31})$ についても同様なことが言えます。つまり，$(x \times p)$ ベクトルの各成分は全て時間的に一定です。従って $(x \times p)$ 自身も時間的に一定です。$L = x \times p$ は時間的に不変のベクトルで角運動量ベクトルと呼ばれます。L の x_3 軸方向の成分を L_i と表しますが，L_1, L_2, L_3 全て時間不変のベクトルです。$L =$ 一定 が結論です。

相互作用し合う粒子群についての**Hamiltonian**は，個々粒子の**Hamiltonian**の総和になります。$H = \Sigma_i H'\left(p_k^{(i)} X_k^{(i)}\right)$ これについて粒子の場合と同様に論ずると，$\Sigma_i(p^{(i)}x^{(i)} - x^{(i)}p^{(i)}) = $ 一定 です。つまり，$\Sigma_i\left(p_{12}^{(i)}x_{12}^{(i)}\right) = \Sigma_i L_3^{(i)} = $ 一定 です。L についても同様ですから，$\Sigma_i L^{(i)} = \Sigma_i(p^{(i)}x^{(i)}) = $ 一定 が結論されます。相互作用の結果として $p^{(i)}$ も $x^{(i)}$ 複雑な時間的変動をしますが，$(p^{(i)}x^{(i)})$ を全粒子について総和したものは時間不変です。

12. Hamilton-Jacobi方程式 主役,作用量関数Sの意味と循環座標

次に Hamilton-Jacobi 方程式について述べます。これは古典力学の頂点にあたる表現ですが，量子力学への入口でもあります。Schrödinger の波動力学構想の原点でもあるからです。従って，量子力学において波動力学の根本問題を論ずる際は必ずここから出発しなければなりません。「電子は粒子か波動か」がその一例です。Hamilton-Jacobi 方程式の方法は，Hamilton 力学で Hamilton 方程式を積分して力学問題の解を見出すための方法の一つです。力学的解答といっても2種あります。エネルギーに始まり，運動量，角運動量の保存といった保存則の発見と証明は，Hamilton 方程式を解いて得られる最も重要な成果です。しかしこれとは全く別に重要なのは Hamilton 方程式を積分して一般解を得ることです。一般解とは必要な初期条件を入れれば粒子の位置と速度が時間の関数としてわかる解のことです。Hamilton 方程式は1個の粒子については,3次元の位置と運動量についての6個の変数の1階連立微分方程式ですからその一般解を得ることは殆ど不可能に見えます。そこに風穴を開けたのが微分方程式の大家であった Jacobi です。ですから Hamilton-Jacobi の方程式といいます。

この Hamilton-Jacobi の方程式とはどんなものか，Hamilton 方程式とどう違うのか,それがいかにして Hamilton の運動方程式の一般解

を与えることができるかを，以下で説明します。説明の意味が分かりやすいよう3次元の中心力場に置かれた1粒子，つまり「原子の力学モデル」を例に説明します。まず，Hamilton-Jacobi 方程式そのものを示します。それは座標 q_r と時間 t についての次の微分方程式です。
$\partial S/\partial t + H((\partial S/\partial q_r), q_r) = 0$

H は(p_r, q_r)を用いて表現した **Hamiltonian** においてp_rを正準変換生成関数 S (q_r, q'_r) を用いて$p_r = \partial S/\partial q_r$と表現し代入したもので，Hamilton-Jacobi 方程式は結局，関数 S に関する**空間時間偏微分方程式**になっています。この方程式が成立する理由は，生成関数 S と **Hamiltonian**との間に $\partial S/\partial t + Hr(q_r, p_r) = 0$ の関係があることにあります。

次には Hamilton-Jacobi の式の主役である S について論ずる必要があります。S は正準変換生成関数 U あるいはU', U''にほかなりませんが，Hamilton-Jacobi 方程式の議論ではこれを S で表わし，名前も**作用量積分**あるいは**作用量関数**と呼んでいます。正準変換生成関数 U は**作用量積分** $\int L dt$ でしたから $dS/dt = L$ です。S の時間微分は Lagrangean です。しかしここで注意したいのは，Sの時間微分に関し，$\partial S/\partial t = H$ も成り立つことです。両者の違いは時間微分が前者は全微分であるのに対し，後者は偏微分であることです。前者が成立すれば後者が成立することは簡単に証明できます。全微分 dS/dtは
$dS/dt = \partial S/\partial t + \Sigma((\partial S/(\partial q_i)) \dot{q}_i)$ですが，
$\partial S/\partial q_i = p_i$ですから，$dS/dt = L - \sum p_i \dot{q}_i$であり，これは$L$に等しいので$\partial S/\partial t = L - \sum p_i \dot{q}_i = -H$です。

次の仕事はSに関する一階の偏微分方程式の一般解を求めることです。3次元ならSの一般解は3個の任意定数を含まねばなりません。必要な数の任意定数を入れるには特別な工夫が必要です。

Hamilton-Jacobi 法でその為によく使われるのは**循環座標**です。定義としては***Hamiltonian***に座標変数q_rが含まれない座標を循環座標と呼びます。すると Hamilton 方程式 $\dot{p}_r = \partial H/\partial q_r$ によって共役運動量 ***p_r*** の時間微分はゼロになります。つまり共役運動量は一定になりますから、これを ***S*** に関する微分方程式、つまりは Hamilton-Jacobi 方程式の一般解のための任意定数に使います。つまり座標系をうまく選んで、全て循環座標にできれば、一般解が完全に求まったことになります。

では中心力場にある一粒子系について Hamilton-Jacobi 方程式の方法を用いて一般解を求めることにします。まずこの系の***Hamiltonian***を完全表示します。運動エネルギー ***T*** は直交系では $p_1^2 + p_2^2 + p_3^2 / 2m$ と運動量の2乗和で示されますが、この極座標 (r, θ, ϕ) による表現は、***Hamiltonian*** $H = (r/2m)(p_r^2 + (p_\theta^2/r^2) + (p_\phi^2/r^2\sin\theta^2)) + V(r)$ となります。ここで ***φ*** は循環座標ですから $p_\varphi = Q_\varphi$ と定数になります。さらに ***H*** のうち p_θ, p_ϕ を含む項は角運動量の2乗和であり、これは一定ですから $p_\theta^2 + (p_\phi^2/\sin\theta^2) = a_\theta^2$ と定数になります。

ここで、生成関数***S***を使う Hamilton-Jacobi 式に戻って***Hamiltonian***を表現すると、

$$H = (1/2m)((\partial S/\partial r)^2 + (a_\theta^2/r^2)) + V(r) = E$$

となります。この式を$\partial S/\partial r$について解いて積分すれば生成関数 ***S*** は

$$S = \pm \int \sqrt{2m(E - V - (a_\theta^2/2m\, r^2))}\, dr$$

となります。これで***S***は求まりましたが、これでは Hamilton-Jacobi の方程式を解いたことにはなりません。目的は時間 t の関数として粒子の座標を示すことだからです。従って残された課題は上に ***S*** の式から

時間と位置の関係を引き出すことです。

１３．時間 t とエネルギー E は正準共役，最終解へ

　私たちは作用量関数 S に関する 3 次元偏微分方程式の一般解を上のように得ました。これが一般解であるのは a_ϕ, a_θ, E の 3 つの任意定数を含んでいるからです。それぞれの意味を調べると角運動量 L の全体の大きさと θ 方向成分に関係し，E はエネルギーそのものです。こうして偏微分方程式の一般解は得られましたが，これは Hamilton-Jacobi 方程式の一般解ではありません。H-J 方程式の目的は粒子の位置を時の関数として示すことであるのに，上式には時間が全く含まれていないからです。これを解決して最終解に到達するには，次のことに気づく必要があります。それは上に示した S の表式は S の最終解の全部ではなく，その一部，r に関わる部分 S_r だという点です。S の全部は $S = S_r + S_\theta + S_\phi$ です。S には時間に関わる項が必ず含まれている筈であり，それは S_r 以外の項に含まれている筈です。

　関数 S 全体の中には時間 t が含まれている筈だと確信する理由は単純です。まず S_r にはエネルギー E が含まれています。そしてエネルギー E と時間は正準変換共役変数だから，E が含まれているなら t も含まれていなければならないという理屈です。E と t が共役変数であると考える理由は，単純次元解析から E と t の積が作用量になるからですが，正式には次のように証明できます。まず S_r に相当する 1 次元の原座標を考えます。これは正準座標で座標共役変数は q_r と p_r です。ここでこれを共役変数 t と E に変える正準変換を考え，その生成関数 S を $U(q_r, t)$ とし，それは次のように与えられたとしましょう。

$$U = \int \sqrt{2m(E - V - (a_\theta^2/mr^2))} dr - Et$$

これは 1 価連続，微分可能ですから，これから導かれる E と t は共役変数で，それは次の関係を満足します。$t = \partial U/\partial E$, $E = \partial U/\partial t$, 第 2 式は $E = E$ となり，生成された変換が正準変換であるための必要条件を満たしていることを示しています。第 1 式は

$$t = \int (2mdr/\sqrt{2m\{E - V - (a_\theta^2/2mr^2)\}})$$

これは任意定数を含めても t と r の関係を与えるものであり，Hamilton-Jacobi 方程式が目的とした解になっています。

分水嶺
Planck「量子発見」の見直し

1. 原子論の古典論と量子論　127
2. 原子論を救った量子論　128
3. 物理学の大転換　量子の発見とは　129
4. 量子の発見は Planck か Einstein か　132
5. 量子を発見したとは言えない Planck　134
6. Planck は「量子の発見」をどう論証すべきだったか　138
7. 論証第 1 段　Maxwell 電磁論による取扱い　142
8. 論証第 2 段　正準形式による表現　143
9. 論証第 3 段　古典論と量子論の分かれ道　145
10. 論証第 4 段　連続の否定, 量子の発見　147
11. スペクトル実測値からプランク定数の決定　149
12. Planck の発見の物理学的意味はどうとらえるか　150

Planck

1. 原子論の古典論と量子論

　原子の存在をイメージして理論研究を大きく発展させた Boltzmann が四面楚歌のうちに自殺した直後から，原子の存在を確信させる実験データが次々とあらわれ，物理学者にとって原子の存在は疑いえないものになりました。でもそれだけで原子論が物理理論として物理学者に受け入れられたのではありませんでした。主な理由は原子論がどうしても物理学の基本法則に違反するという問題でした。例えば **Rutherford**（ラザフォード）の所に留学していた Nagaoka（**長岡半太郎**）は，原子のモデルとして，原子核の周りを 4 個の電子が公転している木星モデルを提案しました。これはイメージとしては正しいのですが，物理理論としては受け入れられませんでした。電子が原子核の周りを公転すると円環電流が流れたことになりますから，Maxwell の法則によって電磁波が放出され，電子はエネルギーを失って，公転半径がどんどん小さくなってしまい，安定な原子にはならないからです。つまり物理学に従えば原子は存在しえない存在です

　実際に存在するものがありえないと結論するのは理論の破産です。間違いではないが，理論の適用限界を超えた話ということです。気づかれなかった限界とは何か。それは物質の最小単位が原子であるように，エネルギーの最小単位より小さなエネルギーの変化は起こらないということです。原子内で核の周囲を公転している電子について言えば，このエネルギーの最小単位は一つの軌道から一つ内側の軌道に落ちて原子特有の光を発する程度に大きいものであり，それ以外の現象は起こらないというものです。僅かずつ電磁波を放出して公転半径が段々小さくなっていくような変化は，エネルギー変化がエネルギー原子以下の現象なので起こらないということです。

　このことを最初に述べたのは，デンマークの Niels Bohr（ニールス・ボア）で，1913 年のことです。エネルギーの最小単位は「量子」と呼ば

Planck

れます。「量子の大きさ」は、輻射光の周波数に比例し、$q = h\nu$ です。この h は Planck の定数と呼ばれます。これは原子構造とは全く無関係な所で **Planck**(プランク)によって発見されたからです。量子の発見によって物理学の根本に変化が起こりました。物理学が変わりました。このことを示すために量子力学を考える物理学を**量子論**、考えない物理学を**古典論**と呼んでいます。原子論は古典論から出発し、相当程度の成果を挙げましたが、量子論に至って初めて物理理論になったのです。Boltzmann は5年早く死にすぎました。

2. 原子論を救った量子論

　量子論がギリシャ時代以来、一部の人々の感覚と思想に過ぎなかった原子論を完全な物理理論として確立し、物理学の中心に据えました。物理学を超えて人間の自然科学認識の中心常識になったといってよいでしょう。それは**ニュートン力学**によって**太陽系**が人間の天体認識の常識になったこと以来の科学の大成果です。

　原子論を確立したのは Bohr の原子模型です。それが Rutherford の弟子であった Nagaoka の太陽系型原子模型と基本構造は全く同じなのに、Nagaoka モデルは無視され、こちらはすぐ物理学者に熱狂的に支持され、ノーベル賞までもらったのは、量子条件を使って Nagaoka モデルの欠点であった軌道の安定性の問題を解決したからです。

　この量子条件とは、普通の物理量だからいくらでも細かく分割できると考えられていたエネルギーが、実は最小単位があるという発見です。つまりエネルギーの原子論です。1900年、Planck による発見です。当時物理学者たちは Nagaoka の原子模型について電子が円運動をすれば、円環に電流が流れたことで、Faraday の法則から磁場ができ、電磁波が発生することは必然だと考えたのです。ところが、Bohr はエネ

ルギー変化には最小量があるのだから，それ以下の微小な現象は起こらないと指摘したのです。誰もが納得しました。

3. 物理学の大転換　量子の発見とは

　Newton の力学と Maxwell の電磁気学に基礎を置く古典物理学の不完全さを示し，現代物理学の扉を開くことになった Planck のこの発見の報告は，1900 年 12 月 14 日,Berlin のドイツ物理学会で行なわれました。それは，エネルギーは連続量ではなく，最小量 $h\nu$ を単位とする離散量であるという量子条件の発見の発表ではありませんでした。その 4 年前, 発表された **Wien** の熱輻射エネルギーの波長分布に関する理論の間違いを示し，正しい分布を示すという非常に簡単なものでした。熱輻射の波長分布は図(130 頁)に示すように，最大値を示す波長が温度によって変わります。温度が高いほどピーク波長は短くなります。ピーク波長 λ と絶対温度 T の間には $\lambda T = const.$ という関係があることを，最初に理論的に証明したのは **Wien** でしたが，Wien はさらに物理理論を駆使して，分布の形が図中の点線のようになることを示しました。式で示すと，$u = A\lambda^{-5} e^{-B/\lambda T}$ でした。これは図に示した実験値と非常に良く合っていますが，λ の大きい所では実験値の少し下側に来ていて完全には合っていません。**Planck** の発表はこのわずかな違いを修正する提案で，$u = A\lambda^{-5}/(e^{B/\lambda T} - 1)$ とすることでした。つまり $e^{-B/\lambda T}$ の代わりに $1/(e^{B/\lambda T} - 1)$ とすることでした。こうすると λ の小さいところでは $e^{B/\lambda T}$ が 1 よりはるかに小さいので二つは一致しますが，λ が非常に大きい所では，$e^{B/\lambda T} - 1$ は近似的には $B/\lambda T$ に等しくなるので，Planck の式は $u = A(T/B)\lambda^{-4}$ となり，Wien の式 $u = A\lambda^{-5}$ より上に来ることになり実験値と一致します。現代物理学を開いた **Planck の世紀の大発見**とは正確にはたったこれだけのことです。

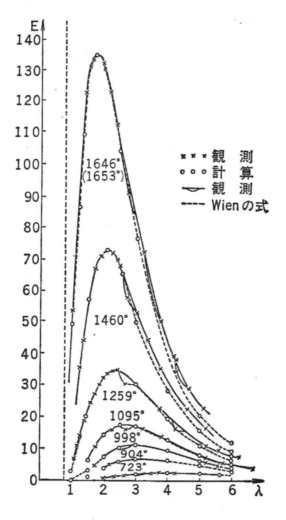

図　エネルギー分布と理論値
Lummer-Pringsheim による

この程度の理論式の改良は大学院の学生がよくやることで，教授のやることではありません。ところがドイツ物理学会の最高権威 Berlin 大学教授の 40 歳の Planck の発表ですから，単なる改良ではない筈で，その意味する所が注目を集めました。彼の厳密な論述から明らかになったことは，「**Wien の分布式**は既存の物理学の結論としては全く**間違いはない**。それが間違っているということは**既存の物理学に問題**があることを示している」です。何がどう間違っているかには答えませんでした。彼自身分かっていなかったからです。

　しかし Berlin 大学教授としての権威と責任にことのほか拘る Planck は，この講演内容を論文にして発表するまでの 1 ヵ月，この改良式が何を意味しているのかを知るために必死の努力をしました。そして到達した結論が「**エネルギーは連続量**であるという従来の考えは間違いである。それは hv を単位として飛び飛びの値を取る**離散量**である」です。

　Planck のこの論文は，物理学の根本を揺るがす大発表ですから大きな話題にはなったと思いますが，その結論をすぐに信じる物理学者はいなかったと思います。既存理論と実験値のほんの僅かな「違い」からいきなり「エネルギーの粒子性」という大結論に至ったことへの違和感です。この程度のことなら既存理論のいろいろな過程をほんの僅か修正するだけで対応できるのではないかと期待するのが普通だからです。それに加えてもう一つの理由は，熱輻射線のエネルギー分布というのは，当時の関心話題ではありましたが，物理学の基本課題ではない**周辺課題**だからです。そこから**エネルギーの粒子性**という大変革を主張しても無理がありました。

　この雰囲気を決定的に覆したのは，1905 年に発表された **Einstein** の論文です。この論文は，1902 年に発表された **Lenard** の実験結果に解釈を与えたものです。Lenard は物質の表面に紫外線や X 線を照射す

ると電子が飛び出す現象（光電効果）に注目し，飛び出す電子の最大速度は照射光の強度に関係なく光の波長だけに依存することを見出したのです。Einstein はこの結果を Planck の「エネルギーの粒子性」を使って論じ，光は $h\nu$ のエネルギー粒子であると結論しました。

「光の発生と変換に関する発見的見方」と題するこの論文の翌年，Einstein は「光の発生と光の吸収」と題する論文を書きました。その意味は，「光の吸収も発生もエネルギーの原子以下の小さな単位では起こらない。必ずエネルギー原子 ＝ 量子の単位でしか起こらない。従って一点から出た光は宇宙空間に広がってゆくと無限に小さな光の粒になるように思われるが，そのようなことは起こらない。光は必ず量子という有限の大きさの粒子として空間に散らばっているだけである」という説明です。Einstein は,この二つの論文の重要さを評価されてノーベル賞を受けました。同じ年に発表したのは有名な相対性原理の論文なのですが，ノーベル賞委員会が一般の人には有名ではないこの論文の方に決定的評価を与えたのは，この論文が，Planck がたまたま発見した数式の物理的意味を初めて明らかにし，エネルギーにも原子があること，それより小さな変化は起こりえないことを示し，古典物理学と違う量子物理学の幕を開けたからです。

4．量子の発見は Planck か Einstein か

Planck は Copernicus（コペルニクス）に相当します。Copernicus の地動説が人々の頭を天動論から地動論に変えたように，Planck の量子説が物理学者の頭を古典物理学から現代物理学 ＝ 量子物理学に変えたからです。Planck の仕事はこれほどのものなのに，物理学者で Planck がどのようにしてエネルギーは連続量でなく，粒子状であるかを発見できたかについて説明できる人はいません。私もそうでしたが，量子力学の講義の中で全く習っていないからです。エネルギーの量子

性についての教科書の記述のうち，唯一私の頭に残っているのは固体の比熱についての Einstein の説明です。固体の 1 モル当たりの比熱は高温では約 6 カロリーと一定なのに，低音ではなぜ図（同）のようになるかです。Einstein に従ってエネルギーが $\beta\nu$ の量子であって飛び飛びの値しか取れないとすると，モル当たりエネルギーは
$E = 3R\beta\nu/(e^{\beta\nu/T} - 1)$ になることは統計力学で簡単に示せます。この式で $T \to \infty$ の極限を取れば $E = 3RT$ となり，比熱 C は
$C = 3R = 5.94 \text{ cal}$ になります。印象に残るこの導出法から，エネルギー量子の発見は Einstein の仕事と思っている物理学者は多い筈です。これに対し，エネルギーの量子性を発見したのは Planck という常識に従って，Einstein の仕事は単なる演習問題の解答と見る物理学者も少なからずいます。

　常識が正しいのか物理学者の計算による納得が正しいのか，正解はどこにも書いてありません。それもその筈です。**Planck** と **Einstein** の二人がこの問題では激しくぶつかり合っているからです。1909 年，当時 30 歳で Bern 大学の講師になったばかりの Einstein は，ドイツ物理学の最高権威 Berlin 大学教授 Planck に向って「自身による表現に理論的不備があるため余計に難しくなっていると思えるが」と前書きした上，Planck は「エネルギーの量子性を発見していない。気付かないで自身の理論に取り込んでしまっただけである」と述べ，量子性の発見者は自分であることを主張しています。「気付かないで取り込んでしまった」という指摘が非常に重要です。

　この論争は Einstein が Planck の仕事の意義を認めて論争は収束しましたが，Planck がどのような思考と論理でエネルギー量子を発見したかは教科書には書かれていません。ややこしく理解しがたいのが一つの理由ですが，現代の物理学者がそれが大事だとも必要だとも思っていないのが主な理由です。エネルギーの量子性を仮定すれば，あとは数学的演算だけで比熱の実験結果に一致する理論結果が得られます

が，現代の物理学者が関心を持つのは「仮定」「演算」「結果」という数式で表現できる部分だけで，仮定を作った理由や思考過程には及びません。いくら真面目に過程を考えてみても，結果が実験に合わなければ意味がないからです。それよりはインスピレーションを利かせ，常識では思いつかないような仮説をいくつも思いついて計算し，結果を沢山出しておき，実験結果が出た時，それに合った結果をすばやく発表するのが現代物理学の成功者のやり方だからです。

5．量子を発見したとは言えないPlanck

　Planckがどのようにしてエネルギー量子に思い付き，次第に確信を強めて行ったのか，その「考え」のドラマを学問しようと思います。最初にお断りするのは，この話は試験準備に役立つ話でもないし，Businessとしての物理研究に役立つ話でもありません。ではなぜ話をするのか。第一の理由はどこでも聞けない話だからです。それはここに書く程度に具体的に面白く書いている本は，たった一冊の例外を除いてはないからです。例外はTaketani・Nagasaki共著『量子力学の論理と形成』です。この本では量子論と量子力学の形成に必須であった約200編の論文（殆どドイツ語）について物理的論理が再現できる要約が書かれています。私はこれを丁寧に読むことによって各著者の「考え」の内容に迫ることができました。それにしても本書を書く私の強い気持ちは何かです。ここに書くのは量子の歴史を作った人たちの「考え」のエピソードです。彼らが達成した輝かしい成果の解説ではなく，その形成の際のエピソードです。エピソードといっても科学読物風の人物についてのエピソードではなく，各人の「考え」の展開について，私が知り得た，想像し得たエピソードです。そうしたのは物理を専門にする人にもそうでない人にも，頭に残しておいて役に立つのは，物理の知識ではなく「考え」のドラマとエピソードだと思うからです。

Planck

　では早速，Planck の「考え」の検討に入ります。Planck の量子発見に関連する発表は三つあります。すなわち，①Wien の分布法則を全く別の方法で導くことができたという論文報告，②Wien の法則（自分の法則も）は長波長で実験結果と合わないことが分かったのでその修正式を提案したとする口頭報告，③この修正式の意味はエネルギーが量子性を持つと解釈できるとする論文報告です。

　私はこれら三つの話を Taketani の弟子で友人であり，科学史家だった Hiroshige（広重徹）から断片的に聞いていましたが，そこで不思議に思ったのは次の2点です。Wien の法則が長波長で実験から僅かずれることが分かった時，Wien の理論自身には全く問題はないので，理論自身の修正は考えずに $e^{-B/\lambda T}$ を $1/(e^{B/\lambda T} - 1)$ とする形式的修正でよいと考えたのはなぜか。数式の変更についての考察で，**二つの違い**は「**エネルギーを連続**としたか**離散**としたかの違いだ」と数学的に証明できるのかです。

　Wien の式は熱力学を駆使した複雑な思考実験の結果得られたものです。この思考にも計算にも絶対に間違いはないと断言するのは普通はできないことですが，Planck ができたのは訳があります。彼は Wien とは全く別な理論的に透明な方法で Wien と全く同じ結果を得ていたのです。彼は **Maxwell の電磁方程式**を使って**エントロピー増大法則**を証明しようと思っていたほどのエントロピーに関する権威でしたので，電磁波にエントロピーを定義利用することで一直線の論理で Wien の式を得たのでした。だから Wien の式は絶対に間違いないと確信できたのです。その結果が実験と違うと聞いて，理論の内部に一切手をつけることなく，その外側で修正しました。外側の修正だから Wien の式を得るための方法の間違いではなく，「従来物理学」そのものの間違いと確信したのでした。Planck は講義の際，一切メモを使わずによどみなく計算して行き，絶対に間違えなかった伝説の教授です。全てを自分の得意領域に持ち込む実力と自信の人だったのです。

ところがこの式の意味として**エネルギーの量子性**を結論した論文になると，その数式を使わない言葉による説明は論旨不明瞭で私には理解できませんでした。私だけでなく Einstein も Planck のこの論文について「表現に理論的不備がある」（前述）と述べた後，内容について決定的な批判をしています。ここでは Einstein とは全く別に常識的学問の観点から Planck の主張のおかしさを見て行きます。

第2論文の趣旨は「従来物理学によって作られた Wien の式に第2論文の修正を行なうと実験に合うことが分かった。つまり従来物理学を超える修正で実験値に合ったのだから，この修正は従来物理学の基本の修正を迫っている。それはエネルギーの量子性である」となります。しかしここには事実誤認があります。長波長での分布則の挙動を見ると，Wien の法則は波長の5乗に逆比例 $u \propto 1/\lambda^5$ し，図（同）に示すように実験値の下側に来ます。これに対し，修正式は長波長の極限では $u \propto 1/\lambda^4$ となりますが，これは正しく実測値に一致します。ここまでだと話は Planck の言う通りですが，事はそう単純ではありません。図（同）に見るように実験値に合う理論線がもう一本あります。これは **Jeans** が **Maxwell の電磁波方程式**から厳密に導出した**輻射エネルギー分布**です。従来物理学の最も確かな結論です。つまり，この問題に関する従来物理学には，**熱力学**からの結論と **Maxwell 方程式**からの結論と二つの違う結論があることになります。これはありえないことです。どちらかが正しく，他方が間違いの筈です。**長波長での実験**は電磁方程式の **Jeans** らが正しく，熱力学の **Wien** が違っていることを示しています。Planck の修正では従来物理学の枠内での間違いの修正に過ぎません。

では理論的には絶対に間違いのない Jeans の結果がこの問題の正解かというとそうではありません。Jeans の結果は全波長に亘って輻射エネルギーが波長の4条に逆比例 $u \propto 1/\lambda^4$ となりますが，これは輻射

エネルギーには山があるという図（同）の結果に反します。理論的に間違いない結論なのに，それが実験に合わないならそれは理論の基礎になった従来物理学に根本的問題があったことになります。Jeans の理論を修正して**分布に山が出る**ようにするには Jeans の分布に $e^{-B/\lambda T}$ という修正をして $u \propto e^{-B/\lambda T}/\lambda^4$ とすればよいのです。こうすると全波長で実験値に一致する分布になります。

Jeans の立場からすると，この $e^{-B/\lambda T}$ という因子は従来物理学からは出て来ないものなので，これこそが新物理学の産物となります。しかし Wien も Planck も新物理学とは知る由もなく，熱力学の立場からごく自然に $e^{-B/\lambda T}$ という因子を導入していました。ここが不思議なところです。25 歳の無名の Einstein は，第 2 報の修正が量子性の表われだとする Planck の主張を，徹底的に批判し，「第 1 報に入っている $e^{-B/\lambda T}$ に既に量子性が入っているのだ。Planck は自分でそれと気付かずにどこかでそれを導入したのだ。Wien も同じことだ」と指摘しました。

熱力学は**従来物理学**ではありますが，物理的な具体像には目つぶった外側だけの議論ですから，原子があってもなくてもエネルギーが連続でも離散的でも同じように通用する議論です。従って**熱力学議論**だから**従来物理学の結論**とはならない訳です。Planck は電磁波エントロピーを計算するモデルとして共鳴を考えましたが，その配合数の数え方に分岐点が隠されていそうです。とにかく Planck は気付かず，量子物理学の領域に入ってしまった。気付かなかったことは発見ではない。これが若い Einstein の主張です。これに対し，エネルギーの量子性は光のエネルギーの粒子性によって初めて確認されたのだというのが Einstein の主張です。Einstein は Planck の発見を認めず，プランク定数 h の使用を最後まで拒否しました。

6．Planckは「量子の発見」をどう論証すべきだったか

「Planck 論文は量子を発見したという物理学的主張にはなっていない」というのが Einstein の Planck 批判の学問的核心なのですが，Einstein は，この学問的批判を長くは続けませんでした。考えが変わったのではなく，次にやるべき仕事，つまり一般相対性理論が心の中に芽生え，彼の全関心を奪っていたからでしょう。でも言わなくても言われたことは真実です。では Planck による量子の発見とは，本人が主張し，本格的物理学がわからない人だけが信じる単なるアドバルーンかというとそうではありません。事実は，Planck はこの時点で量子を発見していたのです。ただしその**論述**は物理学になっていませんでした。Einstein が黙った後，そのことを主張するプロ物理学者を私は知りません。1900 年の Planck 論文をもって量子の発見とするのがプロ物理学者の**公認見解 ＝ パラダイム**です。ですから全ての教科書にはそう書かれています。しかし学問としての物理学を大事にする「**自由人物理学**」はそれを認めることはできません。そこで，1900 年に量子の発見に気付き，それを学問的に主張するならばこう論ずべきであったということを，今は亡き Planck に言おうと思います。

　量子の発見とは**物理理論上の発見**ですが，物理理論上の発見とは，確立している物理理論 ＝ **古典論**が実験と合わない時，古典論に不足している何か，つまりそれを加えれば，古典理論が完全に実験と合うような何かを発見することです。**熱放射**のスペクトルの場合，実験事実はいうまでもなく図(同)に示した観測値です。これに対し，**古典理論が何であるか**については問題が残ります。プロ物理学者を含めて教科書の常識は，**Wien の法則が古典理論**です。しかし，これは前節で述べたことに照らすと，明らかに間違いです。Wien の法則は熱力学を基礎に作り上げられたものです。熱力学は，**エネルギー保存**と**エントロピー増大**の法則を原理として現象を整理する理論です。従って実験事実と物理理論との対立，矛盾を論ずる際，引き合いに出すべき理論では

ありません。**熱放射スペクトル**についての古典理論とは**Maxwellの電磁波理論**だけです。

　以下に量子を発見したと宣言できる証明法を示します。Planckの数式上の発見は，論理的には量子の発見になっていないことを強調するためにまず証明の論理構造を示します。**証明の構造**の説明とは，証明すべき**命題の叙述**に始まり，証明完成まで証明全体を幾つかの**段階に分けて**，各段階の**目的と意味**を明確に言葉で述べることです。プロの物理学者は，特に日本のプロ物理学者には，このような言葉による証明内容の説明を無駄あるいは**素人だまし**と考える人が多いと思います。その人々にとっては，**証明**とは数式の展開であり，**数式**こそが証明の正確で十分な叙述であり，**言葉**による説明は，プロには不必要と考えるからです。しかし数式の展開とは，どんなに難しく見えようと**誰がやっても必ず同じ結果**に到達するものです。誰かが成功したと言えばあえて再計算する必要もないものです。大事なことは，そのような計算でも**答えは一つではなく**様々な結果に到達することです。そうなるのは計算の目的が違い，状況の判断が違うからです。計算上の言葉で言えば**出発点**における**前提条件**が違い，途中の**分岐点**における**条件判断が違う**からです。これらのことは正確な言葉によってでしか表現できません。従って証明の物理的内容を十分に理解するのに必須なのは，途中計算ではなく，証明の全体構造の**言葉による**説明です。

　まず証明の目的の叙述をする必要がありますが，そのためには前提として，既存理論の破綻，つまり理論と実験の矛盾について数式表現をしておく必要があります。問題の対象は**熱放射エネルギースペクトル**です。実験値は先に図（同）で示したような山形で，数式で示すと近似的には**Wienの分布則**で $e^{-B/\lambda kT}/\lambda^5 d\lambda$ で表わされます。

　これに対しMaxwell理論に基づく**理論解析の結果**としての分布則は $A/\lambda^4 d\lambda$ であり，実験分布則とは一致しません。根本的な違いは**実験分**

布則は山型であるのに,理論分布則は山を持たない単調減少で,$\lambda = 0$ では無限大になることです。λは放射線の波長ですが,分布則は放射線の振動数 ν を使っても表わすことができます。$\lambda\nu = c$ ですから $d\nu = c/(\lambda^2 d\lambda)$ となりますのでνを使った場合,**理論分布** $(A/c^2)\nu^2 d\nu$ であり,実験分布は近似的に $(e^{-B\nu c k \mathrm{T}}/c^3)\nu^3 d\nu$ です。λを使うかνを使うか二つの表現は等価ですが以下の証明はνについて行ないます。

既存理論の結果が数式表現の上で実験結果と全く合わないことを示しましたから課題は実験結果と一致する理論結果を得るのは理論解析のどこをどう**改めるべきか**を示すことです。改めると言ってもMaxwell の**理論自体**に改めるべき余地はないから,その**使い方**に注意を絞ります。Maxwell 理論を使って放射分布則を出すには**具体的な**物理モデルを想定する必要があります。幾つか考えられますが,簡単に一辺の**長さLの立方体**の内部空間に閉じ込められた電磁波を考えます。この箱の中の電磁波の波形は両端でゼロで内部に**N**個の山と谷を持ちます。つまり波長 λ が **L** の 1/Nである電磁波の集団です。この電磁波の方向はx, y, z の 3 方向あり,各方向には波動の断面が 90°違う 2 波があります。結局課題はこれら全ての波動が作る全エネルギーの波長依存性を求めることです。そして証明の狙いは**既存の物理法則**の**常識**に従って厳密な計算を遂行すればスペクトルは波長について単調変化で山を持たないが,絶対と思われていた既成概念の**一つを改める**と理論から導かれるスペクトルは実験スペクトルに完全に一致することを示すことです。

この証明こそが,絶対と思われていた物理法則の一つを否定して改めることですから,この証明こそが古典物理から現代物理への転換の基本証明な筈ですが,不思議なことに Tomonaga の『量子力学』を含め,この証明を正面切って行なった教科書はありません。主な理由は,この証明は以下で示すように,**Maxwell の電磁気学**と **Hamilton の解析力学**を駆使せねばならない複雑な証明なので,難しいことは横に置

いておいて，とりあえず，量子と量子力学は何であるかを知りたい人を対象にした普通の教科書には絶対に出て来ない訳です。僅かに例外と言えるのは，Landau の弟子 Kampaneyets が書いた『理論物理学』教科書と，Taketani の弟子 Umezawa が書いた『量子力学』教科書だと思います。量子力学の前に Kampaneyets の本は解析力学と Maxwell 電磁場理論を，Umezawa の本は Hamilton 力学と電磁場の正準変換理論をおいていますから，これから行なう証明の準備と各事項の証明はどこかでなされています。しかし一貫した証明はなされていません。そうなる理由はプロの物理学者がプロとして生きていくには守るべきプロ共同体のルールから自由ではないからではないかと考えます。このルールのうち，一番大事なのは物理学の展開を考える際，**論理**としての**学問の展開**より，何人かの**天才の仕事**を絶対崇拝し，**個人業績の連なり**としてその展開を考える態度です。科学史家の **Kuhn** が Paradigm と呼んだものの実態は**プロ共同体**の **掟**(おきて) だったと思います。自由人の物理学はこの**パラダイムから自由**であることです。

　この証明は正直に言って，数式の展開も十分に面倒なのですが，さらに面倒なのは論理としての展開です。大事な証明の場合，それが**わかった**というだけでは不十分で，**理解**しなければなりません。**わかったと理解は違い**ます。「わかった」とは，たとえ話を使おうが何をしようと，その意味を了解したという**心理**の問題です。これに対し，証明の「理解」とは**証明の構造**という**客観的**なものが**頭に入った**，従って自分で証明を再現できる，少なくとも証明の**構造を人に伝える**ことができるという「論理」の問題です。論理はいつでも表現できる形で頭の中に入れて置かねばなりません。これが心理と論理の違いです。証明の**数式と論理構造**のうち，頭に入れておかねばならないのは論理構造です。数式展開は誰かがやっても必ず同じなので，「わかった」と思った後は，ノートにコピーして身近に持っていれば十分です。

7. 論証第1段　Maxwell電磁論による取扱い

この基本構造は3段階です。第1段階は箱の中に閉じ込められている電磁波全部をベクトルポテンシャルを用いて表現することです。ベクトルポテンシャル A と磁場 H, 電場 E の関係は $H = rotA$, $E = -\partial A/\partial t/c - \nabla\phi$ です。次にこの H と E を用いて電磁場のエネルギー $\varepsilon = \int (E^2 + H^2)dV$ を表現し, 計算します。

実際の計算は閉じ込められている電磁波のうち, 方向と周波数の異なる全てについての総和になりますから, A を書く成分の総和として $A(r,t) = \sum_k A(k,r,t) = \sum_k (A_k e^{ikr} + A^* e^{-ikr})$ と表す必要があります。k は x,y,z 3方向への成分を持つ波数ベクトルです。波数は単位距離当たりの波の数（山の数といってもよい）で, 単位時間当たりの振動の数に対応します。ただし, 単位時間当たりの波の数には振動数 $\nu(1/s)$ と角速度 $\omega(1/s)$ があることに対応して単位距離当たりの波の数にも二つの表現があり, k は ω に対応します。つまり一周期すると ω は 2π だけ変わります。これに対し, 一周期で1だけ変わる ν に対応するのは波長 λ の逆数 $1/\lambda$ です。これは1周期で1だけ変わります。従って $e^{i\omega t}$ が1周期ごとに $e^{2\pi i}$ となって元に戻るように e^{ikr} は1波長ごとにもとに戻ります。A_k^* は A_k の複素共役です。このように定義された A_k や A_k^* を使うと, エネルギー $\varepsilon = (V/(2\pi c^2))\sum_k \omega_k^2 A_k A_k^*$ となります。ここで振動数 ν_k を使うと, $\varepsilon = (2\pi V/c^2)\sum \nu_k^2 A_k A_k^*$ で放射エネルギーは, 境界条件を満たす電磁波それぞれの振動数の2乗 ν_k^2 に重みを掛けたものの総和になります。ν_r は箱の大きさを決めた時は離散値ですが, あらゆる箱を考えると, 連続変数 v になります。従って総エネルギーは $\varepsilon = \int (A/c^2)\nu^2 d\nu$ であり, スペクトル強度は**振動数の2乗**に比例します。これが**古典論の結果**です。

8. 論証第2段　正準形式による表現

　論証第 2 段の目的は，古典論と量子論の両方が眺望できる分岐点を探すことです。具体的に言うと，左に行くとスペクトル $u(\lambda)$ は λ がゼロになる微小極限で，スペクトル $u(\lambda)$ が無限大になる全体としては単調減少関数ですが，右に行くと入力がゼロになる前に一つ山があって，微小極限では $u(\lambda)$ はゼロになる。この二つの景色の両方が見える分岐点を探すということです。Maxwell の電磁場理論による解ではこんな分岐点はありませんでした。これは登山に例えると高度は足りなかったためです。分岐点に達するにはもっと理論の高度を上げねばなりません。理論の高度を上げる一つの方法は問題を Hamilton の正準形式で扱うことです。Hamilton 力学のもともとの目的は力学と光学を同じ理論形式で扱うことでしたから現在の問題の取扱いに向いている筈です。

　論証の第2段は第1段の解析の結果から出発します。それは体積 V の直方体の中に閉じ込められた電磁波のエネルギーの総和 ε で
$\varepsilon = (V/2\pi c^3)\sum \omega k^2 A_k A_k^*$ です。この結果からスペクトルの強度 $u(\nu)$ は ν^2 に比例することは見えましたが，まだスペクトルポテンシャル A_k がどんな挙動をするかが分かっていません。それを調べるために複素数である A_k と A_k^* を次のように実数表現してみます。
$A_k = \sqrt{(\pi c^2)/V}(q_k + (p_k/\omega_k)p_k^*)$, $A_k^* = \sqrt{(\pi c^2)/V}(q_k + (p_k/\omega_k))$。
すると，　$A_k A_k^* = (\pi c^2)/V)\left(q_k^2 + (p_k/\omega_k^2)\right)$ ですから，
$\varepsilon = (1/2)(\omega_k^2 q_k^2 + p_k^2)$ です。ここで正準変換の関係に気づくと，$\varepsilon = H$ として $\dot{p}_k = (\partial H/\partial q_k) = \omega_k^2 q_k$, $\dot{q}_k = (\partial H/\partial p_k) = p_k$ ですから $\ddot{q}_k = \omega_k^2 q_k$ となります。従って q_k と p_k とは共役変数の関係であり，q_k についての微分方程式の解は $q_k = A\sin\omega_k t$ ですから，この系は調和振動を表現しています。従って，複素ベクトル $A_k^{(t)}$ は
$A_k^{(t)} = A_k e^{i\omega_k t}$ となりますから，ベクトルポテンシャル
$A(r,t) = A_k e^{ikr}$ そのものは $A(r,t) = e^{i(\omega_k t + Rr)}$ となり波動スペクトルとなります。

A_k は上に見たように調和振動子であり，q_k と p_k はそれを表現する正準共役変数ですが，調和振動子のような周期運動はもっと適切な変数でも表現できます。一番簡単なのは $\varphi_k = \omega_k t$ を位置座標とし，それに**共役な運動量** α_k を変数とすることです。こうするとエネルギーは φ_k に無関係で，α_k だけに依存するようになりでき，以後の展開が見通し良くなります。課題は (q_k, p_k) から (φ_k, α_k) への変換を正準変換として行なうことです。これには Hamilton 力学における生成関数を使います。生成関数には U, U', U'' の3種がありますが，ここでは
$U(q, q') = U(q_k, \varphi_k)$ を使います。そして
$U(q_k, \varphi_k) = (1/2)\omega_k q_k^2 \cot\varphi_k$ とおきます。すると
$p_k = \partial U/(\partial q_k), \alpha_k = \partial U/(\partial \varphi_k)$ ですから $p_k = \omega_k q_k \cot\varphi_k$,
$\alpha_k = (1/2)\omega_k q_k^2/\sin^2\varphi_k$ となります。

この結果をもとに，(p_k, q_k) を (α_k, φ_k) で表わすと，
$q_k = \sqrt{2\alpha_k/\omega_k}\sin\varphi_k$, $p_k = \sqrt{2\alpha_k\omega_k}\cos\varphi_k$ となります。従ってエネルギー ε は $\varepsilon = \sum_k (1/2)(p_k^2 + \omega_k^2 q_k^2) = \sum_k \alpha_k \omega_k$ となります。ここで角速度 ω_k のかわりに振動数 ν_r を使うと，
$A = \sum_k \alpha_k \omega_k = \sum_k 2\pi\alpha_k \nu_k = \sum_k J_k \nu_k$ です。$J_k = 2\pi\alpha_k$ は周期運動の座標を φ_k でなく $\omega_k = \varphi_k/2\pi$ で表わした時，**共役運動量**にあたります。以後の議論は (φ_k, α_k) でなく，(ω_k, J_k) で行ないます。J_k と φ_k を使うと，$p_k = \sqrt{2J_k\nu_k}\cos\varphi_k$, $q_k = (1/2\pi)\sqrt{2J_k/\nu_k}\sin\varphi_k$

周期運動において物理的意味のある**座標と共役運動量**は ω_k と J_k です。1周期積分を $\oint$ で表わすと，$\oint d\omega_k = 1$ ですから ω_k の小数部分は周期上の相対的位置を，整数部分は周期の回数を示しています。一方，J_k の方は $\int J_k d\omega_k$ は $\int p_k dq_k$ と等価で，Hamilton 力学で最重要な**作用量**を表わしています。これから J_k の**物理的意味**が明らかになります。一周期積分を考えると $\oint d\omega_k = 1$ ですから，J_k とは一周期作用量 $\oint J_k d\omega_k$ だと言えます。これから J_k の物理的意味が明らかになります。一周期積分を考えると $\oint d\omega_k = 1$ ですから，J_k とは**一周期作用**

量 $\oint J_k d\omega_k$ だと言えます。J_k の特性をさらに知るには $J_k = 2\pi\alpha_k$ ですから，α_k の特性を調べればよいのです。α_k は φ_k の共役座標ですから物理的には**角運動量**です。周期運動ではエネルギーが時間変数である $\varphi(t)$ に無関係で，共役変数である α_k だけに依存することは α_k，つまり $J_k = 2\pi\alpha_k$ は時間的に変化しない一定値を取ることを意味します。これは回転運動における角運動量に相当します。

9．論証第3段　古典論と量子論の分かれ道

上段で，$H = \sum_k J_k \nu_k$ という結果を得ました。熱放射エネルギーを x, y, z の3方向で波数 k の調和振動子のエネルギー $J_k \nu_k$ の和として表わしたものです。次の仕事は，体積 V に閉じ込められた**電磁波の総数**と**総エネルギー**が与えられた時，対応する調和振動子の3方向の波数の分布がどうなるかを決め，エネルギー ε の値を決めることです。つまり，第3段の最初の仕事は，各個が $J_k \nu_k$ というエネルギーを持つ**調和振動子集団**の**最も確からしいエネルギー分布**を求めることです。

これは **Boltzmann** が開いた**統計物理学**の仕事です。Boltzmann は**連続的物理量**についても確からしい分布を理論的に求める際，まず物理量を**微小要素に分解**し，この集団について**エネルギー**と**総個数**が与えられた条件下で最も**確からしい分布**を統計学的方法で求め，次にこの微小要素を無限小化することで，物理量が連続である時の結論とするものです。これが Boltzmann 分布です。その結論は**調和振動子集団**についてなら，各個の振動子のエネルギーが ϵ_n なら $e^{-\epsilon_n/kT}$ を存在確立として平均値を取ることです。k は温度 T をエネルギーに結びつける係数で **Boltzmann 定数**と呼ばれます。

我々の課題は $H = \sum J_k \nu_k$ の**前提**のもとで振動数 $(\nu, \nu+d\nu)$ のエネルギー $u(\nu)d\nu$ を求めることです。Boltzmann 分布を使って求めた $u(\nu)d\nu$ は次のようになります。

$$u(\nu)d\nu = 2\left[\int \nu J e^{-\nu J/kT} dJ / \int e^{-\nu J/kT} dJ\right]\rho(\nu)d\nu$$

　ここで [ ] の中は Boltzmann 分布を使って求めた振動数 ν の調和振動子の 1 個あたりの平均エネルギーです。$\int e^{-\nu J/kT}dJ = kT/\nu$, $\int \nu J e^{-\nu J/kT}dJ = (kT)^2/\nu$ ですから，調和振動子 1 個の平均エネルギーは kT です。先頭の2は Maxwell 電磁波には，進行方向の直角面内で 90°方向が違う 2 つの偏光があるためです。$\rho(\nu)d\nu$ は，一辺 L の立方体内に閉じ込められた電磁波であるという条件下で，振動数が $(\nu, \nu+d\nu)$ の範囲にある調和振動子の数です。

　$\rho(\nu)$ は最後は数式で表わされ，途中は単なる数式変換ですから，その程度のものと**見逃され**がちですが，実は普通は考えない大きな問題を**二つ解決**して初めて結論に至る問題です。一つは**電磁波の波数 k** あるいは波長 λ と調和振動子の振動数 ν との同等性です。もう一つは電磁波が 1 辺 L の立方体に閉じ込められていることの，調和振動子上の表現です。二つの問題とも**波動の問題**を**正準変換**を通じて**調和振動子の問題**として取り扱えるという **Hamilton 力学の利点**から生まれたことです。

　第 1 の問題から行きます。波動と調和振動のどちらから出発してもよいのですがここでは，ν を決めて，ということは調和振動から出発して波動との同一性を確かめます。ここで，振動数に ν と $\omega = 2\pi\nu$ があるように，波数にも n と $k = 2\pi n$ の 2 表現があります。以下では ν と n だけを使います。ただし，n の表現としてはその逆数である波長 $\lambda = 1/n$ の方がよく使われます。ν と n の関係は単純で $\nu = nc$ です。c は光速です。

　調和振動子は幾何学的環境とは無関係に見えますが，波動と環境の関係を通じて，振動子の個数に特別な関係があらわれます。それは一辺 L の立方体の中に入る振動数 ν の振動子の数，つまり密度です。振動

数νなら波長は$\lambda = 1/n = c/\nu$，従って一辺Lに入りうる振動子の個数は $m = l/\lambda = L\nu/c$，一辺Lの立方体に入り得る振動子の数は$(L/\lambda)^3$ となります。

ここで初めに帰って振動数が $(\nu, \nu+d\nu)$ の区間にある振動子の数 $\rho(\nu)d\nu$ を考えます。その為に，例えばx軸方向の波について波数1,2…に対応する振動子を原点から，1L，2L，3Lに置いたベクトルを考えます。すると振動数νの全ての振動子は次元のベクトル空間内で表現されます。ここで，$(\nu, \nu+d\nu)$に対応する$(n, n+dn)$の範囲にある振動子の数を数えます。すると$\rho(\nu)d\nu$は

$\rho(\nu)d\nu = 4\pi n^2 dn L^3 = (4\pi L^3/c^3)\nu^2 d\nu$　となります。L^3を掛けたのはベクトル上の長さの単位がLだからです。$\rho(\nu)d\nu$のこの結果を使うと放射エネルギーのスペクトル分布は，$u(\nu)d\nu = kT(8\pi V/c^3)\nu^2 d\nu$ となります。これは純粋にMaxwellの理論だけから求めたJeansの結果と一致します。しかしこれはスペクトル分布$u(\nu)$がνに関し単調には増大せずに，山があってさらに高周波ではゼロになるという実験事実に反します。厳密な理論式の誘導のどこに間違いがあったのかが問われます。あやしい個所は調和振動子の平均エネルギーを$kT = $一定 と結論した点に絞られます。$\rho(\nu)$は$\nu^2$で増大するのですから$e^{-a\nu}$の形でゼロにならねばなりません。計算のどこに，その結論に導く分岐点があるかを考えさせられます。

１０．論証第４段　連続の否定，量子の発見

上記のように煮つまった問題の解決は意外に簡単なところにありました。物理量だから連測量と信じて疑わなかった角運動量相当量Jの連続性を否定してh単位の離散量と確認し，積分を総和に変えて調和振動子の平均エネルギーを計算し直すことだす。実際には $\int e^{-\nu J/kT} dJ$ の代わりに $\sum e^{-nh\nu/kT} h$ とします。Σはnに関し，0から∞の和 $\sum = \Sigma_{n=0}^{\infty}$

です。これは公比 $e^{-h\nu/kT}$ の無限級数の和ですから答は
$h/(1-e^{-h\nu/kT})$ となります。一方、$\int \nu e^{-\nu J/kT} dJ$ は $\sum \nu nh e^{-nh\nu/kT}$h で置き換えます。この総和は級数公式 $\sum_0^\infty kr^k = r/(1-r)^2$ に従うと、
$h\sum \nu nh e^{-\frac{nh\nu}{kT}} = \frac{\nu h^2 e^{-\frac{kh\nu}{kT}}}{\left(1-e^{-\frac{h\nu}{kT}}\right)^2}$ となります。従って、調和振動子の平均エネルギーは kT ではなく、$\varepsilon = h\nu e^{-h\nu/kT}/(1-e^{-h\nu/kT})$ となります。

このεの性質を二つの面から調べてみます。まず$h \to 0$とした時、これがJを**連続**とすると、**古典論**の結論つまり $\varepsilon = kT$ に近づくか否かです。確かにそうなります。次に振動数 ν を十分大きくした時εが指数関数的に0に近づくか否かです。$\nu \to \infty$では $\varepsilon = h\nu e^{-h\nu/kT}$ となり、これも確かめられます。

調和振動子の平均エネルギーε が正しく求められましたので、熱放射線スペクトルの振動数分布の正しい理論式は次のようになります。
$u(\nu)d\nu = (e^{-h\nu/kT}/1-e^{-h\nu/kT})(8\pi V/c^3)\, h\nu^3 d\nu$

これは **Planck** が **Wien** の式を**修正**して得た結果と一致します。正直に言うと Planck は Wien 式の実験値とのずれという**狭い道**から入って幸運にも**全く正しい結果**に達したのです。結果は得たけれど論証はできなかった。だから学問的には「量子の発見者」とは言えませんが、一番基本的な物理量である**角運動量相当量** J が連続量でなくてhを単位とする**離散量**であることの発見者であることは確かです。従って **Planck 定数**と呼ぶのは正しいと思います。

次にこの Planck 定数がどんな値か決めてみます。それには上の$u(\nu)$曲線を微分した山の位置を知り、それを実験値の山の位置と比べればよいのです。そこで $h\nu/kT = x$ とおき、
$u(x) = (e^{-x}/1-e^{-x})x^3$ の極限値 $\partial u/\partial x = 0$ を計算すると、

$-x + 3 - 3e^{-x} = 0$ が極大の条件になります。これを解くと $x = 2.8214$ です。つまり $h\nu/kT = 2.8214$ が極大値の位置です。もし実験によって $u(\nu)$ が極大になる ν の位置が知れれば，**作用量の離散単位 h** の値が決まる筈です。

１１．スペクトル実測値からプランク定数の決定

熱放射スペクトルの実測値としては，ロッシェル塩プリズムの分光器を使って赤外領域のスペクトル分布を決定した Lummer と Pringsheim の測定が最高です。1900年の発表ですがこれを見た Planck が，それまでの物理学理論が実測と合わないことを確信し，実測に合う理論として離散的な量子の考えをその年の暮れに初めてドイツの物理学会で発表しました。そんな大発見を生み出すきっかけになったのが，本章の初めに示した Lummer と Pringsheim の測定結果です。

この図（同）では，1646°K で極めて明瞭なピークが波長 $\lambda = 1.8\,\mu m$ に見られます。波長 $1.8\,\mu m$ は振動数では $\nu = 0.167\,\text{PHz}$（ペタヘルツ 10^{15}）ですから，温度 1646°K で 0.167 Hz にピークが見られると考え易いのですが，それは間違いです。正しくは振動数によるスペクトル分布 $u(\nu)d\nu$ を波長によるスペクトル分布 $v(\lambda)d\lambda$ に変換し，これを微分して改め直さねばなりません。$v(\lambda)d\lambda = (e^{-x}/(1-e^{-x}))/\lambda^5 d\lambda$，ただし $x = hc/\lambda kT$ ですから，λ で微分して極大の位置を求めると，$x/(1-e^{-x}) - 5 = 0$ となり，$x = 4.965$ です。従って，プランク定数 h を決める式は，$hc/\lambda kT = 4.965$ です。ここで $\lambda = 1.8\,\mu m$, T = 1646°K, $k = 1.38 \times 10^{-23}$ J/K, $c = 3 \times 10^8$ m/s を代入すると，h は $h = 1.8 \times 10^{-6} \times 1646 \times 1.38 \times 10^{-23} \times \frac{4.91}{3} \times 10^8 = 1.8 \times 1.646 \times 1.38 \times \frac{4.91}{3} \times 10^{-6+3-23-8} = 6.50 \times 10^{-34}$ Js となります。h のこの値は Josephson 素子など現代物理学の方法を使って決定したより厳密な h の値，$h = 6.62617 \times 10^{-34}$ Js とほぼ一致します。

１２．Planckの発見の物理学的意味はどうとらえるか

　以上，「量子の発見」というより「量子理論の発見から Planck 定数の決定まで」を物理理論としての論理の明解性を重視し，一切の「あいまいさ」を残さずに論じたつもりです。大きな筋を振り返ると，まず空洞内に閉じ込められた**熱エネルギー**を **Maxwell の電磁波理論**でとらえました。そして要素波を生成する**ベクトルポテンシャル**が，Hamilton 力学の**正準変換**を使えば**調和振動子**であることを知りました。**波動**が**力学**で表現されました。次にこの周期運動を表現する**正準変数**として角運動量に相当する**作用量変数 J** が導入されました。この J が**連続量**ならこの取扱いの結論は，Maxwell 理論から直接に導かれた **Jeans の結論**に一致し，これは実際の測定結果と矛盾します。測定結果と一致させるには作用量変数 J は h を単位とする離散量でなければならないという結論です。h の大きさを知るには J を離散変数とした上で熱放射スペクトルの周波数あるいは波長分布を求めこれを実測結果と比較します。より具体的に言えば，J を離散とした理論ではスペクトル分布は，一つのピークを持ち，ピークの位置は h の大きさに依存しますからピーク位置の周波数あるいは波長が実測値と一致するよう h を決定すればよいのです。ここで当然の疑問は，J が連続量ならピークはなく Jeans の古典論になるのに，離散量なら**なぜピーク**を持つかです。原因は明確です。与えられた振動数のもとで，さまざまな振幅つまり，さまざまな作用量 J の調和振動子の平均エネルギーを求めると，J が**連続量**なら平均エネルギーは振動数に関係なく kT で，一定であるのに，**離散量**の場合は平均エネルギーは一定値 kT なのに**振動数が高くなって $h\nu$ が kT より大きくなるあたりで減少をはじめ，$\nu \to \infty$** ではゼロになるからです。

　以上が概要です。Einstein の Planck 批判に教えられたためですが，Planck の「思いつき」に見えるこの発見の物理学理論需要の**革命的意義**を強調するため，**物理的論理の構造**を重視した**本格的論証**を試みま

した。その為論証は Hamilton 力学，Maxwell 電磁気学，統計力学の本格的議論を総動員しました。これら古典力学の理論を極限まで使った理由は，**古典物理と新物理の境界**を正確に見極め，**新物理の革命の性格**を明確にするためです。その結果，新発見の物理的意味についての**結論**は **Planck** と本書では違います。Planck はこれを**エネルギー量子**の発見としましたが，本書では，振動，波動など周期運動を律する**作用量変数 J** が，連続量ではなく**離散量**であることの発見となります。

新物理学の基礎となる素量として $h\nu$ をとるか h をとるか，つまりエネルギーを取るか，**作用量**をとるかは単なる定義上の問題のように見えるかも知れませんが，理論の根本を考える立場から見るとそうではありません。**エネルギー量子論**は，粒子数，質量と並ぶ物理実体である**エネルギー**に素量を認める立場ですが，**作用量子論は運動法則に素量**を認める立場だからです。今後，量子とは何かを考える際，それを**実体**の性質と見るか，**運動法則**と見るかでそこから導かれる結論は大きく変わってくる筈です。

多くの物理学者がこの問題をどう考えているか興味が持たれることです。この問題についての**パラダイム**がわかるからです。容易に想像つくことですが，殆どの人はエネルギー量子派です。彼らが量子力学を習った教科書が例外なくエネルギー量子論だからです。我国で圧倒的人気の Tomonaga の『量子力学』もエネルギー量子論です。多くの教科書が量子の発見については **Planck の 1901 年の論文**の論証の丸写しであるのに対し，Tomonaga の教科書は発見に至る物理的思考について徹底的な解説を展開していますが，基本はエネルギー量子論です。**作用量子論**を展開するには Hamilton 力学の**正準変換**の説明が必要ですが，Tomonaga は量子力学の入門書としての配慮と思いますがそれを避け，エネルギー量子論で通しています。

既に述べたように作用量子論を貫いた例外的教科書が 2 冊あります。

Kampanetsの『理論物理学』とUmezawaの『大学演習量子力学』です。Kampanetsの書は，力学，電磁気学，量子力学，統計物理学の4部構成となっていますから，前2部で必要な論証をした後，統計物理学で全体の理論をまとめています。これに対し，Umezawaの本は，量子力学の教科書としては珍しく第1章がHamilton-Jacobi理論です。そして本書のようにまとまった叙述はありませんが，論証の各段階が分散して完全に述べられています。

以上は理論の論証の話ですが，実験データと照合してのhの決定の話になると，上記の2書はそれを示していません。理論計算に比べ数値計算を軽視したのが主因と思いますが，私自身の経験から$h = 6.626$の結果が容易には得られなかったからではないかと想像します。その理由は1663°という温度表示は°Kでなく°Cと思ったこと，**スペクトル分布**の**実験データ**は**波長分布**であり，ピークの位置は波長分布と振動数分布で違うことにうっかり気づかなかったためです。私は最近，Tomonagaも波長分布の実験データを振動数分布に変換する際，同じ間違いをされていたことを発見しました。すると数値がどうしても合わなかった筈と想像します。

Taketaniの『量子力学の形成と論理I』では，波長と振動数それぞれについてスペクトル分布の理論式を与えた後，LummerとPringsheimの波長に関するスペクトルのピークの位置を使ってプランク定数を$h = 6.55 \times 10^{-27} erg \times s$と正しく示しています。でもこれは自分自身で計算したのではなく，Planckの論文を丸写し引用した結果です。これはとりも直さず，最初に量子発見を主張した**Planckの論文**の物理内容に高さと完璧さを物語っています。まさに**超人的**です。しかしそれをエネルギーの量子と言ってよいのでしょうか，**Planck自身**，**後年は**，自分の発見したのは**作用量子**であると考え，そう主張していたようです。

◆第二部

混迷を見透かす「物理派」眼鏡

1．なぜ量子力学の混迷と解明という主題を選んだか　154
2．混迷と解明をどう扱い，どう論ずるか　156
3．対立するのは数学派と物理派　159
4．数学派と物理派，ホントの意味（回避する思考，矛盾を包囲する思考）　160
5．物理派の本質は Atheist（反神論）　164
6．数学派と物理派　粒子派と波動派への分裂　168
7．波動力学の起源について数学派 Tomonaga と物理派 Taketani の違い　172
8．Einstein の光量子説から波動論が生まれた　176
9．Einstein 粒子性と波動性の統一の努力と波動力学への傾斜　181
10．de Broglie の２スリット問題への挑戦　184
11．現代物理とは西欧キリスト教社会に受容される現代物理　185

「物理派」眼鏡

1. なぜ量子力学の混迷と解明という主題を選んだか

　第2部の序章を始めるに当たり，もう一度，**本書が誰に向かって何を訴えたい本なのか**を振り返ってみたいと思います。まず，読者ですが，「年齢は問わず一度量子力学を習ったような気はするが十分に納得出来た気がしない。考えると試験のための勉強だったので，納得出来ないところで一人納得出来るまで立ち止まっている訳にはいかない。それで一応試験は通ったけれど，極めて表面的な勉強だった。今度は少し余裕があるので学問としての物理が解り，身につくような勉強がしたい」という読者を対象としています。それには**いろんな分野の大学院生**がいるし，**材料科学や化学の技術者**がいるし，さらには現役を引退し**念願**だった**物理学**の勉強が出来るようになった**自由人技術者**がいる筈です。

　その人たちに物理の勉強として何を薦めたいかですが，私は量子力学とか統計力学などの分野ではなく，**物理学全体**，少なくとも**力学，電磁気学，量子力学，統計力学**の4分野の同時継続的な勉強を薦めます。量子力学では少し深いところはこの4分野が全て絡み合っているので，量子力学の勉強では納得のいかないところがたちまち諸所に出てくる筈です。しかし，期間内に到達する結果だけをあせる教師は，自分でも納得していないそんなところは**無視**してまず**計算練習**に取り組むことを勧めます。そんなことを繰り返しているうちに，量子力学に抱いていた希望と情熱がすっかり擦り減ってしまうのです。私はこのような人に対しては，この4分野を1人で書いて一冊の本にしてある教科書を読むことを薦めます。この4分野を1人で書いたのは天才の中でも少なくて，LandauとFeynmanぐらいと思います。中でも**Landau**の『物理学教程』全10巻はプロ志望の大学院学生には必須の教科書ですが，本書の読者にとっては詳し過ぎ，必要最小限ではありません。量子力学，統計力学と別々の時期に別の本として書かれているので，4つの分野が完全に頭に入った偉大な教師から講義を聴くとい

う具合にはなっていません。それに量子力学が**非相対論の範囲**に限られており、**Dirac の理論**が全く出て来ないのも本書の読者にはお薦めできない理由です。

　Landau の代わりにお奨めしたいのは、**Kompaneyets** の『理論物理学』の一冊です。1961 年に Moscow で英語版が出版され、現在も Dover から出版されている名著です（和訳もあります）。Kompaneyets は、Lifshitz と共に Landau の最初の講義を聴いてそれを講義録にした**最初の弟子**です。従って、骨の髄までの Landau の弟子です。しかし、技術物理学者として教育に使命を見出したためか、物理学の基本についての考え方は Landau 以上に純粋なところがあります。Landau は Nobel 賞物理学者として、パラダイムに対し妥協的な点がありますが、Kompaneyets にはそれはありません。また完全に頭に入っていることで一冊をまとめ、必要最小限でありながら十分な教科書にしているので、Landau のような基本的な点での不足はありません。

　自習用の教科書選びは難しいものです。人によって物理を勉強する目的や気に入っている物理学のスタイルが違うからです。でも本書をここまで読んでこられた読者、ということは、勉強の目的が本格的理解で好みはあとで説明するような物理派であるなら、間違いなく推奨できるのは Kompaneyets です。数学派と意見が分かれるところでも、物理派としてはっきり言い、それでいて波動論に乗って間違ったことを言うことがないからです。

　しかしながら、Kompaneyets が良い教科書だからと言って、自習でこれ一冊を読める人はいないと思います。良い講義との違いは知的な興奮を呼び起こす何かに欠けること、論理でなく、知的興味で次を知りたくなる仕掛けがないことです。

「物理派」眼鏡

　そこで選んだ仕掛けが「**混迷と解明**」という謎解きスキームです。まず量子力学に関心と知的興奮を呼び戻すには，かつて量子力学を学んだ際，せっかく関心を持ったのに計画化された教育の中で無視され，消し炭のようになってしまったいくつかの疑問，矛盾，混迷に火を付けるのが最も確実な方法と思った次第です。もう一つ大事なのは，自分が勉強を通じて抱いた疑問や関心が次の主要テーマになる連続性，継続性ですが，これも読者が一番矛盾混迷と感じているテーマを順に繋げていくと，そうなることが解りました。矛盾は全く別々なのではなく，必然的に関連しているからです。

2．混迷と解明をどう扱い，どう論ずるか

　本書の主題がそうであるならば，次のように議論を進めて行く必要があります。まず，量子力学における**混迷**について，主な例を挙げて混迷とは何のことか**主題定義**をすることが必要です。それは端的に言えば，非自由人物理学者が抱く数々の疑問，例えば，**電子は粒子なのか波動なのか，原子内の電子には軌道があるのかないのか**，Schrödinger 方程式による電子の描像は 1 個の電子についてだけは正しいと言われるが，**Schrödinger 力学は多数の電子には適用できないのか**に対して，プロの物理学者の答えは分裂が見られることです。

　一番大事なのは**不確定性原理**についても，明確に意見の分裂が見られることです。圧倒的多数のプロ物理学者はパラダイム通りに**不確定性原理**と呼び，これを量子力学の原理と考え，そう教えますが，これに明確に反対する物理学者がいます。Landau とその弟子たちです。彼らはそれを**不確定性関係**としか呼びません。この不確定性関係については，もっと鋭い分裂, 対決があります。von Neumann と Schrödinger です。von Neumann は不確定性原理に基づく量子力学的な不確定の世界と，我々がそれを機器を用いて観測して得る確定的な世界との境界

は，微視世界と巨視世界との間にあるのではなく，巨視世界も例えばメーターの針を見る目の視神経末端と神経系に引き起こされる電流との関係を見るごとく，その関係はどこまでも量子力学的に不確定であり，境界は観測者の物理的身体と観測者の心理的自我の間にあるという数学的理論を提出しました。この最高の数学者 von Neumann に決然と反論したのが物理学者 Schrödinger で，その論文の最後に von Neumann 論文の不条理を的確に表現したのが有名な「Schrödinger の猫」のたとえです。

　このような混迷を見て，それが自らがパラダイムであることを目指すプロ物理学者たち二派の決着なき論争であることを指南し，プロでなく，パラダイムを求めない自由人の立場に立って，学問としての物理学の結論はどこにあるかを示そうとしたのが本書です。そのための公式的に正しい方法は，第一に混迷と呼ばれる論点（= 意見の衝突点）を客観的に叙述し，第二にそれぞれの意見の論拠を十分正確に論述し，第三にそれぞれの論拠を純粋に物理学理論の立場から検討して判断を下すことでしょう。私も執筆の態度としては，初めそう考えましたが，すぐに諦めました。難問解決の鍵は第三段にありますが，純粋に物理学的な学問判断というものがあるなら，Einstein のような人の多い最先端物理の世界では，この問題はとうに決着がついていて，混迷はなかった筈だからです。

　私は中学生の時，de Broglie（ドブロイ）の『新物理学と量子』を読んで以来，70 年この問題に悩まされ続けて来て，最近やっと解明の基本が見えてきたかなと思えるようになり，本書を書く気になった次第ですが，その転機は，何か「一点に気付く」ことでこれは「一般相対性理論」が一気にわかるようになったという物理学的な「気付き」とは全く違います。Bohr-Heisenberg と Schrödinger の論争，von Neumann と Schrödinger の論争について，それぞれの論文や争論の記録文書だけを見て，頭の中の思弁だけで判断の結論を出そうとするのではなく，

関連することを全て調べまくり，読みまくって当人がどのような事実の蓄積や経験から，さらには人生の生き方からそう考えるのか知ろうとしました。論文や論争は当人の深い考え方，基本思想のほんの一部しか伝えていないからです。von Neumann と Schrödinger のように，ことごとく対立する二人のどちらが「基本的には正しく，納得できるか」を判断するには，それが必要でした。基本的には正しいと判断しても，相手からの批判点は大体間違いないので，それを忘れないでの信頼でなければなりません。

　つまり「解明」と言える判断をするためには，これら全てを踏まえての判断でなければならないし，批判を自分の言葉で反論できる判断でなければならないのです。これに加えて，さらに難しいのは，判断できるためには，判断する人の思想が判断対象である巨人物理学者たちの思想の深みに触れて深まらねばならない，変わらねばならないことです。頭の中が「空っぽ」の人は，例えどんなに論理的思考があっても判断は出来ません。判断をするためには，判断するアタマが出来ていなくてはなりません。判断するアタマとは，過去に様々なことを判断するために蓄積した知識や経験が，判断の失敗や成功の実例と共にしっかり詰まったアタマです。これを私は後で述べる理由から「Philosopher（フィロソファー）のアタマ」と呼んでいますが，判断には「Philosopher のアタマ」が必要です。これが私が公式的執筆案を没にした理由です。もし，読者のアタマが判断を求める問題について「空っぽ」なら第二段でいくら詳しく論拠を提示してもその意味が掴めず，第三段での著者の判断は納得できないことになります。これを避ける一つの方法は，第三段に入る前の第一段，第二段の段階で，著者の判断そのものと判断基準を自然な形で伝えていくことだと考えています。その方が第三段階で途端に判断基準と考え方を示して理由説明を行なうより目的に適っていると思います。常識的にはII部の最後に結論として述べるべき「混迷の一番大きな原因」も第一段に入れました。

3．対立するのは数学派と物理派

　物理学の最先端における混迷とは結局，最先端にいる指導的物理学者の意見の対立に他ならないことを示しました。この対立は両者の根本的な世界観・科学観の対立なので，両者が公開討論をした結果，どちらが正しく，どちらが間違いと決着が着く問題ではないことも示しました。例えば2スリット問題について言えば，1個の電子が2つのスリットを同時に通過したか否かで意見が分かれます。de Broglie, Einstein, Schrödinger らは干渉縞ができるのだから，これは振動であり，1個の電子が2個のスリットを同時通過したのは間違いないと主張します。Bohr, Heisenberg, Pauli らは量子力学の基本原理から考えると，1個の電子の2個所の同時通過ということは絶対に観測できない現象である，従ってそれは科学の問題にはならない問題であるとして同時通過を否定します。これが波動論者と粒子論者の対立です。それにはどんな妥協も和解もあり得ません。

　次に考えたいのは，物理の天才たちが二派に分かれて対立する理由です。Born, Jordan を加えて，Bohr, Heisenberg, Pauli は粒子論者であり，de Broglie, Einstein, Schrödinger は波動論者ですが，何がこれらの天才たちを二派に分けたかです。なぜ Pauli は粒子論者であって波動論者でないのか，逆になぜ Schrödinger という人は波動論者であって粒子論者でないかです。これに対しては，常識的な説明が一つあります。多くの物理学者たちは，天才たちをその知的性格から数学派と物理派に分けますが，数学派と見られる人は粒子論に行き，物理派と見られる人は波動論に行くという説です。これは天才たちの中でも特に数学能力で傑出していた Pauli と von Neumann を見ると納得できます。二人とも粒子論でした。ただし，反対のケースもあります。粒子論の元祖である Heisenberg 自身は実は数学の知識は十分ではありませんでした。けれど，その粒子論が量子力学になったのは，数学者である Born と Jordan が，Heisenberg がごちゃごちゃと言っ

ていることはマトリックス（matrix）演算であることに気付いて，Heisenberg のアイデアを行列力学という体系にまとめたからです。Heisenberg と逆だったのが Schrödinger で 1926 年，波動力学の基礎になる数学的論文を 1 年間に 5 報書くほど微分方程式とその解法に練達した人でしたが，絶対に粒子論を受け付けませんでした。ですから数学が得意なのが数学派と安易に考えると，数学派物理派の分類には役に立たなくなります。

4．数学派と物理派　ホントの意味（矛盾を回避する思考，矛盾を包囲拡大する思考）

　しかしながら多数の物理学者，特に物理派を自認する物理学者（私を含め）が物理派は波動論，粒子論は数学派という割り切り方に同感していることは確かです。そこでこの実感を大事にして，多くの天才たちを粒子論に押しやる「数学派」という感覚，そして少し少数の天才たちを波動論に押しやる「物理派」という感覚は本当は何なのかを調べてみたいと思います。現代物理学の混迷とは，量子力学における粒子論と波動論の絶対的対立にあるとする本書の認識においては，天才たちが粒子論と波動論に分かれて対立する原因，あるいは根拠がどこにあるのかを知っておくことがこれからの煩雑すぎるとも思える議論を理解していただくのに必須だと思うからです。

　数学派，物理派の意味を実際に照らして正確化するには，二つの考えが同じ問題について対立した時の両者の対応を正確に知ることが決め手です。以下それを行ないたいと思いますが，**問題**という表現は物理学的には曖昧なので，これからもっと正確な言葉を使うことにします。それは**矛盾**です。矛盾とは，**第一**には言葉として絶対に相容れない二つのことです。「ある」と「ない」とは矛盾です。原子内に電子の軌道があるかないかは矛盾です。1 個の電子が二つのスリットを同時通

過するかどうかは矛盾です。**第二**には物理としての矛盾です。1日に昼夜があると説明して，太陽が廻るとしても地球が自転するとしても説明は出来ますが，地球が自転すると仮定すると，地球表面は大変な周速度になり，表面のものは遠心力で全て吹き飛ばされてしまう筈です。しかし実際にはそうではありません。これは大きな物理的矛盾です。考えると，**第一はコトバと実体**のずれに基づく矛盾であり，第二は実体世界の**理解不足**によって生ずる矛盾です。これについて少し説明しましょう。

電子は粒子である，波動ではないという時，電子は**実体**であり，粒子は**コトバ**です。実体とコトバの大きな違いは，「実体」は調べなければ何も分からないものであり，調べれば次々に何か知らなかったことが分かってくるものです。これに対し，「粒子」という物理学の**コトバ**は理性によって定義され，矛盾のないように統御されているものです。つまりコトバは実体と逆で，初めに殆ど全て分かっているのです。何か付け加えるにしても，もとある部分と絶対に矛盾しないように行なわれます。これに対し，実体の方は初め何も分からないところから初めて付け加えられるもののうち，新しい発見と評価されるのは，既存の知識と矛盾されるものです。この点を捉えるとコトバは実体に対し**虚体**と呼んでいいと思います。従って第一種類の矛盾とは実体を虚体で捉える際の矛盾と理解してよいと思います。

矛盾への対処，解決にしても，第一種と第二種とではまるで違います。第一種矛盾に対しては，コトバと実体のずれですから，常識的にはコトバの修正が考えられますが，私はそれを認めません。コトバは非常に多数の人間の共通理解産物，つまり共有物のようなものですから，何の影響力もない個人が修正を提案することは意味のないこと，許せないことと思うからです。その代わりに，電子の方を変えるしかありません。電子を電子の実体と運動に分けて，電子の実体は粒子，電子の運動は波動という具合に，です。これに対する第二種の矛盾に

「物理派」眼鏡

対しては，コトバの上の小手先の解決は通用しませんから，しっかり物理的研究をして，何か知られていなかった全く新しいことを発見しない限り解決しません。地球自転のケースでは，地表のものが遠心力で吹き飛んでしまわないためには，重力の存在に気付けばよいのです。それは矛盾を論理的科学的思考を止めてしまう障害と考えると，その障害を bypass（迂回）してしまう route（ルート）の発見と形容できます。bypass する一番良い方法は，例えば2次元平面上で2本の線が交差するという矛盾なら，第3次元の世界を発見して交差はしていないことを発見すればよいのです。

このように，第2の物理的矛盾に対処解決する基本は，矛盾を bypass する route の発見です。そのための基本は，矛盾を含む世界を拡げてみることです。具体的には，問題となった分野を中心に，物理学の他分野への関心の拡大があります。さらに新しい物理現象の発見による新次元世界への拡大もあります。つまり矛盾を bypass して**解決する**方法の基本は，矛盾を含む**世界を拡大**することです。ここで気付くのは，これこそが物理派の矛盾解決法ではないかということです。物理派の人間は物理は1つと考えています。絶えず物理の全分野を理解して頭に入れようと努力します。物理だけでなく，関連する生物学，心理学，哲学をも理解して頭に入れようとします。これはまさに**世界拡大**のためです。物理派人間のもう1つの特長は，絶えず新しい物理 Mechanism を考え，そのための model を考えることですが，これも物理派は世界を拡大することで矛盾を矛盾でなくする思考だと気付けば納得できます。

物理派が世界を拡大して矛盾を解決する思考とすると，**数学派**は何であるかが問題になります。これについては簡単なため結論から先に述べます。物理派である私の結論ですが，数学派の**第一の特質**は上述の物理的矛盾が表面化した問題に関わった際，物理派のように矛盾そのものに立ち向かい，物理学の問題として矛盾を解決する**意思がない**か，それを**嫌う**ことです。数学派が一番嫌うのは，矛盾解決のための

「物理派」眼鏡

物理学的発見を模索して,モデル論と称し,いい加減な計算をいろいろ試みることです。数学派の信念では,正しい理論とは,**Euclid 幾何学の諸定理**と同じく,理論結果が正しく物理的世界を捉えるもので,**実験的検証は不要**の筈です。これはまさしく Newton の思想でした。だから Newton は自分の著書を Euclid の『Elements (原論)』に倣って『Principia (原理)』と名付けたと思います。従って,数学派物理学者とは,Newton を最高の物理学者として崇拝する人たちです。英独の物理学者たちはみんなそうでした。そうでなかったのは,Bernoulli, Euler, Lagrange などフランス系だけであることは既に詳述しました。

　しかしながら,物理学を Euclid 幾何学にするのが理想といっても現実には存在する物理的矛盾をどうするかが問題です。具体的には万有引力の問題です。遊星の公転遠心力に見合うだけの引力で太陽が遊星を引っ張っていることは確かですが,そんな巨大な力を一切の媒体なしにどうして伝えることができるのか,それが Huygens をはじめとする物理派を悩ました問題ですが,それは物理では説明できない神的な力として片付けてしまったのが,Newton の本質です。これこそ神の偉大な力の現れとみて,「ごちゃごちゃしたことは言わない」が有名な(**hypothese non fingo**)です。その理由は不明だが万有引力を次式のような機構と**仮定**すると,遊星の観測結果と完全に合うというなら科学ですが,狂信ともいえるキリスト教徒だった Newton が取った道は違っていました。物理的には絶対に理解できない遠隔力(媒体なしで力が伝わる現象)は神的な力であり,その力が存在することは神の存在を示すものであるというように論理を展開したのです。ですから『Principia』が出版された時,最初にそれを理解し熱烈にそれを支持したのはキリスト教会の僧侶と貴族であったことは既に述べた通りです。彼らはそこに神の存在証明を読んだのだと思います。その後,Newton のこのとんでもない論理が不思議にも社会全体に受け入れられたのは,ヨーロッパ社会全体,特に英独のプロテスタント社会が狂

信的なキリスト教社会であったからだと思います。

5．物理派の本質はAtheist（反神論）

　このことを一言で表現するならば，Newton物理学は私のような純粋な物理派の目から見れば**キリスト教物理学**です。それが純粋な物理学に見えたのは，それを生み，受け取った社会が，狂信的と言えるキリスト教社会だったからです。狂信的といえるのは単なる形容ではなく，ホントであることは，私自身が単に無神論者であることを言うのに，「I am an atheist.」と言った時，百雷が一度に落ちたような衝撃を与えたことで経験しました。「神はいないと思う」「神の存在は信じない」ということは，口が裂けても言ってはならない言葉なのです。それが言えるのはNobel賞をもらった後であり，それまではそう考えていると疑われる事さえ危険なのが欧米キリスト教社会です。そうなるのはキリスト教が個人への精神的影響力が他の宗教と較べて並外れて強い宗教だからです。

　強いとは神の権威が圧倒的に高いと同時に，神が非常に近いことです。神は最高の存在として頭の中に存在していると同時に，人間の間違いと不幸を一身に背負って十字架上で苦しんだ存在として心の中に生々しく生きているのです。普通の宗教（ギリシャ教，ヒンズー教，仏教）では，神の世界は人間の世界とは別であり，しかも神は多数います。これに対し，キリスト教神が強いのは唯一人の神であり，神の世界でなく人間の世界に住み，あらゆることを厳しく見守っていることです。全て自分が作った世界だから当然でしょう。そしてその神の顔容（かたち）は，人間そのものでありながら最高の容をしています。近いだけに精神への影響力は直接的なのです。神をこのような存在として地上にもたらしたのは旧約聖書（ユダヤ教）の天地創造伝説であり，人間の中の理想的で最高の顔容に定着させたのは偶像崇拝です。原始宗教で

は偶像崇拝でしたが，本格的宗教では，原則は禁止です。イスラム教では厳禁です。この点ではキリスト教はまともな宗教とはいえません。

　次に並外れて心に強い影響力を持つキリスト教の秘密について述べます。私はこれについて徹底的な研究をし，『物理学者が発見した米国ユダヤ人キリスト教の真実』を著しましたので，関連する決定的結論だけを述べます。第一は，現在キリスト教として定着しているのはJesus（イエズス）を神とするイエスキリスト教だという点です。このJesusという人は事実は死海の近くに集団で住んで伝道していた修道僧だったことが確認されています。しかし十字架刑に遭ったという事実は確認されていません。このJesusの生涯，特に最期に関する詳しい事実は全てSt. Mathew（マタイ伝）によるものです。しかしマタイは字の書けなかった人でマタイ伝が現れたのは死後150年経ってからです。このマタイ伝によると，6～7人の弟子と共に伝道していた**Jesus**は，ゲッセマネの夜，ローマ軍兵士に捉えられ，夜の裁判にかけられ，十字架刑を宣告されます。これを見ていたローマからの監督官**Pilatus**（ピラト）は，Jesusの人格に感心し助けたいと思って，裁判を傍聴していた群衆（全てユダヤ人）に向かって問いかけます。監督官としては今晩，十字架刑を宣告された盗賊BarabbasとJesusの二人のうち，どちらかを無罪にできるか，どちらにするかです。すると集まったユダヤ人群衆は一斉にBarabbasと答え，Jesusの十字架刑が決まったという話です。これがBachの音楽の中でも最も感動的な**マタイ受難曲**です。しかし史実に照らすとこれは全て作りごとです。理由はローマ法では夜，人を捕らえることは禁じられていました。また夜，裁判を行なうことも禁じられていました。さらにローマの監督官には，裁判で刑の確定した人間を無罪にする権限など与えられていませんでした。これは今に残っているローマ法を調べれば明らかです。マタイ伝とは，マタイの死の150年後に**Jesusキリスト教**が勝手に作り上げた虚偽伝説です。

「物理派」眼鏡

しかし2000年も前のことですから、この程度の虚偽伝説はいくらでもあって当り前です。しかしその中でマタイ受難曲が今もそこにいるように我々を感動させるのは、キリスト教に加わったもう一つの**最も大事な信仰**です。それは全知全能で**威厳に満ちたあの神**と、気の毒で深い同情を誘う **Jesus** が**同一人物**だったことです。これは作り話として信じる話ではなく、理性でどんなに**信じられなくても**、信徒としては**逆立ちしても**信じなければならない信仰第一条です。それは Trinity（**三位一体**）と呼ばれます。それは内容としては神が聖母マリアの体内に入り、嬰児 Jesus として生まれた（**処女懐胎**）。Jesus は十字架上で刑死したあと、死後に生き返った（**死後復活**）。そして天上に昇り、神に戻った（**昇天**）の3点です。

これは Constantinus 大帝がキリスト教を公認するに当たり、Jesus の神性を巡って分裂していたキリスト教を一本化しない限り認めないとし、335年 Nicea に Bishop1800人を招いて多数決させました。その結果、地中海ギリシャ文化の中心だった Alexandria のキリスト教で **Jesus の神性を認めなかった** Arius 派が**神秘主義的**な北方キリスト教に大敗して、**Jesus キリスト教**が確立し、上述 Trinity（三位一体）は、その最重要な教理となりました。2000年前の単なる多数決が、今もキリスト教社会を固く締め付けているのです。元々のキリスト教教理の中心だった地動説も天地創造説（神が全ての生物種を作った）も Galileo, Darwin によって科学的に否定され、単なる神話となりました。しかし、Trinity だけは科学的に否定されたことはありません。処女懐胎と死後復活を否定する努力をした人はいません。今はそれは間違いであることは誰もが認めているからです。しかし Jesus キリスト教徒としては絶対にそれを**疑ってはならない**のです。最深の根幹だからです。

心の中では認めていることを、口では**絶対**に否定する、それがこの問題に関する Jesus キリスト教徒の**態度**です。やったことをやらなかったというのは「うそ」ですが、思っていることを思っていないとい

うのはうそではないが Hypocrisy（偽善）です。Jesus キリスト教徒はこの点から全員が Hypocrist（偽善者）と言ってよいと思いますが，彼ら自身は絶対にそれを認めません。彼らは**ホンネ**と**タテマエ**が違うのが偽善と考えます。**いくら思っても**口が裂けてもそれを口にしなければ**偽善でない**と考えます。それが全てに及ぶのが白人の Jesus キリスト教徒です。彼らはホンネというものは口にしません。どんな話し合いも**タテマエだけで進め**ます。

　欧米社会は 100％が Jesus キリスト教ではありません。これから外れる白人はまず**ユダヤ人**と **Unitarian** です。これらの人々は Jesus キリスト教の虚構と偽善をよく知り嫌っています。ユダヤ人指揮者は普通は Bach のマタイ受難曲の指揮を拒否します。そのほかには Jesus キリスト教を拒否するのは **Atheist** を自認する学者たちです。この人たちは神の存在そのものを否定します。それならば日本人の大部分には神はいませんから Atheist かというとそうはなりません。Jesus キリスト教の虚構と偽善に正面から向き合って闘い，神の存在そのものを否定した**白人だけが** Atheist です。白人と言いましたが，白人は決して口にしないが白人と Colored（非白人）を心の中では区別しています。**インド人や日本人の** Atheist というのは**ない**のです。

　ところで物理学者が Jesus キリスト教の虚構と偽善をどう見るかです。どんな虚構もその内部にいると見えにくいものですが，その程度は自分の周辺を知って自分を客観的に見ようとするかに決まります。物理学者の中でも数学派は自己中心的で周辺を見ませんが，物理派は周辺に関心を持つので，Jesus キリスト教の虚構偽善にやがて気付き，心の中では**殆ど全部**が Atheist になると思われます。ただしそれを表明するのは危険なので表明は Nobel 賞受賞後でしょう。物理派でありながら Newton や Heisenberg のような熱烈狂信的 Jesus キリスト教徒というのは考えられません。

6. 数学派と物理派　粒子派と波動派への分裂

　次に読者が著書に触れたり，教科書で名前を知ったりしている有名な物理学者を集めて数学派と物理派に分類してみることにします。読者も納得できるような理由をつけて分類します。こうした分類をする目的は，物理派と数学派とに特徴があるとすれば，それは能力なのか性格なのか，研究上の方法なのか，それを知るためです。

　分かり易いのは，Heisenberg と Schrödinger が激しくぶつかり合った 1927 年の Solvay 会議での発言内容です。この時は発言した人の殆ど全員が Schrödinger の波動力学の批判をしました。これに対し，批判に反論したのは Schrödinger 一人でした。Schrödinger の波動力学を支持する人には Einstein をはじめとしていない訳ではありませんでしたが，論戦ではあえて Schrödinger を支持せず，沈黙していました。Planck も同じ気持ちに見えます。de Broglie は世界最高の 20 人の前では唯一人の素人物理学者ですが，Solvay 会議直前，米国の Davisson と Gerner が Ni 結晶に電子線を当てて，de Broglie の予言通りに電子が回折現象を起こすことを発見しましたのでもう何も言うことはなく黙って座っていればよかったのです。これに対し，行列力学派は，Bohr を先頭にして Heisenberg, Born, Jordan に力が入っていました。Pauli は新しいことは言いませんが，数学的に少しでも弱い点があると突っ込む壊滅的批判が有名で，Schrödinger は苦労しています。Dirac は行列力学，波動力学両方の数学が完全に理解できる人で，その上に両方を超える自分独特の数学を作って見せる人です。彼は外見は数学派で，数学派若手のあこがれですが，その数学の内容は数学的というより物理的に感じられる不思議な人です。

　まとめると，数学派である Bohr, Heisenberg, Born, Jordan は，行列力学と物理派 Schrödinger の波動力学の激突において超大物の数学派である von Neumann, Pauli, Dirac が物理派の弱点を批判するこ

「物理派」眼鏡

とになった Solvay 会議が 1 回の討論の勝敗で 2 つの学説のどちらが正しいかを決定する機会であったとするなら，明らかに行列力学の全面的勝利でした。その結果，実質的に合意された会議の結論は 3 項目です。1) 量子力学の基盤となる理論は行列力学である。2) 波動力学については，その物理的表現である Schrödinger の波動方程式は数学的には行列力学と同値であり正しい。3) 波動力学の物理的内容のうち，波動関数 ϕ の意味については，その 2 乗が粒子の存在確率に等しいということだけは認めることができる，です。

つまり量子力学の基礎理論は行列力学である。波動関数はその 2 乗が存在確率であるという以外は，その物理的意味を認めないというのが Solvay 合意です。Schrödinger もその場では認めた量子力学の公式看板であり，その後もそれが改定されたことはないのですが，現在量子力学を使って研究している物理学者は誰もこれを信じていないし守っていないでしょう。その第一の理由は量子力学を実際に計算して適用するには行列力学は著しく不便であり，使いものにならず，使う人がいないからです。**量子力学は Schrödinger の波動方程式**というのが実情です。それが「量子力学 ＝ 波動力学」とならないのは「電子は波動である」という類の粗雑な解釈による大きな間違いを避ける為です。しかしそれ以上に大きな理由は **Nobel 賞**でしょう。Nobel 賞委員会は量子力学についての最初の賞を 1933 年 Heisenberg の**不確定性定理**に与えました。翌年の賞は，この基本原理の具体化に寄与したとして賞を Schrödinger と Dirac の二人に与えました。この **Nobel 賞**の決定は，その後**プロ物理学者のパラダイム**となりました。パラダイムに忠実なプロ学者は教科書を書く際，必ず不確定性原理から始めるようになったのです。でもこれは量子力学が実際に使われる姿とは大きく異なっています。ここに量子力学が**読者を混迷させる一番の原因**があります。

「物理派」眼鏡

量子力学は波動力学であるという**確信**で最初に書かれたのが Pauling と Wilson の『Introduction to Quantum Mechanics』(1935)です。Pauling は化学結合を徹底的に論じた『Nature of Chemical Bond』を書いた化学者ですが，この書は単に波動力学の入門書ではなく，共有結合と呼ばれる化学結合が波動力学で完全に証明され計算できることを本の主題にしていることです。この理論の原点は 1927 年に発表された Heitler と London の H_2 分子についての論文です。この論文で導入された**交換積分**の大きさが**共有結合**の強さと直接に関係することが広く化学者の常識になったのはこの本のおかげです。交換積分は原子を a，b，電子を 1，2 とすると，

$$K = \int \varphi(r_{a1})\varphi(r_{b2})(1/r^{12})\varphi(r_{b1})\varphi(r_{a2})dV$$

ですが，この計算によって，様々な 2 原子の様々な立体角への**共有結合の成立不成立**が予測され実験との一致が確かめられたことは，Schrödinger の Heisenberg への**決定的勝利**を意味します。というのは Solvay 会議で Schrödinger が一番攻撃されたのは Schrödinger 方程式は **1 電子問題では正しくても 2 電子問題には全く使えない**という点だったからです。

また「波動関数 ψ には物理的意味はない」，さらに「原子内の電子についていかなる軌道も考えられない」というのが公式結論でしたが，交換積分による共有結合論の成功は Heisenberg のそのような予断と極論を全部吹き飛ばしてしまいました。有機化学の世界では金と手間のかかる実験を減らすために膨大な量子化学計算が行われていますが，その内容はまさに交換積分の計算です。そしてそれは「分子軌道計算」と呼ばれています。英語では Orbit（軌道）と言わず Orbital（軌道のような）と言います。

「物理派」眼鏡

　これをまとめると，1927年のSolvay会議の時点では，Schrödinger理論の弱点を徹底的に突いた **Heisenberg** と出席多数派の**完全勝利**に見えました。しかしその後**約100年**，実情は全く違います。量子力学での議論の基礎は100%が**波動関数**であり，その計算は **Schrödinger 方程式**とその相対論への拡張である **Dirac の方程式**によります。つまり Schrödinger の**波動力学**の全面勝利なのです。しかし100年前の論戦の勝敗結果は，**修正されることなく今に残っています。そこに量子力学混迷の最大原因**があります。

　Heisenberg理論とSchrödinger理論の100年にわたる確執の結果は，量子力学としては波動力学のほぼ完全勝利であるのに，プロ物理学者はそれを率直に認めていません。その根拠とする理由は単純明快です。量子力学の原理はHeisenbergの発見した「不確定性原理」であり，波動力学はその一つの応用表現であるということです。でもこれは，波動力学成立の事実と全く違うし，その理屈も間違っています。まず理屈から言うと，不確定性原理から**如何なる理論**も作ることはできません。Schrödinger方程式も作れません。しかし逆に波動力学からは簡単に**不確定性関係**を導くことができます。不確定性関係とは位置と運動量は同時に正確には決定できないという意味ですが，これは粒子の運動が波動なら次のように簡単に導けます。もし粒子が波動しているなら，粒子が一波長内のどこにいるかは結論できません。1次元問題とするなら，x軸上の位置の不確定範囲を Δx とすると，Δx は波長以下にはできないので $\Delta x > \lambda$ です。次に運動量 p の不確定範囲を推定します。振動運動する粒子の運動量 p は波長 λ と関係があり，Einsteinによれば $p = h/\lambda$ です。これは周期運動する粒子については作用量 $\int p dx$ が h の n 倍になることから結論されます。この式から運動量の不確定性の巾は $\Delta p = h \Delta \lambda / \lambda^2$ と結論されます。$\Delta \lambda$ は対応する波長の不確定性巾です。この不確定性は波長以下にはならないので $\Delta p > h/\lambda$ です。従って $\Delta x \Delta p > h$ と結論されます。

このように粒子の運動が**波動性**ならば「不確定性関係」は**当然**の帰結ですが「逆は真」ではありません。この関係を認めても粒子運動の波動性は**肯定も否定も**されません。まして基礎方程式の 1 行も出て来ません。この関係を**不確定性原理**と呼ぶのは明らかに**間違い**です。Heisenberg 本人さえそう呼んだことはありません。

7．波動力学の起源について数学派 Tomonaga と物理派 Taketani の違い

数学派にとって一番大事なのは，反論を許さない理論を建設することです。そのためには理論の邪魔になる**矛盾を回避**する方法や道をいろいろ考えます。これに対し，物理派は矛盾を避けようとせず，**矛盾を包囲**するように世界を拡げて解決への道を発見しようとする，こう言いました。このことを日本の有名な物理学者二人を選んで同じ問題に立ち向かわせてその違いを確認してみようと思います。数学派の代表には Tomonaga，物理派の代表には Taketani を選びます。私は二人の著作に多くを学んだばかりでなく，どちらとも個人的にも話した経験があるからです。名著『量子力学』の著者で Nobel 賞の Tomonaga については説明は必要ないでしょう。ただ心配なのは数学派という割り切りでしょう。ご本人はあくまで物理屋と言われるかもしれません。しかし Taketani と比較すると，Dirac を最高の物理学者として崇拝し，その研究スタイルに近づこうとする数学派です。一度 Taketani に Tomonaga の人柄について尋ねたことがあります。「変わった人だよ。素粒子研究会で誰かが妙な発表をして皆が喧々諤々(けんけんがくがく)の議論になっても絶対にしゃべらない。聞いているだけ。それでいて何日か彼が数学でゴチョゴチョとやるとキレイな理論になってしまうんだよ」という答えでした。

この二人は正反対でよくしゃべり，物理学者ばかりでなく社会全体

にも大きな影響力を与え続けたのが Taketani でした。日本領だった台湾育ちで京大に来た彼は内地人と違って人柄が開放的で，関心があくまで広く，単に勉強するのではなく，何事にもすぐ独自の判断を下しました。言葉の正しい意味で Philosopher でした。京大で大学院生だった彼が関心を拡げ，深めたのは物理と哲学と音楽でした。最初の仕事は，中間子を予言する論文を知って Yukawa の天才を直感し，**阪大の Yukawa** のもとに通って助教授の Sakata と共に第 2 論文，第 3 論文を共著したことです。早熟でした。その後発見され，中間子が予言と違うことで Yukawa が量子力学を疑い，量子力学を超える新力学を夢想していることを知り，**その誤りを正そう**と物理学発展の仕方を深く研究し大論文を完成しました。簡単には研究は**現象**研究から始まり，次にその物理を研究する様々な**実体**研究が積み重ねられて，最後に**本質**が解かるという説で 3 段階論と言われます。Newton 力学の場合，遊星運動に関する莫大な観測結果をまとめた Kepler の法則が現象研究の頂点です。しかしこれには物理はありません。力学の物理は Galileo, Huygens, Hooke らによって少しずつ，しかし確実に明らかにされました。これを力学という体系にまとめることを「本質論」といいますが，**Newton による本質論**は現象論だけの上にできたものではなく，徹底した物理研究である**実体**研究を必要としたという話です。つまり，Yukawa の夢想する量子力学を超える力学は，本質論なのでその前に**中間子**という新しく発見された素粒子の徹底した物理研究が必要だと訴えたのです。この呼びかけで作られたのが**素粒子論研究会**です。Yukawa の Nobel 賞受賞もあり，日本の科学界の中で最も活発で質の高い研究グループになりました。その中心にいたのが Taketani と Sakata です。Taketani は思想的理由から排除され，東大，京大，理研というような研究できる所に職を得ることはできませんでしたが，**名大，大阪市立大**にいた**素粒子研究会のメンバー**は素粒子論研究の初期に世界最高の仕事をしました。Gell-Mann の仕事はもっぱら日本の仕事に依拠したものです。Quark の 1/3 電荷，2/3 電荷は**大阪市大の**

「物理派」眼鏡

NakanoとNishikawaの発見から見えていたことですから，もしYukawaの強い反対がなければQuarkは素粒子論グループの発見だったと思います。Nambuは大阪市大グループの指導者でした。彼はChicago大学に招かれた後，日本に戻って来ませんでした。それを機に日本の「頭脳流出」が騒がれた時，コメントを求められた**Taketani**は「日本の物理で流出が損失なのは**Nambu** 一人だ，あとは出てもらってかまわない」と断言していました。判断が明確で間違わない人です。

Taketaniの判断で社会に大きな影響を及ぼしたのは**原子力研究**です。日本で原子力発電の研究をすべきかどうか大問題になった時，Taketaniは「すべきである。しかし」として提案したのが，**核研究3原則**です。それは**自主，民主，公開**でした。

Taketaniが書いた本には「3段階論」を収めた『弁証法の諸問題』(新書) があり，科学者，技術者の必読書として大ベストセラーとなりましたが，物理学者として**本気で書いた**のは『量子力学の形成と論理Ⅰ』(1948年) です。その出版後はTaketaniが超多忙になり，続編の出版が遅れていましたが，**40年後**，Taketaniと物理学思想を共有する立教大学の同僚**Nagasaki**の協力を得て，そのⅡ，Ⅲを完成しました。Ⅰが原子模型の形成，Ⅱが量子力学への道，Ⅲが量子力学の成立とその論理です。各巻300頁，全体で900頁の大著です。感心させられるのは，形成と論理を論ずるための基礎作業の徹底と丁寧さです。**関連する論文147編**一つ一つについて完全な要約が示されているばかりでなく，相互の論理的なつながりが大きな図面で示されています。物理学会員に聞いても147編の論文全部を読んだ人はいないと思います。まして全てその要約を作った人，さらには**関連を正確に図面**にした人がいたとは想像を超えていると思います。その基礎作業の上の議論ですが，原著者の専門の枠を超えて解析力学，電磁気論，統計物理学，相対性理論という広い視野で自由的確に論じている点がこの仕事の傑出

している点です。以下実際にそれを見てみましょう。

　早速，**Tomonaga**の「量子力学」と**Taketani**の「量子力学の形成と論理」を読み較べて，波動力学の起源の捉え方が両者でどのように違うか見てみましょう。Tomonagaの捉え方は図（下）のように単純です。まずde Broglie（ドブロイ）の考えについてTomonagaはその捉え方はこの図のように単純なものであったとしています。（実はTomonagaのこの図と説明に従ったのが高校教科書ですが）そして次にこの考えを数学的に扱い表現したのがSchrödingerの波動方程式であるとします。しかしそのSchrödinger方程式は**第1論文**とその後では，その性格が本質的に**違っている**というのがTomonagaの捉え方です。簡単に言えば，第1論文ではSchrödingerはde Broglieの言う波動をγ線の波動と同様の実在のものと捉えていた。ところが，その後は考えを変えてもっと本質的なものと捉えています。その性格の違いを波動関数で表現すると初期の波動関数は**実数**ですが，その後の波動関数は**複素数**です。そこでTomonagaは初期の波動方程式をde Broglie方程式，その後の方程式をSchrödinger方程式と呼んで区別しています。このことはTomonagaがde Broglieの波動論は**実在波動論**であり，その後Schrödingerが到達した**本格的波動論**とは違うと見なしていたことを意味します。

物質の波動論

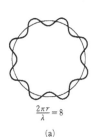
$\frac{2\pi r}{\lambda} = 8$
(a)

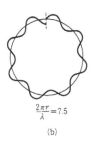
$\frac{2\pi r}{\lambda} = 7.5$
(b)

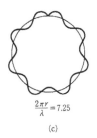
$\frac{2\pi r}{\lambda} = 7.25$
(c)

波動論における量子条件

これが，数学派物理学者が de Broglie の波動論について到達した結論です。この結論に到達するために Tomonaga が使った de Broglie に関する**史実**はありません。全ては Schrödinger の第1論文とその後の論文は数学的には性格が違うということに気付いたことから論理的に導かれた結論です。

　これに対し Tomonaga とは物理学への考え方が全く違っていた Taketani のこの問題への対応とその結論は，数学派と物理派は根本的な問題ではこんなに違うのかと驚かされるぐらい大きく違います。違うのは第1に**研究方法**です。Tomonaga の研究の特長は徹底透徹した**思弁**ですが，Taketani の場合は徹底した**事実調査**です。関連する論文は一つ残さず調べています。第2は研究範囲の広さです。Taketani は波動論に関連する混迷を解決するのを一つの目的として，著書『**量子力学の形成と論理**』を書いたと思われますが，問題を「Schrödinger 方程式への批判と問題点」という狭い範囲ではなく「**粒子論と波動論の対立の解決**」にまで拡げています。ただしこの取扱いは概念的な問題整理や思弁的な理論展開ではなく，著書『量子力学の形成と論理』を貫く Taketani の基本的見解に従って綿密系統的に展開されています。この基本的見解とは Einstein が「光量子」論をはじめ，その後それが生み出す**粒子と波動の矛盾**を解決するための努力を中心になって行ない，量子力学を作り上げたというものです。これは Planck が「エネルギー量子」の発見という形で量子論を始め，その後，Bohr と Heisenberg がそれを土台に量子力学を作り上げたという見解とは**正面からぶつかる**見解です。Taketani が**同僚 Nagasaki** の助力を得て展開したこの問題への見方は非常に根本的なものなので説を改めて論じましょう。

8．Einstein の光量子説から波動論が生まれた

　以下の考え方の根本になるのは真の意味で**量子論の基礎**を開いたの

はPlanckではなくEinsteinであるという認識です。つまり光量子の発見こそが古典物理学から現代物理学への転換を実質的に可能にしたという認識です。これは，それに先立ってPlanckが行なった**エネルギー量子**の発見こそが，量子物理学のするプロ物理学者多数の見解とは正面から対立する見解ですが，これは分水嶺のはじめに述べた通り，Einstein自身が強く主張したことであり，これを支持する少数の物理学者もいます。私の知る限り，その最初にして**最大の論者**はTaketaniです。「量子力学の形成と論理」3巻のうち，1948年という早い時期にTaketani 1人で書いた第1巻は，もっぱらこの点にだけ問題を絞って書かれています。Einsteinが1921年にNobel賞をもらったのは「相対性理論」についてではなく，光が分子を相手にして放射吸収を行なう時，光は量子化されたエネルギーを持つ粒子として振舞うという「photon（光子）理論」に対してでした。これが光はMaxwell理論に従う電磁波であるとしか考えなかった古典物理学の根幹を根本から揺さぶり，それを超える量子物理学を作る最初の第一歩になったというのが事実であり，Taketaniは**最初に正しく**それを指摘したのです。

しかし，それに耳を貸す物理学者も一般人も**殆どいません**でした。その理由はEinsteinと言えば，みんなの関心は専ら相対性理論に向けられていたからです。そして**Einsteinを量子論の開祖とは認めない理由**に専らPlanckが使われました。PlanckはEinsteinより5年も前に原子レベルの世界では，エネルギーは連続的な値を取らず間隔が$h\nu$である離散的な値しか取らないことを示すことで，物理量が全て連続的である古典物理学からの決別を確立していたからです。この見解を最も**強く推進**したのはBohrであったと思います。Bohrの水素原子モデルの仕事は，Planckのこのエネルギー離散モデルの殆どそのままの応用だからです。その点では初めて物理的に成功した原子モデルであるという点では，Bohrモデルの意義は**非常に大きい**のですが，純粋に**物理学的内容**で見ると，これはPlanckの発見の**直接応用**であって，それ

「物理派」眼鏡

自体が物理学を古典から量子に変えたというほどのものではありません。そこでBohrの立場からは，**Planckの発見**こそが物理学を古典から量子に変えた大発見であるという**観点を死守する**必要があるのです。このBohrはこの仕事の後はCopenhagenの自宅にSchoolを作って，若い原子物理学者を呼び集めて相談に乗り育てました。その一人がHeisenbergです。さらに4年に一度ずつ**豪華な** Solvay邸に世界最高の原子物理学者20人を招いて最新の学問の成果を振り返り，今後の方向を議論させました。まさに原子論，量子論のパラダイムを決める会議を主催したのです。その結果，超優秀な物理学者の殆ど全てが，Bohrの同僚（peer）になるか傘下に入りました。私の知る限り，Bohrと**正面切って言い争った**のは**Schrödinger**一人です。Einsteinとは明らかに意見は違うのに言い争いになっていないのは，Einsteinは別格としてBohrがそれを避けていたからでしょう。日本からはNishina（仁科芳雄）がschoolに招かれ，先端的な研究を行なうとともに，ここで行なわれる共同研究の仕方を学び，これを**Copenhagen精神**として国内に広めました。その結果，圧倒的多数の物理学者の間では，**Bohrの権威**は絶対的と言えるほどに高まりました。同時にPlanckを量子論の開祖とする考えも絶対的となりました。

しかし古典物理から量子物理への転換がPlanckのエネルギー量子の発見で可能になったとするのは，**間違い**です。これは既に分水嶺で論じたところでありますが，要点だけ繰り返すとこうです。問題は空洞内で熱平衡にある放射線のエネルギーの波長分布を知ることです。実験値は既に示した図（130頁）のような一山曲線になります。これに対し，この問題を古典物理で扱った結果は $u = Au/\lambda^4$ で，単純に右下がりの線です。放射線は古典的にはMaxwellの法則に従いますからMaxwellの法則を空洞内に適用して熱平衡にある波長分布をJeansが求めた結果です。問題はこの右下がり曲線の古典的結果に対し，エネルギーは連続ではなく量子化されていて離散的であるというPlanckの

「物理派」眼鏡

発見を**適用する**と，実験値のような一山の曲線が得られるかですが，これは絶対にそうなりません。$e^{-B/\lambda T}$ を $1/(e^{B/\lambda T}-1)$ で置き換えるという Planck の修正によって違いが問題になるのは，周波数 ν が極めて小さい所，つまり波長 λ が極めて大きい所だけです。右側の波長が極めて大きくてエネルギーも極めて小さい所で少し大きくなるだけで理論曲線の他の部分には何の影響もありません。エネルギーの量子化が古典物理と量子物理の大きな違いを作るという Planck, Bohr の主張は，この問題に関しては**完全な間違い**です。エネルギー分布が右下がりでなく一山になるのは他に原因があります。

原因は Wien が**熱力学的考察**から Wien の分布式の中に持ち込んだ $e^{-B/\lambda T}$ という項にあります。この項が波長 λ が小さい左端でエネルギー分布が急激に下がり，結果として全体が単峰になっているのですが，Wien がそう気づかずに持ち込んだこの項の中に古典物理を超えるものが入っていたのです。**熱力学だから古典物理**だというのは思い違いです。熱力学は現象論だからそうと気付かずに古典物理も量子物理も入るのです。しかし現象論ですからそれが何であるかは解りません。それを知るには**物理派の研究**が必要です。それを行なったのが Einstein で，それを発表したのが 1905 年の「**光の発生と変換**についての発見的見地」，1906 年の「光の**発生と吸収**に関する理論」です。

Jeans による**電磁波理論**からの結果と実験データを比較して結論できることは，実験データは**長波長の部分**では Maxwell 理論に従う**電磁波**であるが，**短波長**で周波数の高い領域では**電磁波は抑制**され，光は**別の現象**にとって替わられているということです。周波数の高い光の現象とは何か。Einstein は，それは瞬間的に起こる**光の発生とか変換**であると考えました。ここに第 1 論文の表題の意味があります。そう考えた Einstein は，発見されたばかりの光電効果に注目しました。短波長の光を金属面に当てると**電子が飛び出す**現象です。**光の吸収**です。

逆に**電子線を当てる**とX線が出てくるのが光の発生です。どちらも光の伝播とは全く違う瞬間的現象です。Einsteinはこの**光電効果**とその**逆現象**こそが空洞内放射エネルギー分布の中にあって古典物理理論では説明できないで残されていた謎の部分の正体と考えたのです。これこそが古典物理とそれを超える物理，それを量子物理と言えば，量子物理ですが，その二つを分ける「何か」と考えたのです。

あとは簡単でした。丁度，X線の研究と並んで光電効果の研究は盛んに行なわれるようになっていたのです。光電効果で飛び出してくる電子のエネルギー E は，投射された光のエネルギーの大きさには関係なく，光の振動数だけで決まることが分かりました。その量的関係も極めて正確に決定されていました。$E = h\nu$ です。これをもとにEinsteinは光の発生，吸収，変換に関係するのはMaxwell方程式に従う電磁波ではなく，$h\nu$ というエネルギーを持った光粒子だと宣言しました。光を粒子とする考えは，帝王Newtonが間違って唱えたもので，物理学はそれを訂正するのに100年かかった苦い歴史があります。ところが200年後，数学派Newtonには批判的な筈の物理派Einsteinによって光粒子説が再び唱えられたことになります。ところが二つは，物理学的性格が全く違います。Newtonのは単なる説で，物理学にしてみると，液体中の光速は，真空中より大きい筈となって誤りであることがすぐ明らかになりましたが，Einsteinの説は，物理実験結果が理論と違うことから導き出されたものだからです。

結局Einsteinの主張とは古典物理学と量子物理学を分けるものは，単位エネルギーが量子化されているということではなく，光がMaxwell理論に従う電磁波であるという面と共に，$E = h\nu$の法則に従って量子化されたエネルギーを持つ光粒子だということです。

9. Einstein 粒子性と波動性の統一の努力と波動力学への傾斜

　光はエネルギーが $h\nu$ を持った粒子であると主張した Einstein には，自分こそが物理としての量子論を最初に発見したという自負がありました。これは既に見たように最初の論文にはっきり現れています。しかし自負心と共にすごい責任を感じたと思います。物理的にも性格的にも Newton を好きであったとは思えない Einstein が，**光粒子説**を唱えるには，**相当の覚悟**があった筈です。それは，光は粒子であることから出発して光は**挙動としては波動**であることを物理的に証明することが必要であり，その**責任**は自分にあると強く感じていた筈だからです。

　Photon ＝ 量子化された光粒子つまりは光量子が電磁波になる証明法として Einstein が最初に考えたのは，光量子を基礎に Planck の熱放射分布法則を出すことでした。Planck の法則は Maxwell の電磁波法則をもとにしたものですから，この導出ができれば論理的には粒子から波動が出たことになります。1917 年 Einstein は放射の遷移確立を考えた論文「放射の量子論」についてで，これに成功しています。しかし Einstein は不満でした。計算結果が合ったというだけでは，物理的な説明とは言えないからです。

　悩んでいた Einstein のもとにこの難問を一挙に解決するような手紙がインドから来ました。Bose（ボーズ）という Dacca 大学の助教授でしたが，英国の Philosophical Magazine に論文を出したが断られたので，もし先生が見て価値ある論文と思ったらドイツ語に訳してドイツの雑誌に投稿してほしいという内容でした。この相当に図々しい手紙に同封されていた論文の内容は Einstein をびっくりさせました。**photon から Planck 分布**を導くものだったからです。方法は photon を一原子の理想気体として統計力学で論ずるものでした。ここまでは Einstein も考えていたのですが成功はしませんでした。違いは同種粒子の統計比率にありました。例えば硬貨のように表と裏のある同種粒

子から無作為に2個を選ぶと比率は，表表 1/4，裏裏 1/4，表裏 1/2 の筈です。これが**常識**ですが **Bose の統計**では全部が等しく 1/3 になっています。そして常識統計では見えなかった **photon** と **Planck 分布**との関係が **Bose 統計**では出て来るのです。ということは常識統計を Bose 統計に変えるような未知の物理的作用が粒子から波動への変換には必要であることを意味します。これが波動であることは，次に明らかになりますが，その必要性に確信を持たせた点に **Bose の貢献**があります。

de Broglie は**フランスの大貴族**で，一度も物理の教育は受けたことはないが物理が好きなだけの素人です。**正に自由人物理学者**です。彼こそが波動論の最初の提唱者ですが，彼の研究の出発点となり，その後の研究の方向に強い確信を与えたのは 1909 年の Einstein の小論文「放射線の問題の現状について」です。この論文は私が前章で指摘した Planck の誤り，つまり**エネルギーを離散化**すれば**古典物理が量子物理**に変わるという論述の誤りを，Einstein が全く別の角度である「エネルギーのゆらぎ」の観点から明確に証明し，量子化の鍵は photon (量子化光粒子) の発見にあることを示したものです。「ゆらぎ」とは平均値からのずれです。全体を取れば平均からのずれはゼロですが，部分を取ればプラス，マイナスのずれが見つかり，部分が小さいほど大きなずれが出て来ます。Einstein は，空洞放射エネルギーの Planck 分布についてエネルギーのゆらぎ 2 乗値 $\overline{\varepsilon^2}$ を計算してみました。すると結果は

$$\overline{\varepsilon^2} = (h\nu\rho_\nu + c^3\rho_\nu^2/8\pi\nu^2)\nu d\nu$$

で，2 項の和になっています。このうち光が電磁波であることからの寄与は第 2 項で，このほかに $h\nu$ に比例する第 1 項があります。**これこそ，光が photon (量子化光粒子) である寄与**だというのが Einstein の論法です。de Broglie は同じ結論を**別の方法**で，自身でこれを発見し，最初の論文にすると共に，以後の研究の源泉にしました。

「物理派」眼鏡

　de Broglie は, **量子化光粒子**を量子力学の中心に置くために二つの方向で努力しました。第1は放射エネルギー分布で光が Maxwell 分布に従う古典物理成分だけであったら，右下がりの曲線で左端の短波長部分は無限に大きくなってしまうのに，それを抑えて実験データに一致させている **Wien の項 $e^{-B/\lambda T}$** について，これが photon であるという証明です。de Broglie は,この証明で光より早い速度で伝わる「仮想波」あるいは**位相波**というものを考えました。これに対し「光より速い波なんて相対性理論も知らないのか」の声も聞こえますが，これは史実を知らない**軽率な批判**です。「粒子は粒子速度とは異なる速度をもつ普遍的な波を絶えず放つ」と考えたのは **Brillouin** でした。これは Bohr の原子モデルで，特別な運動量 ＝ 速度を持つ電子だけが選ばれて，量子化が達成されるメカニズムを考えるためでした。一周期前に自分が送った波と干渉が起こるケースが生き残ると考えたのでした。de Broglie はこの考えを光粒子に適用したのでした。彼は**光粒子は電磁波**光速cに非常に近い速度vで走る非常に小さな**固有質量 m_0** を持つ粒子と考えました。これに対し，相対性理論を適用し，次のように論じました。$\beta = v/c$ とすると運動エネルギーは $W = m_0 c^2/\sqrt{1-\beta^2}$, 運動量は $G = m_0 v/\sqrt{1-\beta^2}$ ですが，β が無限に1に近く，m_0 が無限に小さいとすると $m_0/\sqrt{1-\beta^2}$ は有限値mとなり，$W = mc^2$, $G = mc = W/c$, つまり光粒子の速度vと電磁波光の速度cに分けて，前者を Brillouin の粒子速度，後者を普遍波動速度と考えたことになります。この場合, 光粒子速度を光速と呼べば，それより大きい波動速度があっても当然となります。de Broglie はこの論法で放射エネルギー分布における **Wien 項 $e^{-h\nu/\lambda T}$** を導出することができました。この成功は，光粒子から出発して，Planck 分布式を導出したいと努力していた Einstein を喜ばせたと思います。Einstein も成功しましたが，**Bose 統計**という不思議な統計を使ってでした。これに対し de Broglie の方法は，**光粒子と電磁波**と両者を繋ぐ相対性理論を使っての成功でした。de Broglie は電

磁波と言わず**先行波**と言っていますから**光粒子**と**先行波動**を使っての成功でした。

１０．de Broglie の２スリット問題への挑戦

次に de Broglie が立ち向かったのは**光粒子**を使っての**２スリット問題**の解決です。この問題は正確には，狭いスリットを通過した光が直進せずに**なぜ曲るか，回折するか**という問題と，回折した後の光が**なぜ縞模様**を作るかとに分かれます。回折の問題に対しては de Broglie は **Fermat の定理の方法**を使いました。この方法とは，与えられた点から光が同じ時間で到達できる点を連ねて，曲線あるいは曲面を作ります。波動論に従えば同じ時間で到達した点は位相が同じですから，出来たものは同位相曲面と呼びます。**光粒子**の軌跡は，**同位相曲面の法線**の方向になるというのが Fermat の定理です。光粒子が量子化光粒子になってもこの原理に全く変わりはありません。先行波を使って Fermat 定理の同位相面と同じものを作ればよいのです。

問題なのは，２つのスリットの入口への距離が正確に同じになった時です。光はどちらか**一方に行くか両方に行くか**です。実験では両方に行き，そこを出た光はスクリーン上で合流します。この時位相が合うか合わないかで明暗の縞模様ができます。これは光が波動なのだから当然のことです。でも Einstein に光の発生，消滅では１個の量子化された粒子であると断言されてしまうと，**合流**とかは一切考えられなくなってしまいます。しかし考え直してみると，量子化が発見される前と後で光そのものには何か変りがある訳ではありません。**量子化光粒子は二つに別れ**，その後で合流していることは間違いありません。この矛盾は de Broglie は解決できなかったし，その後も解決できた物理学者は誰もいません。誰も解決できないと言われる問題を解決しようとする人はプロにはいないからだと思います。

私は自由人として，物理派物理屋として，この展望を書き出して4ヵ月半経ち，今その最後の頁を書いているところですが，今1つの答えが確信をもってひらめいています。それはEinsteinも知らなかった光の発生におけるCoherence（コヒーレンス）という現象です。レーザー技術と共に発見された現象です。光粒子の集団は，Coherenceのある数十個程度継続した光粒子集団とCoherenceのない集団に分かれます。**合流干渉を起こすのはCoherenceのある**光集団だけです。Einsteinやde Broglieは量子現象を作る実体として光粒子を発見し，それは粒子であるから1個の個別粒子と考えましたが，光の場合は数十個の**Coherent粒子集団**も**単独粒子**と同様に発生吸収と同時に複数粒子として波動と同様に干渉現象も起こす筈です。

11．現代物理とは西欧キリスト教社会に受容される現代物理

　結局，**本展望の最重要結論**は次の通りです。現代物理学が混迷している最大の原因は，物理派と数学派の対立にありますが，両派の対立の最大の原因は**三位一体**を心髄とするキリスト教の「神」を**積極的に否定**するか，それを**守るか**にあります。しかしキリスト教の「神」の受容が社会成立の唯一**絶対の基盤**である西欧社会に於いて，**反神論が物理の衣をまとった物理派が絶対優位に立つことはありえません**。混迷を生むことは分かっていても，確信的なキリスト教徒が首根っこを押さえた形でしか物理的真理は社会に認められません。現代物理学が**混迷を抱える原因**はそこにあります。つまり，人々は現代物理学の客観性を疑っていませんが，個々の理論についてはそうであっても，社会的存在としての現代物理学はキリスト教社会の中の物理学なのです。

V

言葉で考える物理学
de Broglie（ドブロイ）

1. 本能の遺伝　187
2. 言葉で考える物理学　188
3. Newton の場合　189
4. Lagrange の場合　190
5. 批判と反論への二つの態度　192
6. von Neumann の場合　193
7. 再び Lagrange について　196
8. de Broglie の場合　197
9. 私と de Broglie　198
10. de Broglie の波動思想の根源　201
11. Rene Dugas の支持協力　205
12. Landau のすごさ　206
13. 技術物理に説明させる　208
14. 日本の教科書にある de Broglie 波動モデルの間違い　210
15. de Broglie 思想の原点と発展　212
16. 最後の大発想　先導波動　216

1. 本能の遺伝

　Schrödinger が波動力学の出発と完成という大仕事をする前年に書き上げた『私の世界観』の最終章は，もっぱら生物の問題です。それも「遺伝」という生物種を不変に保つ仕組みと，「進化」という生物種を変化させる仕組みが，生殖という生物の一つの生理の中でどのように両立して実現していくかを考察しています。その彼が遺伝の中で特に注目したのは，**Consciousness** の遺伝です。彼は **Consciousness** をわざと定義していませんが，生物種が世代を通じて受け継いで行く「本能」のことです。特に習わなくても子供は親と同じ **Conscience** を持ちます。つまり **Conscience** は明らかに遺伝子しますが，遺伝を実現させる実体とは何でしょうか。それが生物の不思議について徹底的に調べた彼が，生物あるいは生命について抱いた究極的な質問でした。これについて当時，彼はもちろん誰も答えられませんでした。

　その後 20 年間問い続けた彼が，解答ではなくて，解答のあるべき姿を理論的に厳密に提示したのが，1945 年に発行された『**What is life**』でした。この書が「分子生物学」という現代最強の科学分野を開く唯一の力になったことは，Watson の『**Double Helix**』などの著書で，分子生物学を始めた人の間ではよく知られていますが，それ以上の深い内容については一般の生物学者にも物理学者にも知られていません。原因はこの書が，生物学者が読むにはあまりにも緻密な論理に支えられた物理学思考の本であり，物理学者が読むには **mitosis, meiosis, chromosome, crossing-over** など，生物学の精密な知識が前提とされた本であるためです。しかし，この本こそは Schrödinger が 20 年の歳月をかけた彼にしか書けなかった彼の真骨頂を示す本なのです。例えば，彼は興味ある生物として planaria を取り上げます。これは二つに切ってもそれぞれが足りない部分を再生して二つの完全な個体に戻ります。これを指して，彼は「それぞれの断片が同じ consciousness を持っていたため」と考えます。「部分は全体を持っている」と推論しま

す。さらに「生物はどの断片（細胞）も全体を持っている」と推論します。これは Hindu の Vedanta の思想ではありますが，Schrödinger はこのことを思想としてではなく，現実から導かれる必然的結論として述べています。このような思考こそが『What is life』の魅力の中心になっています。

2．言葉で考える物理学

　『What is life』の内容は，恐らく他のどんな物理学者の想像を遥かに超える**特異性と深みと発見性**を持つものですが，それについて次章で解説する前に，プロの物理学者，特に日本の物理学者には気付いて納得してもらいたいことが一つあります。それは物理学の研究には，**言葉で考える物理学**と**式と計算でやる物理学**の二面があり，どちらも同じように尊重しなくてはならないのですが，日本のプロ物理学者ではそうなっていないことです。日本では計算でやる物理学が主であり，言葉は計算を説明するための補助的手段であって，物理学で考えて問題を解決するためのものではありません。ところが，私のような技術物理屋の場合，話は逆です。飛行機事故，原子力発電所事故の原因を物理学的に解明する際，最後は計算が決定的に重要ですが，膨大な事故データの山を前にして，何についてどういう計算をすべきか徹底的に考えるのは，言葉による仕事です。この点はプロの物理家と技術物理屋の大きく違う点ですが，プロの物理家といっても新しい分野を作ったほどの大物理学者になると話は違います。実際にどう違うかそれらの人々の思考様式を知ることができるのは著書ですから大物の代表であり，大著を残した Newton, Lagrange, von Neumann, de Broglie の 4 人について著書の中で言葉で考える物理と計算でやる物理がどんな比重になっているか調べてみます。

3．Newtonの場合

　まずNewtonから行きます。Newtonの主著『Principia（原理）』は「自然哲学に関するNewton式数学的原理」と題する上巻400頁と，「Newton式世界システム」と題する下巻300頁から成っています。上巻は結局，Newton式公理と，公準を立てた上，幾何学的証明法を駆使してKeplerの3法則を導く仕事です。ですから物理学というより，幾何学の仕事です。これに対し下巻は，社会から深く関心を持たれている自然現象について，物理学の立場から答えを示すという趣旨であって，音速の物理などいくつかの問題が取り上げられています。まさに物理学の仕事です。そのうち最も関心を呼んだのは「二回潮汐」の問題です。潮汐は月の引力によって起こることは良く知られています。それならば，満潮は1日1回，月が頭上に来た時に起こる筈ですが，月が地球の裏側にあるときも，もう一度満潮が起こるという問題です。Newtonは，この問題をproposition（課題）24，36，37で12頁も使って論じています。式は一切なく，図面が1つあるだけで，あとは文字だけの言葉で考える物理学です。ところが私には，Newtonのこの12頁に及ぶ論述が物理学として必要不可欠だったとは思えません。

　問題の本質は，月を中心にして力のバランスを考えると，地球については一日一回，**月を廻る遠心力と月の引力が釣り合っていること**です。**地球の中心**では，この二つの力は**釣り合っています**が，**質点ではなく**，大きな半径を持った地球では**月に向いた側**では引力が大きく，**反対側**では遠心力が大きく，どちらも水面は上昇して満潮になります。これはすでにI章で述べたように私が高校時代に思いついた物理です。これは直ちに数式化できますので，短い論文として発表しました。技術物理屋として言いたいことは，**言葉と図で考える物理**がまずあって，その後に正確な計算があることです。

　式と計算でやる物理の前にやるべきことであり，式の前に大事なの

は**言葉で考える物理**であることを強調しました。しかし言葉でやれば何でも物理になるのではありません。言葉で考える思索が物理になり得るためには，**思索に値する論理**が必要です。単に論理と言わず，思索に値する論理といったのは，式化，計算化できる論理ということです。これに対し，物理学の計算を実行する論理は，どんなに複雑，膨大であっても思索に値する論理ではありません。誰がやっても同じ結果になるからです。

思索に値する論理とは，対象の構造が明確であり，使われる概念が正確に定義されているものです。このような論理の観点から見ると，2回潮に関する **Newton の 12 頁の論述**は，論理に欠け，言葉で考える物理学になっていません。その最大の原因は，彼が**遠心力**という必要な概念を**使っていない**ため，問題の構造的把握ができていないことです。**遠心力**というのは，物を振りまわす人が誰もが実感する確かな力です。しかしこれを定式化したのはオランダの Huygens であるため，Newton はその**概念自身を否定**しました。そして引力と遠心力がバランスするという物理の代わりに，引力と加速度がバランスするという彼独自の主張を置きました。これは**力のバランスの問題**と**運動決定の問題**を混同した間違った論理といってよいでしょう。Newton は「言葉で考える物理」ができなかった人，と思います。

4．Lagrange の場合

Lagrange の仕事については，II 章で詳しく論じましたから繰り返しになることは避けたいと思いますが，日本の物理学会では Lagrange の真の姿を知ろうと努力する人が全くなく，Newton 力学の technical な書き換えをした人と見る表面的な理解だけが根強いので，少しだけ私の解説をつけ加えておきたいと思います。

この無理解の一番の原因は，彼の著書『解析力学』は，Newton 力学を超える意図から『Principia』の発行から丁度 **100 年後**の 1788 年に出版した**フランス語で 600 頁**の大著でしたが，独，露訳はすぐ出たのに，英訳は 1980 年まで **200 年間出なかった**ためです。Newton 絶対である英国では，この書は完全に黙殺され，英語が主体なので Newton を絶対視する日本の物理学もそれに倣った為です。フランス語 600 頁のこの書を熟読した**日本の物理学者はいない**と思います。200 年遅れて米国で出た英訳も，読んだ日本の物理学者は，私は**東大では一人**しか知りません。自分が絶対者であることに強い信念でこだわりを持った Newton が，物理学の中に大きな亀裂を作っています。

　Lagrange 力学が Newton 力学を超えているのは **3 点**だと思います。第 1 点は動力学だけだった Newton 力学に対し，**静力学と動力学を統一**したことです。正確には，剛体の力の釣り合いを論ずる静力学の上に動力学を建設したことです。従って Lagrange の動力学は Newton のような自由な**質点系の動力学**ではなく，質点が細い「梁」で互いに拘束された**モデル剛体の動力学**で，大変に有用でした。第 2 点は Newton 流の加速度との関係から決まる力の概念に加えて，Newton の**宿敵 Leibnitz** が創始した別な力 **vis viva**（仏訳 force vive, 英訳なし）を縦横に使いました。現在の言葉で言えば運動エネルギーです。第 3 点には単一粒子の運動軌跡は，場所場所で決まる **Lagrange 関数 L** を，経路に沿って時間積分した作用量 $S = \int L \, dt$ の最小値であるという**作用量最小原理**の発見です。これは光線の経路についての **Fermat の最小時間原理**に相当し，光学と力学の関連を示唆する甚だ重要な定理です。この方向をさらに本格的に推し進めたのが，**Hamilton 方程式**と **Hamilton-Jacobi の方程式**です。そこが古典力学の頂点ですが，その数式は，形式上は Schrödinger 方程式と同一であり，古典力学と波動力学を**構造的につなぐ結節点**になっています。つまり Lagrange の最小作用原理こそ波動力学に入る正門です。**Landau の物理学教程**の力学

が Newton 力学に触れずにいきなり，**Lagrange 方程式から始める**のはそのためです。

　Lagrange の大著『解析力学』は，このように Newton 力学の限界を超えて，力学を将来に向けて本格化する為の意図で貫かれた書です。その思索過程を正確に表現するのに，イメージに頼る図は一切使わず，全て言葉で表現しているので，600 頁もの大著になるのです。思索の結果は十分な数式で表現されています。その**数式だけを取り上げれば**，Newton 力学と矛盾するものではなく，相当な技巧を用いれば Newton 力学の主要結果から**導かれる**ものです。従って Lagrange の主著を読む機会がない絶対多数の物理学者にとっては，『解析力学』は Newton 力学の**技巧的な書き直し**に見える筈です。でもそれは**絶対な間違い**です。Newton を絶対化する集団に埋没した人の間違いだと主張したいと思います。

5．批判と反論への二つの態度

　Lagrange の『解析力学』は，『Principia』出版の丁度 100 年後に満を持して発表された Newton を超える書ですが，Newton 批判の最大の点は，その研究内容ではなく，学問としての**研究態度**にあったと思います。短刀直入に言うと，**自己を絶対化する**態度が**許せなかった**と思います。問題を少し一般化して言うと，天才を自覚する物理学者には，相反する二つの学問態度があります。一つは**論理重視，反論無視**であり，反対は**現実重視，反論弁証**です。初めの論理重視の論理とは言葉で考える物理の論理ではなく，**式と計算の物理**の論理です。この態度の特徴は，**反論無視**です。その反対は，**反論弁証**です。反論弁証とは反論に対しては，その内容を十分に理解した上で，**反論**するか**自己修正**するかの態度です。そうする態度の基本は，**現実重視**です。

具体例で言いますと、第一のタイプは**行列力学の体系**は数学的に**完全無欠**であり、隠れた構造などあり得ないとして Einstein を完全論破した **von Neumann** がその典型です。**Newton** も自身の論理には不完全なところがありますが、態度はまさにこのタイプです。理論物理学者の中で**数学派**と言われる人々は**全てこのタイプ**です。これに対し、物理派は第2のタイプの**筈**ですが、これが実行できる人は**殆どいません**。現実を重視することはその気になればできますが、数学派からの批判に**反論することは**、数学派が作った**土俵**（世界観）の上では絶対に**不可能**だからです。

6. von Neumann の場合

von Neumann を例に具体的に述べましょう。Neumann（von Neumann の von はドイツ人貴族を表わす接頭語です。しかし彼の場合はユダヤ人大銀行家であった父親がハンガリー帝国の Habsburg 家から金で買った名称だけの貴族です。誤解を避けるため本書では彼の名に von は付けません）は,1932年著書『量子力学の数学的基礎』を発表しました。ポイントは **Born** による行列力学と波動力学の統合の論理に対し、**Heisenberg の立場**から反対するためです。Neumann は Born のやり方は、理論が先にあってそれを後から実験で確認したという点で **deductive** であるが、**自分はそれに反対**であり、確かな事実から理論を組み立てる **inductive** な方法を取ると宣言して行なった結果です。Neumann が認めた確かな事実とは、Nobel 賞で権威づけられた **Heisenberg の不確定関係**です。これを基礎原理にして後は Neumann の超絶的数学技法で築き上げられたのが彼の名を不朽にした著書『**量子力学の数学的原理**』です。ここに述べられている諸結論は、基礎となる事実から出発して純粋に数学演算で得られたものですから、不確定性関係を事実として認める限り絶対に**反論できない**ものです。

反論を許さないこの書のⅥ章で「量子力学における**観測の理論**」を提出しました（ちくま学芸文庫版にはこの章は含まれていません）。その趣旨は「観測される系と観測者との**境界線は極めて任意である**」ということです。**原子物理学の常識**で言うと，観測は微視的対象，測定器，観測者の**3者**からなります。α崩壊を例にすると，α線を出す試料，放射線カウンター，実験者の3者です。この場合，物理法則の適用を考えると，試料は不確定性のある量子力学の適用対象ですが，測定器も人間も，その挙動には物理的不確定性がないので，**古典物理学の対象**と考えられます。これが**常識**ですが Neumann は純粋に理論的にはそう考える**必要はない**と主張します。測定器も人間もその**素過程は原子的**であるから，それは**不確定が必然的**な量子力学の対象だというのです。測定器を見る**視神経**も，その信号を受ける**脳細胞**も，基本過程は原子的ですから，**量子力学の対象**です。するとα崩壊が起こったという事実に一致する結論を下すのは，脳神経系の作り出す**自我精神**であるという事になります。これは純粋に数学的論理で導き出した結論なので，**誰も反対できない筈**と Neumann は自信をもって発表した結論です。

　これに対し「それは**間違っている**」と思う物理学者は少なくないでしょうが，彼の数学的技巧に心酔した人は誰も**声を上げません**。ところが，昔，**日本でただ一人**，声を上げました。Taketani です。24歳，京大の学生の頃です。その頃，**Taketani** は Sakata と共に Yukawa を助けて中間子理論の次の論文を書く努力をしていました。その為に一番必要だったのは，第一論文の後，理論研究をどの方向に進めるべきかという問題でしたので，Taketani は物理学の歴史と哲学を徹底的に研究していました。そこに現れた Neumann の論文を見て，**結論の方向が間違っている**と認識した Taketani は，直ちに批判の論文を書いて公表しました。批判の趣旨は計算の細かいことではなく，結論は間違っている，その理由は電子1個から数個の微視的対象についてやっと

適用が保障された量子力学を，電子数が 10^{10} 個もある巨視的対象全体にそのまま適用するのは間違いだというものです。日本の小さな雑誌に出た Taketani の批判は Neumann の目には触れる筈ありませんでした。触れても無視したでしょう。適用するのは間違いというのは感情的主張で理論的主張になっていないからです。

丁度同じ頃，**Schrödinger** も Taketani と同じ理由から Neumann を批判する論文を公表しました。しかし，Schrödinger といえども巨視的対象全体に量子力学を適用することの間違いを理論的に証明することはできません。そこで Neumann の結論のおかしさだけを徹底的に印象づける方針を取りました。それが **Schrödinger の猫**のたとえです。観測は微視的対象，巨視的検出装置，観測者の 3 者から成っていますが，彼は印象を**効果的にする為**に**検出装置**に α 線を受けて作動するカウンターと，カウンターが反応するとリレーによって自動的に青酸カリビンを破壊する装置，それに**青酸カリで死ぬ猫の** 3 つを置きました。これを外界から切り離された密室の中に置きました。Neumann によれば，猫が死んだかどうかは，観測者の自我精神が何かを認識するまで全く不確定なことになりますが，実際は，猫は青酸カリ瓶が割られた直後に死んでいるのです。α 崩壊は確かに不確定性ある量子力学的現象ですが，それをカウンターが**検出して以降**は**不確定のない**必然的物理現象で，自我が「観測」する前に確実に起こった現象です。Schrödinger は Neumann の結論のおかしさを，この**たとえで皮肉った**のです。その後 Neumann は反論しませんでしたが，ちくま文庫の同書の翻訳を見る限り，この部分を後で削除したようです。この部分は数学的結論ではないと自覚したためと思います。

Neumann は数学派物理学者からは神のごとく畏敬されている物理学者ですが，私は，この人は**言葉で考える物理学**には弱かった人と見ます。それは彼の著作集にある「**最近の乱流理論**」という 1943 年に書

かれた論文が，**私の目から見て**当時の統計的乱流理論の現状も物理的内容も全く掴んでいない**程度の低いもの**だからです。私が自信をもってこう言うのは，私は1955年の学生時代に**統計的乱流理論**の勉強に没入し，まだ日本に知られていなかったソ連の **Kolmogorov** に手紙を出してロシア語の論文を送ってもらい，それを**日本に初めて紹介した**人間だからです。

Newton の『Principia』の大体系は，一番重要な**質量の定義**が「**質量は体積と密度の積**」であることが示すように，言葉で考える物理学としては，**致命的欠点**があります。同様に Neumann の物理学も言葉で考える物理学としては**感心できたもの**ではありません。一般には数学派物理学の欠点と思います。

7．再び Lagrange について

物理学者二人がこのような体たらくの中で，言葉で考える物理学としても**立派なのは Lagrange** です。彼の解析力学の体系は『Principia』の体系の改良発展ではなく，体系としての **Newton** 力学を否定し，学問的に正しいと考える力学の体系を提示したものでした。**否定の核心**は，力学の体系を**神から啓示された**唯一絶対の体系のように示すことでした。具体的には，**定義と公理**を初めに置けば，後は数学的論理だけで全てが導き出される Euclid 幾何学教本のように力学を**体系づける**ことでした。これに対して多分 **Atheist** であった Lagrange は（生まれ故郷である Catholic の本山 Tulin に一度も帰らなかったことからそう推定しますが），科学の発展は常識を超える**無数の発見の積み重ね**という**歴史的成果**であり，天才への神からの啓示ではないと確信していたので，力学の体系として，『Principia』流の定義や公理に始まる **deductive** な体系を間違いと確信していました。それに代わって Lagrange が取った方法は，過去に行なわれた力学に関する研究を**間違**

いと言われるものを含め徹底的に知り，それぞれの意味と**相互関係を**発見し，その考察の中から**力学原理を** inductive **に発見**し定式化することでした。そのため静力学については2000年前の **Archimedes** を中心に徹底研究し，静力学の第一原理としては「**てこの原理**」を，証明法には「仮想仕事の原理」を置き，それを静力学の中心としました。さらに動力学については，Newton を特別視せず，Galileo, Huygens, Leibnitz, Bernoulli ら先学の仕事全てを踏まえた上で，**誰の仕事が**誰の仕事の**基礎になったか**を考察する中で，解析力学の体系を発見して行ったものです。Newton 力学の立場からは，間違った考えや必要のない考えで意味があるなら，全て体系の中に取り入れる努力をしています。その一番大きな成果が，英語では感覚的には区別されながらも，物理的には区別されなかった **Force** と **Power** の**概念の明確化**です。これらは全て言葉で考える研究の中で行なわれたことです。

Lagrange はほぼ完璧な形で**言葉による物理**を実行して見せてくれました。これは非常に難しいことです。「式と計算でやる物理」の能力の完璧さに加えて，Philosopher でなければできないことだからです。**自身が知力抜群**の Philosopher だった **Friedrich 大王**が自分の身近に置く科学者として Euler に替えて Lagrange を選んだのは，Euler に Philosopher の不足を感じたからでした。そしてヨーロッパ最高の王にはヨーロッパ最高の Philosopher が似つかわしいとして Lagrange を選び20年間王宮内に住まわせたほどです。

8．de Broglie の場合

次には言葉で考える物理学の最適例の一つとして，de Broglie の『**La physique nouvelle et les quanta**』（新物理学と量子）を取り上げます。そうする目的は二重です。第一は，de Broglie は前期量子論の段階で Bohr に並ぶ決定的な貢献をしました。ところが我国ではプロ物理学者

を含め，de Broglieの仕事といえば，「原子内の電子軌道は波動であるとすると，Bohrの理論と同じ量子効果が得られる」という**高校教科書**にあるような**単なる思いつき**モデルとして理解され，「**物質も波動する**という確信に導いた**深い思索**が全く理解されていません。その理由は，式を使わずに書いた **de Broglie の主著**が，計算力絶対という我国のプロ物理家の間では軽視され，翻訳出版されず，知られなかったことが原因と思われます。これによって言葉で考える物理の本流を知らないことが，言葉で考える物理の重要さへの理解を妨げ，**計算力ばかり重視する**我国独特の雰囲気を作り上げたと思います。

9．私と de Broglie

　私は，de Broglie の著書が我国で**翻訳されていない**と言いましたが，それは主著のことであって，一般書のことではありません。例えば，その一冊『**物質と光**』は，フランス文学者・河野与一が訳したものが岩波文庫に残っています（訳者あとがきによると，これは当時出発したばかりの**岩波新書**の急な**穴埋め**のため何でもよいからと小林勇氏（後に岩波書店社長）が持ち込んだ一山のフランス語一般書の中から**たまたま河野氏が選んだ一冊**です）。これに対し主著は，**1937 年に出た『新物理と量子』**ですが，これは今でもフランスで出版され，新本として入手できる de Broglie の著書はこの一冊です。本書の執筆にあたり，私はこのフランス語本を精読しましたが，それができたのは，実は**敗戦直前**の **1944 年 2 月 20 日**発行されたが，その翌年 3 月 10 日，10 万人を焼死させた**東京大空襲**によって**訳者も出版社も焼失**したため，**戦後は出版されなかった**「眞木昌夫」による日本語訳本を奇しくも私が持っていたからです。それは私が小学校 5 年生の 1944 年 2 月 20 日，横浜のニューグランドホテルで，壊滅必死の戦場「**レイテ島**」に覚悟して帰って行った叔父（西村茂）から手渡されたのでした。叔父は陸軍中央幼年学校のフランス語組出身の **Napoleon 気取り**の中佐で，フラ

ンスの哲学と物理を徹底して勉強していました。de Broglie の『新物理と量子』も最高の物理書と感服していたので，その翻訳が出たのを知り，すぐ私に読ませようとしたのでしょう。彼は師団参謀としてレイテ島防衛の不可能を認識し，参謀本部に直接に作戦変更を申し入れに来たのですが，冷たく拒否され，最期を覚悟して私を呼び出したのでした。そして1年後の1945年1月20日カヌーで退却の途中，洋上に消えました（大岡昇平『レイテ戦記』にそう書かれています）。この人がいま私にこの文章を書かせています。

まず『新物理と量子』の目次を見てみます。全体は 12 章からなり，1.古典力学 2. 古典物理 3.原子と粒子 4.相対性理論 5.量子の出現 6.Bohr の原子 7.対応原理 8.波動力学 9. Heisenberg の量子力学 10. 新力学の確率論的解釈 11.電子のスピン 12.粒子系の波動力学と Pauli の原理です。項目から見て本書の構成と殆ど同じであり，量子力学の問題点の全部を正面から扱ったものになっています。そのような本は他にも沢山ありますが，それらは全て一般読者向きの解説書で，分類すれば一般書です。しかし本書は一般書ではありません。本書の意図とその性格をもっともよく表現しているのが訳者の「あとがき」と思いますので原文のまま引用します。

・・・・・・・・・・・・・・・・・・・・・・・・・・・・

　本書は Louis de Broglie 著 La physique nouvelle et les quanta を訳したものである。序説にも述べてある如く，本書は一般人士に量子論の概念を与え，理論物理学の現在の水準を知らせようとして書かれたものであるが，その内容は極めて程度が高く，果たして仏蘭西に於てもかかる書物が普通の教養書として一般人士に読まれ理解されるかは疑問であり，寧ろ物理学を志す学生にとっての好適な書物と考えられる。

　著者は数学式を全く用いずに現在の物理学の最も重要な概念や理論を説明している。それがため説明がやや冗長になったり，食い足りない感じを起こさせる個所もないではないが，現代物理学発達の必然の経過や極めて難解とされる種々の新しい概念の説明は流石に棋界の第一流の学者の傑作であるとうな

づかせる。

　現代物理学が時間，空間，物質，光等に関する従来の概念に加えた変革は真に測り知れぬものがあり，従って哲学に大きな影響を与えたことはいう迄もない。しかし如何なる観念が哲学にどんな影響を与えたかに就いて，由来慎重な科学者は口を閉ざし，また門外漢の闖入を許さないので，一般にはただ漠然とした憶測が行なわれるだけである。本書はこの点でいわば秘密の殿堂を一般に公開したといえよう。

　元来かかる書物は通俗に堕し，著者も調子を下ろして書くのが通例であるが，本書にはかかる傾向は全く見られない。こうした態度が啓蒙的見地から見て正しいか否かは別として，本書を通読すれば判る通り，読者は本書によって理論物理学への関心を大いに高めるであろう。恐らく著者の真意も其処にあると思われる。

　　　昭和十八年十一月　　　　　　　　　　　　　　　　　眞　木　昌　夫

・・・・・・・・・・・・・・・・・・・・・・・・・・・・・・・・・・・・・・・

　このような事情で我国に紹介されなかった（たとえ紹介されても完全に無視された公算大ですが）本書の内容をどこまで忠実にこの本で紹介すべきか迷いますが，私は同じ問題について確実に別の意見がある時に限り両方を紹介することにします。なぜなら計算でやる物理は前提が同じ限り，誰がやっても結果は同じですが，言葉で考える物理は，人によって結論が違うからです。そこで必ず「反論弁証」をする必要があります。「反論弁証」は「反論無視」の逆で反論に対しては必ずそれを十分理解した上で反論批判をするか自己修正する態度です。簡単には Socrates の dialectics（弁証法）です。これを「弁証」として「弁証法」としないのは Hegel や Marx の超越的な弁証法と完全に区別するためです。

　その方針に従い，ここでは紹介を二段階に分けます。「波動力学と行列力学の違いと意味」については，この項で弁証的に論じますが，**「波動関数の物理的意味」** と **「多粒子系の波動関数」** は本書の答えるべき中心的課題なので後で本格的に論じます。

今後の議論の中で一番注目する点は，de Broglie 自身がどのように発想したのか，その後の波動力学の発展の中で自身の研究をどう位置づけたのかです。この点について後継者と見なされる Schrödinger の見解はどうだったのか問われます。Schrödinger は **1927年の結着を一旦は同意し受け入れました**が，1952年にはそれを撤回するような見解をも公表していますので興味が持たれます。もう一つ注目すべきは，屈指の計算力大家であり，しかも Philosopher である Tomonaga による **Broglie 波**と **Schrödinger 波**の根本的違いの提唱と解説です。「言葉で考える物理」とは少し違いますが，物理内容に関する深い思索が見事な言葉となって結晶しているのを見ることができます。

１０．de Broglie の波動思想の根源

de Broglie の天才的発見の深奥に迫るのが目的ですが，それにはまず著書の 8 章「**波動力学の起源および基本概念**」を見るべきと考える読者が多いと思いますが，案内人としての**私はそうしません**。自分の**非凡な発見**を大発見として**自分自身が紹介**することは，**不可能なこと**です。非凡性は**非凡な自分**は気付かないことですから，納得してもらおうとすると話の**筋が常識的**になってしまうからです。私はそれを**避ける糸口**を『新物理学』の第 1 章「古典力学」に見出しました。この章は，1.質点の力学，2.質点系の力学，3.解析力学と Jacobi 理論，4.最小作用原理の 4 つの節から成っています。ここで**注目に値する**「**非凡**」が一つあります。それは解析力学の解説では Lagrange 方程式も Hamilton 方程式も**省略して**「**Hamilton-Jacobi の理論**」だけを解説していることです。**古典力学**の解説と題しながら Newton も Lagrange も Hamilton も軽く済ませ，**Jacobi 理論**だけを強調するのは相当に非凡なことです。私はここに Broglie 物理学，つまり**波動力学の根源，思想の核心**があると思います。さらに言えば，Heisenberg と Schrödinger が互いに**理解し合わない根源**，つまり基本的な点での量子力学観の**対**

立の根源があると思います。

(Heisenberg と Schrödinger の数学レベルの差)

　それは具体的には，数学的基礎のレベルの差に基づく物理学観の違いです。Schrödinger の方は Newton 力学を超える Lagrange 力学，さらには Hamilton 力学，Jacobi の理論を完全に理解していました。物理数学の素地としては，**量子力学革命の前年（1924 年）に出版された Courant と Hilbert の著書『Methoden der Mathematischen Physik』**（数理物理学の方法）を完全にものにしていたと思います。この本は**「線形代数」「変分法」「偏微分方程式の境界値問題」**と，後で**波動力学に必須となる数学全て先取りして一冊に収めた厳密正確で実用的な物理数学書**です。Courant は波動力学の体系を，あらかじめ教えてもらってこれを書いたのではと思うほどです。それはありえないことですが，学問と学問の関係はそういうものだと教えられる本です。このような**数学を熟知**していた Schrödinger に対し，Born と Jordan に教えられるまで**マトリックスも知らなかった** Heisenberg は，Courant, Hilbert の世界にも Hamilton 力学の世界にも全く**無縁，無理解**であったと思われます。その結果，Heisenberg の側から波動力学を理解して**反論弁証**することは不可能であったと思います。逆に Schrödinger の側から数学表現された Heisenberg を理解し近づくのは容易だった筈です。

(de Broglie 思想の核心にある Hamilton-Jacobi 理論)

　古典力学の頂点となる **Jacobi 理論**（Hamilton-Jacobi 式を解いて運動の一般解を求める理論）について，**de Broglie** はいきなり言います。これは**光学に関する Fermat の原理**（光線は経過時間が最短になる経路を通るとする定理）に**相当する原理**が，**力学について発見された**ものであることです。**光は波動**ですから，一点から出て空間を広がる波については，振動の**位相**が等しい点を結んで形成される**局面群**が，光の速度で**移動**しながら**空間を覆い**ます。この曲面群に対し，**個々の光**

子の軌跡は必ず**直角**になります。これに対し，力学系は波動ではないけれど，個々の**粒子の軌跡**がそれと**直角**になるような**曲面群**を考えることができます。それが **Hamilton-Jacobi** 理論が決める**曲面群**だというのです。つまり質点の力学は**波動ではない**が，抽象的には Fermat の定理に相当する Jacobi の定理に従うシステムであると考えることができるというのです。

(Hamilton-Jacobi 理論の数学的骨格)

　Hamilton-Jacobi 理論へのこの Broglie の理解の仕方は，それを解析力学の最先端の数学理論として学んで来た人にとっては「違う」と感じられるでしょう。少なくとも，本書Ｖ章でこの問題を学んだ方々には，恐らくそのように感じられるでしょう。そこでの理論の骨格を簡単に再現することにします。まず **Jacobi の方法**とは，時間の２階微分である Newton の**運動方程式**を，直接**２階積分**して解を求めるのとは**別の方法**で，初期条件を与えれば答えがわかる**一般解**を求める方法でした。重要なことは，**正準変換生成関数 S** について，一般には
$dS/dt = -H$ なる一階微分方程式が成り立ち，これが **Jacobi 方程式**であるということです。時間に依存しない中心力場の場合は，

$$H = (1/2m)\{(\partial S/\partial r)^2 + ((a)_\theta^2/r^2)\} + V(r) = E$$

となります。従って，

$$S = \pm \int \sqrt{2m(E - V - a_\theta^2/2m^2)}\, dr$$

となります。ここまでは**座標共役変数**は p_r と q_r です。ここで共役変数を t と E に変える正準変換を考え，その生成関数 S を $U(q_r, t)$ とし，それは次のように与えられたとしましょう。

$$U = \int \sqrt{2m(E - V - (a_\theta^2/2mr^2))}\,dr - Et,$$

これは 1 価連続，微分可能ですから，これから導かれる E と t は共役変数で，それは次の関係を満足します．$t = \partial U/\partial E$，第 2 式は $E = E$ となり，生成された変換が正準変換であるための必要条件を満たしていることを示しています．第 1 式は

$$t = \int \sqrt{2m}\,dr / \sqrt{2m(E - V - (a_\theta^2/2mr^2))}$$

となります．これが Jacobi 式の一般解でした．

(いい加減なのか　非凡なのか de Broglie 論法)
　これは完全に**解析力学の議論**であり，de Broglie が主張する光の **Fermat 原理**に対応する力学の **Jacobi 原理**は影も形もありません．ところが解析力学のこのような解釈が問題になるのは，de Broglie の本の **8 章 波動力学の第 1 節**です．これは「**波動力学の起源および基本的概念**」として de Broglie が物質の**運動の波動性**を確信したきっかけと理由が書かれていますが，まだ実験事実も全くなかった **1924 年**に彼が物質の**運動の波動性を確信**したのは，物体の運動の法則と言えば**電子の運動の法則**はこれを **Jacobi の原理**の形に書いて整理してみると**抽象的思弁上**のことではあるが，光子の運動が **Fermat の原理**に従うことと，余りにも**完全に対応**していることにまず驚嘆したこと，次にこれほど理論的に一致があるなら実際にもそれが起こらない筈がないと確信したことが記されています．

(Hamilton-Jacobi と Fermat の原理　二つを結ぶ三本の道)
　でもこの論法は，本書の読者には受け入れられないでしょう．読者は Jacobi 理論が**一般解を求める数学的方法**であることは納得していま

すが，それが**軌道と直交する曲面群**を作るものであるとの説明は受けていないからです。でも，**私は天才 de Broglie** の非凡を信じ，Hamilton-Jacobi と Fermat 原理を結びつける道はあるに違いないと，**必死に探**しました。**道は三つありました**。一つは親友であった **Rene Dugas** が教えてくれた「力学史」の道，次はソ連物理の **Landau** が教えてくれた「力学」教程の道，最後は技術物理の**私自身**が知っていた「最適軌道操作」です。

11. Rene Dugas の支持協力

まず気付いたのは，**仏軍の研究指揮官**を務める技術物理屋でありながら Ecole Polytechnique での力学史の講義を長年 1 人で担当した **Rene Dugas** の名著『**History of Mechanics**』との出会いです。この本の推薦文は de Broglie が書き，Mach の力学史を超える名著と激賞しているところから見て，年代が同じ二人は研究上親密な協力があったと思います。**Dugas** は **Hamilton** と **Jacobi** 理論に 20 頁を使い，Jacobi 理論の数学的解説を完全に行なっています。しかしそれにも増して驚くのは，Hamilton の力学研究についての記述の最初の部分 1/3 が **Hamilton の光学研究**，それも未発表の研究に当てられていることです。Hamilton が **Fermat の原理**を原点にして，**光学の体系**を力学に比肩できるよう厳密に組立てようとした努力が記されています。あとは**正準変換生成関数 S** による力学体系の解説です。ということは Maupertuis の原理を原点とする力学体系の説明です。この二つのことは Hamilton の生涯をかけた狙いが，光学と力学の理論構造上の**相同性**の証明にあったことを思わせます。これが **Rene Dugas** の基本認識です。多分この部分については熱い議論を交わしたに違いない de Broglie も同じ認識だったと思います。その結果が彼の本の『解析力学と Jacobi 理論』になっていますので，これを十分に理解するには Rene Dugas の力学史の『Hamilton と Jacobi の解析力学』を併せて読む必要があります。

１２．Landauのすごさ

　次に気付いたのは，**10巻からなる**Landauの『物理学教程』の**第1巻**「**力学**」の第7章「**正準方程式**」の凄さです。**Landauの力学**はいきなり「**最小作用の原理**」から始まります。これだけでも相当に非凡なことですが，それは著者の著述のスタイルとも考えられます。しかしそうでなく物理体系全体を頭に入れた上での表現だということは，その7章「**正準方程式**」の構成をみると分かります。7, 8節でHamilton-Jacobi方程式を扱っています。**Jacobi方程式の取扱い**は，本書5章での**一般解の求め方**とほぼ**同じ**ですが，違うのは7節の前の3, 4節に「Maupertuisの原理」と「座標の関数としての作用」の2節が入っていることです。この2節をJacobi方程式の前に置くことによって**LandauはHamiltonの力学の目的**は光の軌道がFermatの原理から決まるのと同じように，質点の軌道はMaupertuisの原理を基にして完全に決まることを示すことにあったと主張し証明しているように思います。この点で**Landau**のHamilton-Jacobiに対する認識は**Rene Dugasと同じ**，従ってde Broglieと同じとも言えます。このことはLandauがHeisenbergとSchrödingerの物理観が対立する問題では，基本的には**100%Schrödinger**の側に立っていたと**想像させます**。もしそうでなければ，この問題をこれだけの重視と細心さでは扱わなかったでしょう。

　Maupertuisの定理とは，Newtonの運動法則とは全く異なる運動法則の表わし方です。それは質点の運動が各瞬間にどんな法則（力と加速度のバランス）に支配されているかに注目するのではなく，時刻 0 から T に到る一定時間を取ってみると，各瞬間の運動法則に支配されるかに見える質点の通った軌道が，実は単純なルールを満たしていることを示したものです。つまり瞬間ではなく，一定時間を取り，**運動の法則**ではなく**運動の結果**である**軌道**に注目したものです。このMaupertuisの原理は，次のように言えます。「時刻 0 で原点を出た質

点が時刻 T までに到達する地点 P への軌道は Lagrange が定義した**作用量積分** $S = \int_0^t L dt$ を変分極小($\delta \int_0^t L dt = 0$)にするものである」

ここに式中の L は Lagrange 関数 $L = T - U$ です。この定理は least action であって minimum action ではありません。これを「**最小作用**」と訳すのは**間違い**なので，私は「**変分極小**」と正確に表現しています。またこの定理を「Lagrange の原理」と呼ぶ物理学者は多いのですが，実際は Lagrange が作ったにしても，Lagrange は Newton と違い，先行する original な業績を**無視しない人**だったので，自身これを **Maupertuis の原理**と呼びました。それで Lagrange を尊敬する **de Broglie** も **Landau** もそう呼んでいます。

さて目的はこの Maupertuis の原理が丁度，光学において Fermat の原理が光線を決定するように，この原理が**質点の運動軌跡**を決めることを立証することです。これは理論的には高度な仕事で表現が簡潔な **Landau** でも **6 頁**を要していますが，最重要な問題なので，難解は覚悟の上でその論理の要点だけを追うと次のようになります。

Maupertuis の原理は，質点の軌跡は作用量 $S = \int_0^T L dt$ を変分極小にすると定めます。L は Lagrange 関数です。ここでエネルギーが保存される運動だけについて考えると，上の S は
$S = \int \sum_i p_i dq_i - E(t - t_0)$ と 2 項で表されます。ここで変分微分で変わるのは第1項なのでこれをLandauに倣って**短縮作用量** S_0 と呼ぶことにします。$S_0 = \int \sum_i p_i dq_i$ です。S_0 の変分はゼロ $\delta S = 0$ S_0 ですが S_0 の値自身は位置と時間の関数になり時間と共に増大します。

次に実際に S_0 を求めてみます。Lagrange 関数 L は運動エネルギーと位置エネルギーの差ですから $L = (1/2) \sum_{i,k} a_{ik}(q) \dot{q}_i \dot{q}_k - U(q)$ です。一方，全エネルギーは $E = (1/2) \sum_{i,k} a_{ik}(q) \dot{q}_i \dot{q}_k + U(q)$ で一定ですから，この式から dt が求まります。

$dt = \sqrt{\sum a_{ik} dq_i dq_k / 2(E-U)}$ です。ここで運動量は $p_i = (\partial L/\partial \dot{q}_i) = \sum_k a_{ik}(q)\dot{q}_k$ と表わされることに注意して短縮作用量 S_0 を求めると, $S_0 = \int \sqrt{2(E-U)\sum_{i,k} a_{ik} dq_i dq_k}$ となります。これが求めていた結果です。

短縮作用量 S_0 が求まると，質点の運動軌跡が求まることを Landau は簡単な例で示しています。1 個の質点に対し運動エネルギーは $T = (m/2)(dl/dt)^2$ です。従って軌跡の形を決める変分原理は $\delta \int \sqrt{2m(E-U)} dl = 0$ となります。位置ポテンシャル $U = 0$ 自由空間では $\delta \int dl = 0$ となります。すなわち軌跡曲線は変分極小，ということは至るところ直線である軌跡，つまり最短距離の軌跡です。

１３．技術物理に説明させる

Landau の論理についての上の説明は，短いけれど必要な数式を全て入れてあるので，計算力のあるプロ物理学者には完全にわかる筈です。ところが数式に頼ったことが災いして，その他の人には Maupertuis の原理が Fermat の原理に相当すること，そして議論の中心になるのは**短縮作用量 S_0** であり，これは **$H-J$** 理論における正準変換生成関数 S であるという肝心な点が見えなかったと思います。しかしそれは説明者が「式と計算の物理学」に固執したからであって，これを「言葉で考える物理学」に立場を変えれば状況は変わります。具体的には，物理学を見る目を日本の**理学部特有**の純粋物理学から離れて，技術を含んだ**技術物理学**の立場に立つことです。本書を書いている私の立場です。Landau を含め旧ソ連の**物理学者**の物理学は全て **Tekhnicheski Physik** でした。それは技術のための物理ということではなく，技術と物理の間に**塀を建てない**ということです。

ミサイルに積分形で表現される**目的関数**を満たすような**最適な軌道**

を与えるというのは，私が大学院学生であった60年前**最高**の技術物理の**課題**でした。これに対して，旧ソ連の**Pontryagin**が**最大原理**という名で完全な解答を示し，米国の**Bellman**がそれを数値計算に便利なように離散化した理論を作り，それを**Dynamic programming**（DP）の名で発表し広めました。このDPはあらゆる動的計画問題に適用可能であり，一時，米国の大型計算機の計算時間の1位を独占するほどになりました。私も50年，**化学プロセス**の**最適計画**に**最大原理**とDPの適用をいろいろ発案しては学生に講義し，『化学プロセス工学』という自著に記しました。その4章は**最大原理とDP法**となっていてLandauのMaupertuisの原理に相当する内容が厳密にしかしもっと分かりやすく記載しています。それは計算だけで十分という考えではなく，**言葉で考える技術物理**の考えで貫かれているからです。

　純粋物理と技術物理との**違い**をこの問題について言うなら，技術物理では最適軌道を求めることが**目的**であり，Maupertuisの原理に相当するものは「原理」ではなく，**最適軌道**を規定する**条件**の一つと考えられます。最適軌道を求める**方法と範囲**にも違いがあります。純粋物理では特別に選ばれた条件について**解析解**を求めることを大事にしますが，技術物理では解析解に**拘りません**。計算機による**数値解で十分**です。その代わり特別なケースではなく，広い範囲について最適軌道を求めて最適軌道の性質を知ろうと努めます。具体例で説明するため目的関数を $P = \int_0^T C dt$ とします。C は燃料消費速度，P は消費燃料総量です。空間中には様々な障害があり，燃料消費速度は場所と速度で決まるとします。時間 T までの燃料消費量 P は軌道の経路と各点での速度によって変わる訳ですが，目的はこれをうまく選んで期間中の消費燃料を最小にすることとします。その結果は時刻 T で到達した地点 X によって変わります。(到達点Xが出発点の近くなら到達できる最小速度が最適) つまり最適な P は $P = P(T, X)$ と T と X だけで決まり，途中経路は関係しません。

この $P(T,X)$ という4次元関数を実際に数値計算で求めることが技術物理の目的ですが，その具体的計算手続きの一つが Bellman の DP です。その方法は積分の上限を T でなく t ($0<t<T$) にした $P(t,x)$ を考えます。そして時間 T を N 分割し $\Delta t = T/N$ を単位として $(t_1, t_2, \ldots t_n = T)$ として $P(T,X)$ を $P(t_1, x_1)$ から始めて次に $P(t_2, x_2)$ というように順に求めて行く方法です。$P(t,x)$ は時間 t で x に到達した場合の最小燃料消費量で，変分極小化の結果ですから途中の経路は一切関係ありません。$P(t_n, x_n)$ から $P(t_{n+1}, x_n+1)$ を作る操作は単純です。この操作を続けた結果を図示することができます。$(t_1, t_2, \ldots t_N)$ に対応する $(x_1, x_2, \ldots x_N)$ を空間中に曲面として表現すればよいのです。原点 $x = 0$ の周辺にできた小さな閉曲面を次々に包むようにして広がる貝殻のような曲面群が $P(t,x)$ です。

　既にお分かりになったと思いますが，変分極小化の対象である燃料消費量 $P = \int_0^T C dt$ について述べたと同じことが，力学変数 $S = \int_0^T L dt$ について言えます。力学の理論構成は単純ではないため S は色々な名で呼ばれますが，一番単純には Landau の Maupertuis 原理にあらわれる**短縮作用量**です。さらに本格的に言えば，Hamilton 力学における**正準変換関数**です。これでおわかりになったと思いますが，私は工学部で最適操作論として Landau の最小作用理論にとして相当する理論を講義し，さらに $S(T,X)$ や $S(t,x)$ の意味をしっかり考えさせました。これは数値計算によって $S(T,X)$ を求める Algorithm 作るのにどうしても必要なことだったからです。これができたのは物理を単に計算による論理と見ずに言葉で考える物理と考える技術物理の精神だからできたことと思います。

１４．日本の教科書にある de Broglie 波動モデルの間違い

　次に話題を変えて，日本の教科書にある de Broglie 波動論，de

de Broglie

Broglie 波動モデルの間違いについて説明したいと思います。de Broglie の『新物理学と量子』の第 1 章「古典力学」の中心課題が Hamilton-Jacobi 理論であることに始まって，de Broglie が素人でありながら，物理学が今までに一度も想像したこともない「残りの反面」の世界への扉を開けたことを説明しました。ここから明らかになった de Broglie 像は，専門家を含め多くの人が持っている「教科書的 de Broglie 像」とは全く違うと思います。常識的には，de Broglie の大発見とは，**Bohr** がその**原子理論**で示した**原子内の電子軌道**の**量子論的安定性**について，その**物理的理由**を誰もが納得できるように明らかにしたことです。

これは高校の教科書によくある図で示されます。よく知られているように，原子内の電子は円軌道の上を波動運動しているから，その波長 λ が円軌道長さ $2\pi r$ の整数分の 1 の時に限って安定な定常波動になるというのです。$2\pi r/\lambda = n$ です。電子を粒子と考える Bohr 説では作用量 $\int p ds$ は周期運動の場合 Planck 定数 h の整数倍の筈 $\int p ds = nh$ です。de Broglie はここで電子も波動であり，その波長 λ とその運動量 p の関係は光子の場合と同じく $\lambda = h/p$ であるとしました。すると，Bohr の法則と de Broglie の法則は完全に一致しました。これが誰もが知る de Broglie の大発見です。

でも大発見とはいいながら，Einstein の大発見とは違って，物理好きの中学生でも思いつきそうなことと思っている人が多いでしょう。これが普通の人の **de Broglie 評価**ですが，プロの物理学者の評価も実はあまり違いません。というのは，この図も説明も我国のプロの物理学者がそろって尊敬する Tomonaga の『量子力学』から取ったものだからです。プロの物理学者は Tomonaga のこの説明を聞きながら，発見の完璧さに感心しながらも，**Nobel 賞の仕事**としてはあまりの**簡単さ**に何か**違和感**を覚えていると思います。その人たちは今回の私の話

を聞いて，**真実の de Broglie 像**を求められていると思います。その手掛かりの第一歩として申し上げたいのは，私が今まで出会った de Broglie **の著述**の中には，原子内の電子を波動として扱い，考えて結論を出した**著述は私の知る限りない**ことです。日本では有名ですが国際的には全く知られていない de Broglie です。ということは，これは人々が納得できるやさしい説明として **Tomonaga が作り出した** de Broglie だろうということです。de Broglie は確かに potential のない**自由な空間**では，運動量 p の電子は $\lambda = h/p$ の**波動**として振舞うと断言しています。そこで Tomonaga は「説明の簡単のため水素原子の内部で円軌道を描く電子を考えよう」と言って，水素原子内に引力と遠心力が釣合う細い**円軌道を考えて**ここを**自由空間**のように見なし，電子はそこでは完全な波動として振舞うとして，決定的な結論を導出したのでした。見事な盆栽のような仕事です。これは Tomonaga の仕事ではあっても de Broglie の仕事ではありません。de Broglie の物理思考の本当の姿を知るにはさらなる努力が必要です。

１５．de Broglie 思想の原点と発展

　大発見をした天才たちの物理思考は，立ち止まっておらず変わります。自分の考えについての考えも変わります。Planck は長いこと自分はエネルギー量子を発見したと思い込んでいましたが，最晩年には自分の発見は作用量の量子性についてであったと考えた方がよいと思うようになったそうです。de Broglie も Tomonaga が考えたように考えた時期があったのかも知れません。どう変わったか変わらなかったかは近くで共に議論していた人でなければ分かりません。その点，de Broglie の場合は，共に議論していた歴史家 Rene Dugas が彼の波動思考の原点と発展をまとめていますので信頼し参考にできます。1931 年の彼自身の手記をもとにまとめられたものです。

(de Broglie の物理思考の第一段階)

 de Broglie の物理思考と認識の展開は **4 段階**に分けられます。第 1 段階は，光学における**粒子説**と**波動説**の決定的隔絶の認識とその**統一を可能**にした **Einstein** の発見への**感激**と**賛美**です。光学は **Fermat** を原理とする**粒子論**と，**Maxwell** を理論とする**波動論**という全く関係のない 2 理論で塗り分けられた 2 つの異質の世界でした。それが Einstein の発見 $W = h\nu$ によって，**エネルギーを持つ**粒子は波動の振動数を背負っていることが明らかになりました。これによって，**光とは**粒子と波動が**統一**された存在であることが明らかになりました。これが第 1 段階の最大の感動です。第 2 段階は物質粒子は波動性を持つ**かもしれない**，確かに持つ**筈だ**，そうすれば物質も光と同じく粒子と波動の **2 重性**を持つことになる。自然法則の**統一性**から見て，そうである筈だという自然法則に対する**美意識**から生まれる**確信**です。**美学**です。ここで物質が波動性を持つかも知れないという認識に**強力な支持**となったのは，γ 線を電子に衝突させた 1922 年の Compton の実験です。ここではγ 線は $p = h/\lambda$ の運動量を持った粒子のように振舞うということが明らかになりました。このことによってγ 線を含む**光学では波長と運動量**は同じ**現象の二面**に過ぎないことが明らかになりました。運動量と波長の同一性の認識は，今度は，運動量 p の粒子は**波長** $\lambda = h/p$ の波動として振舞ってもおかしくない，それが自然だという確信を de Broglie に与えました。この段階で彼が考えていたことは，**光には粒子と波動に二面性が統一されるのだから物質にも二面性があるのが自然**だということでしたが，誰一人同調する物理学者はありませんでした。実験的証拠がないのに電子が波動としての挙動を示すなどと言われても，物理学者が同調できないのは当然でした。

(Hamilton 力学の研究)

 このような状況の中で，de Broglie が次に重視したのは，力学と光学の理論的な平行性を示そうとした **Hamilton 力学の研究**でした。具体的

には，まず **Hamilton-Jacobi 理論**の研究です。しかしそれはあくまで数学的議論でした。それを掘り下げていく中で，de Broglie に直接に意味が見えてきたのは **Maupertuis の原理**でした。それは Fermat の原理が光子の軌跡である光線を決めるように物質粒子の軌跡を決めるからです。de Broglie にとってさらに重要だった点は，物質の運動の軌跡を決める力学観において，**Newton の力学観**とは全く異なる**第二の力学観**を示しているからです。Newton の力学観は，運動の軌跡は，各瞬間において次の dt 時間後に粒子が取る位置はその**瞬間の加速度**と**速度**で決まるという瞬間決定論ですが，第二の力学観では，**各瞬間の軌跡**はその近傍の軌跡全てを比較して**作用量が変分極小になるように決まる**。その結果，始点から終点に到る軌跡もあらゆる軌跡の中で作用量 $\int pds$ が最小になるという力学観です。この二つの力学観は**数学的には等価**であり，Newton の運動方程式から Maupertuis の原理を導くこともその逆も可能です。しかし，**物理的な機構は全く別**です。それが別であることは巨視的スケールでは意識されませんが，電子の運動というような微視的現象では違いが出ると de Broglie は考えました。

（2 スリットによる電子散乱の謎への挑戦）

そこで彼の頭にあったのは，**2 つのスリットによる電子の散乱現象**という有名な実験です。これについては Tomonaga の『光子の裁判』という有名な小品があり，知らない人はいませんが，未だに物理学者は誰もこの謎を説明できていません。1920 年頃だと思いますが de Broglie は第二の力学観に立ってこの説明を試みたのです。

Maupertuis の原理を中心に力学を考えるようになった結果，de Broglie の力学観に新たな二つの確信が芽生えました。一つは Maupertuis の原理の量子化です。**Tomonaga の de Broglie 力学観**は上で見たように原子内に閉じた軌道を考え，その中で運動する電子の波動が，定常状態になるとして周期解を考え，**Bohr の量子規則**

$\int pds = nh$ に物理的意味を与えたものでした。de Broglie 自身がこのように考えた時期があったかも知れませんが, Maupertuis の原理を新力学の核心として重視した時期は**こうは考えていません**。むしろ Fermat の原理と Maupertuis の原理の**平行性**, つまり光学において, Fermat の定理が果たす役割を力学においては Maupertuis の定理が行なっているという点に**両者の構造的同一性**を見たと思います。ただし Fermat の原理は波動である光波の軌跡(光線)に関する原理であるのに対し, Maupertuis の原理は粒子の運動軌跡に関する原理ですから, そのままでは**全く関係ありません**。しかしこれを作用量の量子性に結びつけて $\int pds = nh$ とした上, $\int pds$ を計算し, その意味を見ることにしました。積分値は粒子の運動をどう見るかで変わります。粒子が Newton 力学的運動をするなら積分値は積分の上下端に依存し, 解釈は面倒です。ところが運動を波動と考えると, 運動量と波長の関係として光と同じく $p = h/\lambda$ を適用すれば **Maupertuis の原理**は $\int pds = (h/\lambda)\int ds = nh$ ですから $\int ds = n\lambda$ となり, **Fermat の原理**と同一となります。この論理は, 電子が波動運動をする筈という**確信を多くの物理学者**に与えたと思われます。そして実験的検証が盛んに行なわれました。1927 年, Bell Telephone の **Davison** と **Germer** は Nickel の結晶に平行に電子線を当てたところ γ 線を当てたと全く同じ回折像を得ることに成功しました。**電子の運動の波動性**の完全な**実証**です。de Broglie の予想は理論的にも実験的にも完全に実証されたのです。

(Tomonaga モデルは de Broglie 思想と違う)

　Tomonaga が『量子力学Ⅱ』に描いた de Broglie モデルは, 多分 Tomonaga が作った巧みな**説明用モデル**であって, de Broglie の本意とは違うと言いましたが, それが一番はっきりするのは電子の軌道です。Tomonaga モデルでは, 水素内電子軌道を **Newton 力学**風な太陽—惑星系軌道とし, その軌道上の電子の運動は波動としました。互いに**相いれない二つの運動**を表面上だけ結合したモデルです。「結果良ければ

万事良し」と考える物理学者は多いのですが，de Broglie はそのようなタイプではありません．光学と力学の構造的類似に気付き，**Hamilton-Jeans** と **Maupertuis** に拘っていました．Jeans 理論から導かれる軌道は，軌道の意味が違いますから，核中心の惑星軌道ではありません．水素原子に関する Hamilton-Jeans 方程式の**一般解**は，5 章で示したように**初期条件と時間**を与えれば一本の式で示されます．解の中に**明示されていない**のは 3 次空間の座標ですが，これは与えられたポテンシャルのもとで初期条件と時間を与えて運動方程式を積分してただちに求められます．こうして得られた点を結んだ曲面が得られますが，これは，時間 t に対応する正準変換生成関数 $S = S(t)$ を結んだ曲面です．曲面 $S(nht)$ と $S(tpdt)$ を繋ぐのが軌跡ですがこれは曲面 $S(t)$ に垂直になります．水素原子について S を求めると中心に対称的な球になります．従って軌跡は中心から四方八方に出る直線になります．その終点は $S = nh$ に従い，$S/H = 1, 2, 3$ と決まっています．ここで補足した説明が必要なのは，Hamilton-Jacobi 理論の中では，注目されていなかった軌跡を持ち込んだことです．これは **H-J** 理論の **S** は Maupertuis 原理で作用量積分の変分極小値と等しいとの認識から来ています．これは Maupertuis 原理の上に **H-J** 方程式を論ずる Landau の教程が明確にしている点です．結論として言えることは，de Broglie の**原子内電子軌道**は**惑星型**では**なく**中心対象の**往復ハリネズミ**型です．

16. 最後の大発想　先導波動

　de Broglie が最後に行なったのは，2 つスリット問題への**挑戦**でした．一個の電子が 2 つのスリットを通過する実験結果の解釈です．背後のスクリーン上にできる電子の飛跡は必ず一点ですから，電子は**物質粒子**であることが分かります．しかしその飛跡の分布の仕方を見ると，**波動である電子**が 2 つのスリットを通って作る**回折像**と同じです．この矛盾する二つの事実への解釈として，de Broglie が 1927 年の Solvay 会議で提出したのは，「電子は**運動形態は波動**である．しかし**存在は粒**

子として確認される」という考えです。表現としては，粒子としての電子には波動としての電子が随伴し電子の運動を先導するとも言いました。これから Pilot wave（水先案内波）という言葉も使いました。しかし物理的内容はもっと単純で，観測される**存在形態は粒子**だが，**運動形態は波動**ということです。この説は de Broglie の親友であった **Einstein の決定的な否定**に遭いました。運動形態は波動だが存在確認すると粒子だということは，波動として分布していた電子が瞬間で 1 点に集中することを意味するがそれは相対性理論から認められないというものです。de Broglie 自身はこの考えを**諦めましたが**，**Bohm** はこの考えを捨てず自説の中心にしました。

VI

量子力学最高位の Heisenberg を見直す

1. 「不確定原理」は原理でないのにノーベル賞　219
2. Heisenberg 1 人受賞の不可解　221
3. Heisenberg の発見，本体は隠されている　224
4. Heisenberg の発見，ホントにわかる解説　227

1. 「不確定原理」は 原理でないのにノーベル賞

　Heisenberg は 1932 年,「量子力学の創製」の理由で一人でノーベル賞を受けましたが, 受賞の対象になったのは, 原子内の電子軌道を実験的に決定することはできないことを思考実験で示した論文です。γ 線の波長とエネルギーの関係を使って電子の位置を正確に決めようとしても γ 線の波長を短くするとエネルギーが大きくなって電子の運動エネルギーの決定が不正確になりますが, この論文の主部はそれをもっと一般的に理論的に論じています。正準変数の組である位置 q と運動量 p に対し行列力学の交換則 $pq - qp = -(h/i)$ を適用することによって q の確定巾 Δq と p の確定巾 Δp の間に $\Delta q \Delta p > h$ の関係があることを示しました。q の確定巾を小さくしようとすると p の確定巾は必然的に広くならざるを得ないという関係です。彼はこれを不確定性関係と呼びました。

　ここまでは単なる物理学計算の結果ですが, **Heisenberg** は, この**不確定関係**に基づいて量子力学的法則の特質を理解しようと試みた結果, 次のように**主張**します。まず, **原子的現象に古典力学と量子力学**を用いた時の決定的違いは, 古典力学では, 初期条件を完全に与えれば, その後の**結果は唯一決定的**に決まる筈なのに, **量子力学**では, 予測される**結果は不確定**である。なぜならば**初期条件を完全に**与える際, **量子力学**では, 上述の不確定性関係によって, 正準共役な変数についての初期条件設定は, **不確定**にならざるを得ないからである。この不確定さこそが, 量子力学に統計的な関係が現れることの本来の基礎なのである。

　次に Heisenberg は, この**不確定さ**こそ, 自分の発見した量子力学が, 古典力学の**基本概念**をことごとく**変革した鍵**であると主張します。そして量子論が Einstein の**特殊相対論と同列**に置かれる (vergleichen) ことは明白であると断言します。絶対空間も絶対時間もなく, 全て相

対的であるという**光速度不変**の要請が位置，速度，時間の意味を根本的に変えたように，不確定性式の要請が古典力学の諸概念を変えたとして相対性理論に於ける**光速度の不変性**と**量子論での不確定性式**との類似性を主張してこの論文の主要主張としています。

次の時代の中心者への，いち**早い授賞を目ざすノーベル賞**が飛びついたのはこの一点です。つまり古典物理を根本変革する現代物理のこの分野としての相対性理論と量子力学において，**それぞれ根本原理**となったものがある。一つは言うまでもなく Einstein の相対性原理であるが，もう一つは Heisenberg の不確定性原理である，という認識です。これこそが授賞によって**学問を先導する役目**を果たして来たノーベル賞にふさわしいと思ったのでしょう。1932年これを実行しました。**結果は大成功**でした。世界中の研究者，哲学者，ジャーナリストが不確定性の深く広い意味を改めて認識し感激しました。

このノーベル賞の不確定性原理キャンペーンに，**いとも簡単に乗せ**られたのが**プロの物理学者**たちです。キャンペーンと言ったのは,不確定性原理とはノーベル賞が自身の影響を大きくするために作った言葉であり，Heisenberg 自身はそう思わせる主張はしていますが，**原理という言葉は使っていない**からです。それは当然です。**相対性原理**は二つの運動する物体の運動について，その両方を客観的に見られるような絶対空間も絶対時間もない。**それぞれの立場**から**相手を観察**したことが**全て**であるという原理です。でもこれからすぐ Lorentz 変換が導かれます。これに対し，不確定性関係式から量子力学が導かれる訳ではありません。逆です。これは行列力学の変換関係 $pq - qp = h/i$ を思考実験に応用して得た関係式だからです。ですから Heisenberg も原理という言葉は論文では**使っていません**。これを**原理といった** Nobel 賞はその意図があってのことですが，プロの物理学者がそろいもそろって不確定性原理という語を使用し解説しているのは**情けない**です。

Heisenbergのこの論文を全く読んでないとか理解していないとは思いません。プロはNobel賞が作ったパラダイムには**逆らえない**からだと思います。

2. Heisenberg 1人受賞の不可解

1932年のNobel賞の正式タイトルは「量子力学の創始」でした。もしタイトルをまともに解釈してHeisenbergにそれを与えるのなら，対象とすべき論文は，1927年の不確定性**論文ではなく**，1925年7月の**力学の量子論的解釈**です。これこそが**量子力学革命**の口火を切り，Bohr流の**量子論が量子力学**に変わるきっかけを作った真に価値ある論文だからです。これに較べ，不確定性論文は彼の**個人的思弁**の結果を示したもので，科学的発見の論文としての価値は前者にはるかに**劣ります**。しかし**Nobel賞がなぜ**後者を選んだのか，何の証拠も残っていない問題ですが，**答え**は1925年のHeisenbergの論文を口火にして始まった2年間の量子力学革命の**物理学的内容**と各人の果たした**役割**を知る人には明らかです。「量子力学の創製」というタイトルでHeisenbergを表彰するのであれば，**彼だけを表彰する訳には行きません**。彼の名を含む**行列力学**は彼のほか，**Born**と**Jordan**を含む3人の完全な共作だからです。Einsteinへの賞授与で大きく知名度を挙げたNobel賞が次に**Einsteinに次ぐ天才**への授与で名を挙げる必要があったのでしょう。天才と言えば，一人でなくてはならないので，対象論文としては本来とるべき25年論文を避け，単著論文である27年論文をとり，宣伝する理由も物理学的には原理でない不確定性原理にしたのだと思います。

でも量子力学の創製についての功を3人でなく，Heisenberg 1人にしたこと，しかも**科学的発見ではなく個人的思弁**と主張が強力な論文を表彰したことが，Nobel賞の権威ゆえに本書がいう**量子力学の混迷**の**大きな原因**になったことは間違いないと思います。もし，これを正

しく **Heisenberg, Born, Jordan** の3人にしてあれば，そして3人の果たした役割とその実績が予断なく正しく比較評価される歴史があったなら3人の中では **Born** の評価が一番だったろうと思います。屈折した思考の結果として普遍的意味があるとは思えなかった Heisenberg の数式上の発見についてマトリックスの世界では意味ある内容 $pq - qp = h/i$ と気付き行列の表現を与えたのは Born と Jordan でした。その結果，Heisenberg の発見は $pq - qp = h/i$ という表現と共に交換関係という名を与えられ，初めて誰もがその内容を理解できるようになりました。p, q は正準共役の物理量でベクトルではなく，マトリックスです。マトリックスということは物理量は演算子ということです。物理量は演算子なら演算の対象となるベクトルは何か，何を表すベクトルかです。ここまでは行列による表現の問題ですが，ここまで進んだ Born-Jordan の二人は，次に**線形変換と二次形式**という現代の読者はおなじみの数学議論に進みます。そして物理量である Hermite 行列の **unitary 行列による対角化**，**固有ベクトル**と，**固有値の決定**へと進みます。x, y 平面上の2次形式を座標変換によって変数分離して**楕円の式**にし，**長軸短軸の方向**と長さを決定するやり方です。この議論を進めることによって量子力学の数学的基礎論としての行列力学を確立できました。これは主として Born の業績です。Dirac の議論はこの基礎の上に立ってさらにそれを抽象化したもので，特有の記号の導入などで注目されますが，内容上は決定的なものではありません。

　Born のもう一つ大きな業績は，自身は**実証主義者**として Schrödinger の**波動力学**とは対立する立場にありながら，Schrödinger 力学を完全に理解し，その核心である**波動関数φの物理的意味**を明らかにしたことでした。**波動関数の2乗**が電子の存在確率に比例するというのがその結論です。

　行列力学と波動力学の関係については，**数学的な意味では同一**であることは Schrödinger 自身が証明し，Dirac も証明しましたが，**波動関**

数の**物理的意味**を数学的に明らかにした人は誰もいなかったのです。Schrödinger 自身はその物理的意味について物理的に考えていろいろ主張しましたが，**全て間違い**を指摘されました。物理的意味の数学的証明には特別な**立場と能力**が必要だからでしょう。それは対立する考え方を**完全に理解**して**認識を改める**態度と能力です。これを弁証法能力と呼べば Born はそれができる人でした。Heisenberg は弁証法とは正反対の人でした。1927 年の量子力学革命の結果，行列力学と波動力学の間に相互了解と役割分担（**原理は行列力学，実用は波動力学**）ができて量子力学が統一されたのには **Born** の役割が大きかったと思います。

しかし Nobel 賞は **Born** と **Jordan** を無視しました。1932 年に Heisenberg 1 人に賞を出した後，1933 年には Schrödinger に加え，Dirac にも賞を与えました。これは **Born** 無視を意味する決定的な決定でした。というのは Dirac に賞を与えた理由が「量子力学と相対論の統一」か「陽電子の発見」であるなら，**Dirac の受賞**は当然ですが，33 年の受賞理由は Schrödinger と共に**原子理論の新形式の発見**だったからです。Schrödinger と並べてこの賞を与えたことは波動力学と並ぶ行列力学の発見の功を Dirac に与えたことになります。これは多分 **Dirac 自身が恥ずかしくなる**おかしな認定です。この発表が行なわれた **1933 年**は，Hitler が率いる Nazis（国家社会主義労働者党）が国会放火事件を起こし，それを共産主義者のせいにして政府にあらゆる独裁権を与える「特別法」を通し **Hitler 自身が国家元首**になった年でした。最初に行なったのが**ユダヤ人の公職追放**でした。Born は 1921 年以来，数学者 Hilbert のいた **Göttingen 大学の物理学の教授**として物理学研究の**世界的中心**でした。ところが 1933 年ユダヤ家系であるという理由で突然に大学からの**給料停止**になりました。やむなく，伝手を頼って英国に渡りましたが，tenure（定職）が取れず給料も安かったので大変だったようです。

1928年，**Einstein** は Nobel 財団に対し，Nobel 物理学賞の受賞者として特別に **Heisenberg，Born，Jordan** の3名を指名していました。それなのに 32 年も 33 年も Born を完全に無視したのと，33 年に Born がユダヤ人追放の第 1 号になったこととの間に全く関係がないとは考えにくいことです。Nobel 財団は**ダイナマイト**を発明して巨富を築き，そのため**悪名もあった Alfred Nobel** のよき名を広く永く世に広めるための財団です。ですから**その財団**が学問的認定に少し問題があっても，政治情勢で少し影響を受けても，徹底的非難には**値しません**。**問題は**学問だけを尊重すべき**プロの物理学者**が，Nobel 賞の認定を最高の学問的認定のように受け取って，問題を感じても大きな声では批判しないことです。

3．Heisenberg の発見，本体は隠されている

　Nobel 賞の権威を認める人々（大多数の物理学者も入る）にとって古典力学を否定する量子力学の世界を開いた巨人の群像とその順位付けは明確です。最高段に置かれるのは **Heisenberg, Schrödinger, Dirac** の3人で，順序もこの通りです。物理学者は Born と Jordan の業績もよく知っていますが，評価としてはずっと下になります。その間には Pauli と Neumann が入るからです。その結果として Heisenberg は物理学を変えた二つの分野，相対論と量子論の一方の絶対的権威です。「相対性原理の Einstein」「不確定性原理の Heisenberg」という受け取られ方です。でもこれは **Nobel 賞が作り出した宣伝文句**ですから正しく考えて，正確に表現する物理学者の中には不確定性原理という言葉を避けて使わない人もいます。同じことを不確定性関係と表現します。原理ではなく関係だったら新しい学問体系の基礎にはなり得ないことを知っているからです。そして同じ人たちはその学問体系が一人ではなく三人の共作であることを知っています。ただし知るのが困難なのは各人の寄与の範囲と程度，そしてその評価です。特に困難なの

は最高権威になったHeisenbergの寄与の実態です。一般に最高権威者というのは，一旦なってしまうと，なれた理由の本格的調査解明は批判的立場からは非常に困難になり，できなくなります。

　Heisenbergの場合，特にこの傾向は顕著です。行列力学の基礎になったHeisenbergの発見といえばCommutation Rule（変換則）で，式で書けば $pq - qp = (h/2\pi)i$　ですが，この式はHeisenbergの発見は式を用いて表せばこうなるとしてBornが導入した表現であってHeisenbergのものではありません。またHeisenberg Matrixと呼ばれる行列をHeisenbergの発見にする人が多いのですが，これも間違いです。それはHeisenbergの物理学者の常識を超えた不可思議な数式の集合を当時の物理学者が全く知らなかったマトリックスであると見抜いたのは当時数学の最先端であったGöttingen大学で物理学教授をしていたBornだからです。私がこの点に拘るのは，行列力学という体系へのHeisenbergとBornそれぞれの寄与への評価を厳密正確に行ないたいからです。私が拘るのは，Heisenbergの寄与を示す結果表現だけではありません。さらに知りたいのは彼をその結果表現を導いた物理観，原子観，量子観です。というのは本書の最大課題は，HeisenbergとSchrödingerの対立の解明と評価でありますが，それには両人の原子物理学観を正確に知る必要があります。Schrödingerについてはその方程式もその解釈も明言されよく知られており，その解釈ゆえに決定的に批判を受け，それもよく知られています。これに対し，Heisenbergは一度も決定的批判を受けたことはありません。ですから帝王なのですが，帝王であるためか，帝王である理由が，Commutation Rule（交換則）であることはよく語られますが，彼がこの大発見をした物理学的推論の詳細，その基礎になった量子論的原子観については殆ど全く語られません。語られる場合はそれは不確定性原理であるという「**素人だまし**」だけです。

Heisenberg

　私がHeisenbergの基礎思想に拘る理由は，彼とSchrödingerの二人の和解なき対立の根底は，二人の思想というより**論争態度の違い**ではないかと思うからです。物理学者の二つの論争態度とは，私の分類では**論理重視，反論無視型**と**問題重視，反論弁証型**です。反論弁証とは反論を無視せず十分理解した上，反論するか自己反省する態度です。Schrödingerの論文を見ただけで「**クソみたい**」と問題外無視の態度を示したのはHeisenbergでした。自分の論理に絶対の自信があったのでしょう。これに対し，Schrödingerは自分の理論を発表した後，理論は違うのに二人の**結果は全く同じ**ことに気づき，Heisenbergの理論をよく研究した後，二人の理論は表現は全く違うが，**数学的には本質的に同じである**ことを証明して発表しました。そこで二人を公平に眺めて判断を下すべき本書の立場としては，**本書独自の立場から**Heisenbergの量子理論の根幹を分析し示す必要があります。

　しかし，これは大変に困難なことでした。Commutation Rule発見の**物理推論の詳細**を述べた**教科書はない**からです。現在の物理学から見て，必要ないからかも知れませんが，最大の理由は誰もよく理解できないからだと思います。暗号解読と例えられるその理論は，**前提も論理**も物理学者の**常識からは遠い**ものだからです。しかしながら，やりたくないこの暗号解読に取り組んだ本が**一冊あります**。Tomonagaの著書『量子力学』第5章マトリクス力学の誕生の第1節，「Heisenbergの発見」です。これが日本語で読める唯一の解説と言ってよいでしょう。さすがTomonagaと感激しますが，感激はそこまでです。名著の1節ですが何回読んでもわかる1節（16頁）ではないからです。私はこの1節を書くために**5回挑戦しましたが**駄目でした。理由は全く知らないことを知らしめるための論理性がないからですが，その原因はHeisenbergの**原文の論理の複雑さ**と複雑な論理を表現するのに**適しない**，**日本語の特徴を愛用した**Tomonagaの説明に問題があることに気付きました。そこでHeisenbergの思考論理を読者に伝えるという本節

の目的のために，その思考論理を本書の読者には，完全にわかる論理と表現手法で表してみることにしました。以下がその結果です。

4. Heisenbergの発見，ホントにわかる説明

　私は複雑な対象の**全体を上手に伝える**方法として，多年の経験から確立した独特な方法を持っているからです。それは**遠景・近景・拡大図**と呼んでいる鳥瞰図（**Birds' Eye View**）の方法です。Heisenbergの発見の物理学的説明をこの**鳥瞰図の方法**で試みたのが以下です。**一番大事**なのは**全体図**ですが，それは**3枚の鳥瞰図**で示されています。全て**正確厳密な数式**の繋がりで表現されていますがこれは数式が**旅案内図の道**に相当し，全体図を作る基礎だからです。なお，数式を繋ぐ**説明は英語**ですが，これは数式を短く正確に，しかも美しく説明するには，日本語より英語が**はるかに優れている**からです。全体図は3つ**に分かれ**ていますが，これは目的が違うからです。**主目的**であるCommutation Rule（交換則）の導出論理の説明はStep3にあります。この過程で決定的に重要なのは**物理量の積の量子力学的表現**ですが，これは**Step2**に示してあります。ここで物理量は古典論で考えていたようなベクトルではなく，マトリックスであることが示されるのです。最後にStep1はHeisenbergの**物理観の基礎**を示す最重要なものです。これは**Fourier Component**と**量子的Transition**の対応関係と記されていますが，古典Maxwell理論による電磁波放射の表現と，Bohrの量子論による**エネルギー遷移**（光放出）の**対応**を示したものです。この対応は，**Bohr**が，Correspondence Principle（対応原理）と名付け，自身の理論の基礎としたものですが，HeisenbergがBohrと違うのは次の点です。Bohrは両者の対応とは，量子数を無限大に近づけた時，量子論の結果が古典電磁波論に一致することとしました。量子論が満たすべき必要条件です。しかしこのままでは，n が小さいとき，量子論が満たすべき条件は出て来ません。そこに**狙いをつけ**成功したのが，

Heisenbergの発見です。要点は **Rydberg / Ritz** のスペクトル法則の利用導入です。それを行なったのが **Step2** です。しかし Step1 ではっきりしたのは，原子のことは一切無視します。注目するのは原子が示すスペクトル線の太さだけです。

次に各 Step ごとに拡大図の観点から注意すべき点を述べて行きます。まず **Step1** では，古典論の Fourier 成分は，$x(n,\tau)exp\{2\pi i\nu(n,\tau)t\}$ となっていますが，これは**第 n 周波数の τ 次高調波**の意味です。これに対応する**量子遷移成分**は，$x(n;n-\tau)exp\{2\pi i\nu(n;n-\tau)t\}$ となっています。これは電子が量子数 n から量子数 $n-\tau$ のレベルに落ちることによって発せられる電磁波の振巾 X と周波数 ν を示しています。$\nu(n;n-1)$ を基本周波数とすれば，$\nu(n;n-2)$ は第1高調波，$\nu(n;n-3)$ は第2高調波周波数です。n が大きいときはそれぞれが Fourier 成分と一致している筈ですから，$\nu(n,1), \nu(n,2), \nu(n,3)$ が 基本周波数，第1高調波，第2高調波となります。Step1 で (3), (4) は容易に理解できるものですが，入れてあるのは次の Step2 で決定的に重要だからです。この関係を証明するには，$F(n,\tau) = \partial A(n)/\partial n$ なる $A(n)$ を考えて，与式は $A(n)$ に関する2階微分と考え，結果を量子表現に戻せば証明できます。

Step2 で大事なことは，初めて物理量の積の量子表現を求めることです。素直にやると (9) になりますが，これは周波数の関係として(10)を仮定したことになりますが，これは発光学から見て正しい関係ではありません。正しい関係は **Rydberg-Ritz則** として知られる(11) です。

そこで周波数関係が (11) になるよう，積 x, y の量子表現を求めると (12) になります。εq (9)と (12) を注意深く比較すると(9) は $X(n,\tau')Y(n,\tau-\tau')$ をまず τ について，$X(n,\tau')$ をまず τ' について総和することになっています。これに対し, (12)では τ' についての総

Step 1 Fourier Component Expression and Quantum Transition Expression

Fourier Component	Quantum Transition	
$X(n,\tau)exp\{2\pi i\nu(n,\tau)t\}$	$X(n;n-\tau)exp\{2\pi i\nu(n;n-\tau)t\}$	(1)
$\nu(n,\tau) = \frac{\tau}{h}\frac{\partial W(n)}{\partial n}$	$\nu\left((n;n-\tau) = \frac{1}{h}\{W(n) - W(n-\tau)\}\right)$	(2)
$\tau\frac{\partial W(n)}{\partial n}$	$W(n) - W(n-\tau)$	(3)
$\tau\frac{\partial F(n)}{\partial n}$	$F(n) - F(n-\tau)$	(4)
$\tau\frac{\partial F(n,\tau)}{\partial n}$	$F(n+\tau;n) - F(n;n-\tau)$	(5)

和の際,$X(n-\tau')$ と $Y(n-\tau, n-\tau)$ が1個ずつ対応して総和されることに違いがあります。Bornがこれはマトリックスだと気付いたのはこの総和の仕方です。実はこの点が,**Heisenbergの発見の核心**です。それに**気づいたのが Born** です。

Step3 は **Commutation Rule** として知られる **Heisenberg 最大の業績**の全証明ですが,Step1,Step2 其々で大事なことを抑えてあれば,Step3 の証明は数学的には難しいところはどこにもありません。ここで注意すべきは,証明の出発点 $\oint pdq = nh$ です。周期運動に対しては,**作用量は h の正数倍**になるという法則です。作用量は量子化されていることを示した**作用量量子化則**です。量子力学**全体を作る基本**になったのは Heisenberg がその原型を発見した**交換則**ですが,交換則が数式表現の変更だけで**簡単に得られる**のですから,これは交換則に等価,あるいはそれ以上に**基本的な法則**です。**交換則が量子力学の核**ならこれは**量子世界の核**と言える法則です。量子を論ずる時,**最も基本**になる

Step 2　Quantum Transition for a Product of Two Physical Quantities

Fourier component of x　　　$= X(n,\tau)exp\{2\pi i\nu(n,\tau)t\}$ 　　　(6)

Fourier component of y　　　$= Y(n,\tau)exp\{2\pi i\nu(n,\tau)t\}$ 　　　(7)

by substitution

Fourier component of xy　　$\left\{\sum_{\tau'=-\infty}^{+\infty} X(n,\tau)Y(n,\tau'-\tau)\right\}\exp\{2\pi i\nu(n,\tau)t\}$ (8)

Corresponding Quantum Transition Component

$$\sum_{\tau'=-\infty}^{+\infty}[X(n,\tau')exp\{2\pi i\nu(n,\tau')t\}Y(n,\tau-\tau')exp\{2\pi i\nu(n,\tau-\tau')t\}] \quad (9)$$

inevitably involves Erroneous Statement of Spectral Rule

$$\nu(n,\tau) + \nu(n,\tau') = \nu(n,\tau+\tau'), \quad (10)$$

Right Statement of Special Rule by Rydberg and Ritz

$$\nu(n;n-\tau) + \nu(n-\tau;n-\tau-\tau') = \nu(n;n-\tau-\tau'), \quad (11)$$

Quantum Transition Component that conforms with Rydberg Ritz

$$\sum_{\tau'=-\infty}^{+\infty}[X(n;n-\tau')exp\{2\pi i\nu(n;n-\tau')\}Y(n-\tau';n-\tau)exp\{2\pi i\nu(n-\tau';n-\tau)t\}] = \left\{\sum_{\tau'=-\infty}^{+\infty} X(n;n-\tau')Y(n-\tau';n-\tau)\right\}exp\{2\pi i\nu(n;n-\tau)t\} \quad (12)$$

べき法則です。ところが一般にはこの法則が量子世界の最重要法則という**認識がなく**，広く通じる名前さえありません。その代わりに量子世界の基本法則として知られているのは $E = nh\nu$ です。つまりエネルギーは $h\nu$ を最小要素として**量子化**されているという **Planck** が発見した法則です。

　つまり，物理世界が量子化されているという基本認識としては，量子化されている**作用量**か**エネルギー**かの**二つの見方がある**ことになります。どちらが**物理学としては基本的**なのか，エネルギーの量子化が一般人の常識であり，専門家もそれに従っていますが，それで良いのか，その点を少し論考してみます。まず**数式上は，両者は等価**です。それは，半径 a の円環運動に限っていうなら，$\oint pdq = p2\pi a = nh$ であり，振動数（周期の逆数）を ν とすると運動エネルギーは $E = (1/2m)\,p^2 = (1/2)\,p2\pi a\nu$ であり，$E = (1/2)h\nu$ ですが，ポテンシャルエネルギーを含めた全エネルギーを考えると $W = h\nu$

だからです。これ以上の議論は 1913 年量子論を使って原子の構造理論を作り上げた Bohr の画期的な仕事における量子論の使い方を見るのが良いと思います。二つの使い方をしているからです。

Bohr の前には Nagaoka, Rutherford, Nicholson ら多くの先達が原子構造論に挑みましたが，Bohr が初めてそれに成功した一番肝心な理由は，Planck 定数 h を用いて原子半径を理論的に正確に決定できたことでした。それに気付いたために Bohr は初めて，原子核を中心とする電子運動の力学計算と，原子スペクトルの振動数の系列が示す数学的に美しい実験結果を初めて結びつけることができたのでした。スペクトルは現象学であり，力学は原子を対象にした実体ですが，Bohr は理論的に得た原子半径 a_0 を使うことで二つを結びつけました。Bohr はそれぞれの側面で Planck 定数を使っていますが使い方は違います。力学計算では単純に**作用量量子則**を使っています。スペクトル則の取入れはスペクトル則の数式的秩序から自然に教えられたものですが，力学的に得たエネルギーレベル（$w_1, w_2, w_3 \cdots$）の差（w_2-w_1, w_3-w_1）が放射エネルギーであり，これが $nh\nu$ であるとしています。光エネルギーの放射に関する Einstein の説そのものです。

このように量子論の基本は**エネルギー量子論**と**作用量量子論**の 2 面を持っています。どちらを使うのが良いかは議論によって変わります。力学のような実体学を論ずる時は作用量量子が，スペクトルの振動数のような現象学を論ずる時はエネルギー量子です。本書のように**波動力学の特質**を実体的に論ずるには**作用量の立場**が不可欠です。従って**量子と言えばエネルギー量子**という一般の理解は量子力学の理解を**混乱**させる一因になっています。この理解は Planck に始まるものですが，これを**強めた**のはこの点を称揚した **Nobel 賞**だと思います。Nobel 賞が作った**偏見常識**です。それなのに物理学者の多くがこれに無反省なので恥ずかしいことです。私は学生時代，東大教師が行なったエネル

ギー量子発見の説明に，間違いと無理を感じました。その 50 年後，自由人になって時間と資料を得てから書いたのが分水嶺に示した **Planck の量子発見の見直し**です。実はこの論稿が本書全体を書くきっかけになりました

Step 3   Derivation of Commutation Rule
Starting Formula   Quantum Rule for Action

$$\oint p\,dq = \oint p\dot{q}\,dt = nh$$

As
$$p = \sum_{\tau=-\infty}^{+\infty} P(n,\tau)\exp\{2\pi i v(n,\tau)t\}, \qquad q = \sum_{\tau=-\infty}^{+\infty} Q(n,\tau)\exp\{2\pi i v(n,\tau)t\}$$

By Substitution
$$nh = 2\pi i \sum_{\tau=-\infty}^{+\infty}\sum_{\tau'=-\infty}^{+\infty}[\int P(n,\tau)Q(n,\tau')v(n,\tau^7)epo[2\pi i\{v(n,\tau)t + v(n,\tau')\}]dt]\ ,$$

By Integration
$$nh = -2\pi i \sum_{\tau=-\infty}^{+\infty} P(n,\tau)Q^*(n,\tau)\tau$$

Rewriting
$$\frac{h}{2\pi i} = -\sum_{\tau=-\infty}^{+\infty}\tau\frac{\partial}{\partial n}\{P(n,\tau)Q^*(n,\tau)\}$$

Rewriting with Eq(5)
$$\frac{h}{2\pi i} = -\left\{\sum_{\tau=-\infty}^{+\infty} P(n+\tau;n)Q^*(n+\tau;n) - \sum_{\tau=-\infty}^{+\infty} P(n;n-\tau)Q^*(n;n-\tau)\right\}$$

Thus Concluded

VII

Schrödinger 波動方程式と Schrödinger

1. キリスト教嫌いの Schrödinger　234
   - ■量子力学を確立した 2 年半の大論戦
   - ■Schrödinger を Philosopher（フィロソファー）と呼ぶ理由
   - ■何が Schrödinger をフィロソファー にしたか
   - ■フィロソファー Schrödinger が歩んだ道
   - ■Schrödinger の現実に対する態度，思想に対する態度
   - ■ヒンズー経典 Vedanta が Schrödinger に教えた世界観
2. 猫の Schrödinger　246
   - ■物理の 3 大方程式は Newton の方程式，Maxwell の方程式，Schrödinger の方程式
   - ■決して高くはない Schrödinger の評価
   - ■量子力学における観測とは波動関数の波束の収束
   - ■von Neumann の本『量子力学の数学原理』
   - ■Schrödinger の主張：観測結果の説明表現に曖昧さを許容
   - ■Schrödinger の猫が von Neumann の致命傷になったわけ
3. Schrödinger 方程式の Schrödinger　254
   - ■Tomonaga「量子力学」による批判とそれへの反論
   - ■第 1 論文が衝撃であった理由
   - ■第 1 論文が反対を招く理由
   - ■第 1 論文の物理的内容
   - ■第 2 論文の役割
   - ■第 4 論文が求める複素波動関数
   - ■Schrödinger こそが量子力学混迷の中心

Schrödinger

- ■Schrödinger の始めから 1 本道
- ■原論文にあらわれる h と $\log\psi$
- ■Scale factor としての h
- ■巨視世界と微視世界の違いの発見
- ■2 スリット問題
- ■時間を含む Schrödinger 方程式の発見と証明
- ■再び 2 スリット問題
- ■干渉に必要な複素数波動関係
- ■波動力学は実際面と原理面双方で量子力学

・・・・・・・・・・・・・・・・・・・・・・・・・・・・・・・・・・・・

1．キリスト教嫌いの Schrödinger

■量子力学を確立した 2 年半の大論戦

　1925 年 7 月，**Heisenberg** はあの**重大な思い付き**発見を論文として発表しました。この論文はその後約 2 年の間，論文の嵐を呼ぶことになります。まず，**Born** と **Jordan** が Heisenberg の思い付きを行列力学という**完全な力学体系**に変えた結果を発表しました。わずか 2 ヵ月後です。続いて **Dirac** が，Heisenberg の演算規則を**新しい代数**として定式化し人々を感心させました。ここまでは Heisenberg 支持ですが，翌 1926 年 1 月には **Schrödinger** がこれに真っ向から対決する論文を発表しました。波動力学の**第 1 論文**です。Schrödinger はその後の批判にも応えて，理論を精密化し，適用範囲を拡大する努力を行ない同年 6 月までの **6 ヵ月間**に **5 報の論文**を発表しました。この論争はその後さらに激しくなり 1928 年 1 月までの **2 年半**に発表された**論文 35 編**，著者物理学者 **12 名**に上ります。名前別では，連名を含め Heisenberg 5 編，Schrödinger 5 編，Born 5 編，Jordan 6 編，Dirac 7 編，Pauli 3 編です。この論戦は終始，**行列力学対波動力学**の争いでしたが，12 名の著者のうち波動方程式の側に立つ議論をしたのは，Schrödinger 自身のほかは London と Gordon の二人，**論文 2 編**だけでした。あとは全て**行列力学の側から**の議論でした。ただ全てが波動力学否定あるいは批判ではなく，Dirac のように数学的に極度に抽象化された空間での両者の同一性を認める議論もありました。ただ論争全体の印象としては，

Schrödinger

波動力学は理論的な弱さと問題点が露呈され，量子力学の正統は，行列力学という印象を残しました。

■Schrödinger を Philosopher(フィロソファー) と呼ぶ理由

　Schrödinger の波動力学は Heisenberg の行列力学よりも由緒があります。彼が宙から思い付いたのではなく，その前史があるからです。フランスの大貴族で自由人物理学者であった de Broglie（ドブロイ）は，Bohr の原子論に感心しながら一つ不足な点に気付きました。それは Bohr 理論で基本的になる永久状態（一番エネルギーの低い状態）の物理的意味でした。Bohr は力学理論に作用量量子論 $\oint pdq = nh$ を適用し，$n = 1$ の状態を永久状態としたのですが，de Broglie は電子の運動エネルギーが，丁度この値になり，これ以下にはなり得ないとは物理運動の実体としてはどんなことか考えたのです。そして到達した結論は「原子内で軌道運動する電子は波動運動をしている。1 周期で 1 周するのが $n = 1$ であり，2 周期で 1 周するのが $n = 2$ である。この考えは，親友 Einstein に気に入られました。彼は光が波動として広がりながら観測すると $h\nu$ の光粒子であり，それ以下にはならないという点から光が波動と粒子の二重性を持つ点に深い関心を持っていました。ですから電子のような粒子が波動であるという大胆な考えに特別な興味と期待を持ったのでした。そう考えると電磁波が満たす方程式が Maxwell の方程式であるように，電子のような物質の場が満たす方程式を発見して確立することがまず必要なことだと確信しました。しかし Maxwell の場合がそうであったように，場の方程式を発見することは，物理学の一番基本的な課題であり，広く深く考える天才以外にできることではありません。そう思った Einstein の頭に浮かんだのが Schrödinger でした。40 歳近くまで特筆すべき仕事をした訳ではありませんが，広く深く考える Philosopher である物理学者として Einstein が一番信頼し，親しくしていたのは彼だったからです。

Schrödinger

　ここで Philosopher とは欧米で使われる**正しい意味**に於いてであって，訳語の**哲学者**の**意味**ではありません。日本では**哲学書を訳し**たり研究したりすればすぐ哲学者ですが，**欧米では**他人の哲学を研究している人を Philosopher とは**呼びません**。あくまで「自分の頭で広く深く考える特別な力を持った人」を Philosopher と呼びます。割合に広くものを考えるが，同時に**計算という高い職人的能力**を必要とされる物理の世界には Einstein という例外を除けば Philosopher は殆ど**いません**。あえて Solvay 会議に集まった 30 人の中で探せば，まず **Bohr** と **de Broglie** の二人でしょう。それに次ぐのは **Schrödinger** と **Weyl** でしょう。**Weyl の著書**の詩と哲学は欧米の読者には広く知られている所です。この Weyl が特別に親しくしていたのが Schrödinger でした。Heisenberg は『**部分と全体**』のような著書を出して Philosopher と思っているようですが，Philosopher として一番大事なことは**自身**と自身の**宗教**への反省が全く無いという点で，彼は Philosopher ではありません。

■何が Schrödinger をフィロソファーにしたか
　次に Schrödinger の Philosopher ぶりを具体的に述べます。
Philosopher は必ず**自身への反省**から**出発**し，それが**深まる**ものですが，それが何であるかは人によります。Schrödinger は詩と芸術を愛する**典型的 Wien 人**でしたが，彼の Philosopher としての出発は Wien の市民生活の根底にある **Hypocrisy**（偽善）への**嫌悪**でした。そしてその最大なものは，Christianity（キリスト教信仰）にあることを見出したのです。Trinity（神の子と霊の同一性，内容は**処女懐胎**，**十字架上の死と死からの復活**）は，殆どの人が「本当」とは**思っていない**…にも関わらず，信じていると言い張り，本音は**絶対に口にしない**キリスト教社会の**偽善**です。キリスト教社会の中にあってキリスト教を嫌い否定する人を **Atheist** と言います。著名な物理学者の中には Atheist が多数います。Bohr, Dawkins, Ehrenfest, Feynman, Higgs, Landau, Pauling,

Watson, Weinberg, 皆そうです。Unitarian も Trinity を否定する人です。Bardeen がそうです。Einstein は公的には Pantheist（多神教）と称していましたが，これは Trinity の否定であり，実質 Pantheist でした。相対性理論の根幹である**絶対時間の否定**はキリスト教の**絶対神の否定**にほかなりません。

　Philosophy を哲学，Philosopher を哲学者と翻訳したのは欧米についてもキリスト教についてもその**深い所を全く実経験**したことのない福沢諭吉とその仲間だったと思いますが，翻訳の目的は知識人が誰もが**本を英独の原書で読む**時代は，単なる**約束としての言い換え**であったと思います。翻訳に完全な意味があって，例えば「哲学」を言葉として考察すれば，Philosophy がわかるということではなかったと思います。しかし**時代が下って**欧米の書籍は原書でなく**岩波文庫**で読むようになると，欧米の文化を**経験したことがない人が哲学者**から原書の Philosopher で伝えている**意味を読み取る**時代になり，今に及んでいます。日常経験が大部分共通になれば，それで差しつかえなかったと思いますが，その言葉が社会で使われる実体験がないために完全な**間違い**が誰一人疑うことなく**社会全体で通用している**場合があります。Atheist がそうです。かつて私は，MIT の学長の夜会で，**教授夫人 4, 5 人**から日本の科学者たちの**愛と結婚**について聞かれている最中，突然に「それではあなたの神は？」と聞かれました。突然だったので「神の存在を信じていません」という意味で，それまで辞書では**知っているが一度も使ったことのない言葉**で，「I'm an atheist.」と答えた時の**衝撃**は忘れることができません。初め私が「アセイスト」と発音したのでわからなかったのですが，誰かが「Oh エイセイスト」と直した途端，**百雷が一度に落ちた感じ**でした。私は**強盗，殺人，放火犯**ですと，言ったと同じです。そういう人と席を同じくすることは絶対に許されないのです。そこで早速年長の夫人が，「You are Buddhist, aren't you?」と言ってとりなしてくれて事なきを得ました。Atheist とはキ

リスト教の Trinity を正面から否定する人です。Trinity とは「父と子と精霊の一体」のことで，その信仰とは「処女懐妊，イエスの十字架上の死，死から蘇生」を信じることです。それを信じることは，西欧キリスト教社会で**生活していくには絶対に必要**なことです。口に出して**信じない**と**絶対に言わない**ことが，西欧社会に生きていくための**絶対条件**なのです。西欧キリスト教社会にはホンネとタテマエの使い分けはありません。許されません。ホンネは絶対に口にしないもので口にすればおしまいです。

　もう一つ，間違った翻訳であるために欧米史の一番大事なことの理解を妨げているのが **Enlightenment** です。「哲蒙時代」と訳されますが，「知識のある人が何かを教える」という**意味は全くありません**。Enlighten は**部屋全体を明るくする**ことです。何によってか，**理性によって**です。**地獄の恐怖**で**人を支配する**キリスト教会が作り出した中世という **1000 年に及ぶ暗黒**に，Renaissance が小さな窓を開けたのに続くのが「Enlightenment 時代」です。**恐怖に代わって人間世界を明るくしたのは理性**ですから，Enlightenment は**理性革命**と訳すべきです。これらの言葉は以下の説明を進めるのに決定的に重要な欧米語であるのに，翻訳は**役に立たない**ばかりか，時には正しい理解の邪魔になるのです。

■フィロソファー Schrödinger が歩んだ道
　これだけの準備をしてキリスト教社会の **Hypocrisy** を嫌った **Schrödinger** が，Philosopher としてどう進んだかをお話しします。ここで私は Hypocrisy に偽善という訳をつけませんでしたが，これもキリスト教社会と日本社会の**違いを知らない**人が何も**知らない**人を間違わせる訳語だからです。偽善とは**日本語ではホンネを隠して**そうは考えていないように振舞うことを意味します。日本では表の世界ではホンネが語られることはなくても，どこかでは**必ずホンネを語り**ます。真実には忠実でありたいからです。しかしキリスト教社会人である欧

米人には，口にするホンネはありません。Trinity についてハラの底では信じていなくても，キリスト教徒としては，それは絶対に口にしません。信じていなくてもそれを**口にしない限り罪にはならない**からです。でももしホンネを口にすれば社会から追放です。従って,キリスト教社会から見れば，Hypocrisy はホンネとタテマエを使い分ける日本社会にはあっても，キリスト教社会にはないものです。しかしそれはコトバが全ての欧米社会の見方であって，ハラの底までを考える人にとっては**キリスト教社会こそ** Hypocrisy に満ちた社会です。

　Wien 社会の Hypocrisy への嫌悪から，その**原因としてのキリスト教**が嫌いになり Atheist となった Schrödinger が，まず真剣に取り組んだ問題は，**カント哲学への反省**です。Kant 哲学とは Newton 力学の心髄を哲学として一般化したものと言われます。**Newton 力学の心髄**とは「世界は**力学方程式に従う質点の集合**として把握できる。そして世界の**今後は**要素である全ての質点の初期条件さえ知ることができれば**完全に予測**することができる」です。この Newton の思考方法を哲学の手本としたのが，Kant 哲学で，そこでは哲学の中心主体は**理性**でした。まさに Enlightenment の哲学でした。しかし，**要素に分解し理性で組立てる方法**は，力学には妥当としても**社会や歴史**に適用するには問題がありました。それを最初に問題にしたのは Hegel です。それに代わって彼が**哲学の中心**に置いたのは**全体**とか**歴史**とか非理性的なものでした。その延長線上に西欧の歴史的文化の没落を哲学の中心にした Schopenhauer がいます。彼の哲学に心酔し，紙切れの一片まで読んだのが若い Schrödinger でした。

　彼の哲学研究の進んだ先がインドの **Hindu 哲学**の研究でした。その理由は，**Hypocrisy の真の原因**はキリスト教，ユダヤ教，イスラム教など**大宗教**が，**唯一の絶対神**を置くことにあると気付いた Schrödinger は，ギリシャの多神教の研究に進みましたが，すぐにそれは，それよりはるかに古く，はるかに体系的な **Hindu 教**から大事なことを学んだ

ことを知りました。そこでHindu教の経典であるVedantaの研究に向かったのです。はじめてみると，彼はこれが人々に混迷を改めるべきものとして求めていた正しい**認識**と**道徳の原理**を与えるのではないかに**気付き**ました。それから彼は超難解なVedantaを研究すべく，その**研究書8冊**を全て読み，ノートを取り，自分の考えを改めて行き，さらにはそれをまとめて一冊の本『Meine Weltansicht（私の世界観）』を書き表しました。1925年，ある4大論文を書いた1年前のことです。

■Schrödinger の現実に対する態度，思想に対する態度
　次に『私の世界観』の内容を詳しく見ていきます。**全10章**からなりますが，最初は，西欧哲学の立場から見て，なぜ，Vedantaが研究に値するかがやや丁寧に解説してあります。それに続いて，Vedanta哲学の核心を突く**本格的解説**があります。そして**最後**は，Vedanta哲学の意味を深く考察することによって，Schrödingerが，現代の**思想的混迷**を乗り越えるものとして到達した新しい**世界観**が述べられています。この書が**特に興味を引く**のは，Schrödingerの**物質波動論**という物理理論が，どの程度Vedantaの教えに**由来**しているかを知れるからです。Hindu教の**西欧人向け書籍**によると，Einsteinの**相対性理論**もSchrödingerの**波動力学理論**も全てHindu教の**Vedanta**に**由来**するとありますが，この**由来**という意味を正確に知るには，この書が最適です。しかもこの書が貴重なのは，この書の執筆が**1926年**の波動力学論文発表の1年前に行なわれていることです。

　本の最初はMetaphysicsの**役割**から始まります。そして，Schrödingerは並外れた面白い事を言います。それはMetaphysicsとは，対戦において**敵陣地内に作った前線基地**（Outpost）のようなものだと言います。本隊前線がなかなか前に出られなければ**敵から潰され**てしまうし，逆に前線がどんどん**先に進めば不要**になって潰されてしまうものである。しかし前線が前に出るには**絶対必要**なものであるというのです。Metaphysicsの訳語は形而上学ですが，これも**ひどい訳**

語です。原語は Meta な Physics ですから，そのまま訳せば**超物理学**です。物理学の諸概念を**全て抽象化，一般化**して物理学を論ずる学問です。物理学を完全に理解した上，それを一般化，抽象化できるほどの深く広い学識と知力を持った人物と言えば本物の Philosopher です。日本には残念ながら**該当者はいません**が，西欧にはいます。例えば **Wittgenstein** です。Schrödinger は及ばずながらと思いながらそれを目指したと思います。

Schrödinger は **Wien** 大学で**偉大な二人**の物理学者に学びました。**Mach** と **Boltzmann** です。二人は理論の上では真っ向から対立していました。その時代，**原子の存在**は十分に**推察**されていましたが，まだ**確認されてはいません**でした。それなのに Boltzmann はその存在を確信し，莫大な数の**原子一つ一つ**に正確な**力学**を適用した時に現れる巨視的性質を統計力学として研究しました。**エントロピー**に関する Boltzmann の発見 $S = k \ln W$ は，理論物理学の**最高の業績**です。これに対し，Mach は想像の存在に物理学を適用するのは科学ではないと反対し，同じ問題については**熱力学に徹するべき**だとして物理学におけるエネルギーの重要性を強調しました。そのため Mach は実体論に反対する現象論者と言われています。

Schrödinger は**対立する二人**のどちらをもよく理解し尊敬しました。特に **Mach** が行なった「Newton 力学の発達に関する批判的考察」には感銘を受けたようです。そして **Mach を現象論**と片付けることは間違いと気付いたようです。そこで著者の認識の根本を論じた第 2 章では，実体論として Realism を取り上げ，次のように論じています。

認識とは **Self**（認識主体）が **Object**（認識客体）を何らかの方法で **Perceive**（感ずる）ことです。こんな簡単なことでも立場によって根本的な違いが出て来ます。**根本的な違いは Self**（主体）**があるかないか**によって **Object**（客体）そのものが**変わるか変わらないか**です。Object

Schrödinger

の具体的な行為や性格ではなく，存在そのものが，です。物理学者にとって**問うまでもない**ことですが，**哲学の世界**では客体の存在そのものは主体の存在とは**関わりがない**と答えるのは **Realism** だけです。それ以外の哲学は全て Realism に反対であり，様々な面から Realism の哲学の間違いを指摘します。（Solvay 会議で全員が様々な面から Schrödinger の波動力学の物理学としての間違いを指摘したのに似ています）

Realism は物理学と哲学が**真っ向から対立する**問題です。なぜ違いが出るか，それは客体の存在とかそのものをモノで捉えるかコトバで捉えるかの違いだと思います。西欧の哲学は Hypocrisy に関して述べたように，ハラの底とかホンネを認めません。全て**コトバの上**で考えます。その人達が Realism を認めないのは，**重大な問題**があるからです。それは**神の存在**です。キリスト教にとって，神は人間を離れた客体ではありません。神は人間を作り，**人間が神を知り**ます。その**神の存在を証明**するのが，西欧の哲学の**最大最高の課題**です。もし**宇宙探索**によって「神」を**発見**できるなら，Realism を認めるでしょうが，それはないと確信している以上，Realism を認めません。その中で Realism を認めることができるのは，神の存在は**虚妄だと確信**できる Atheist だけです。これは今まで誰も言っていないことですが，重要な点です。それは **Atheist に反対**し，**攻撃する物理学者は**，非常に深い所で物理学に反する論点を持ち込むということです。**Newton** がそうです。Heisenberg も，von Neumann もそうならざるを得ません。

Schrödinger が認識の問題に関連して **Mach を取り上げた**のは,最高の物理学者 Philosopher として尊敬する **Mach** が実証されない原子に反対した理由からモノ（**実体**）**を無視**し，コトバとしての**現象だけ**を追う**現象論の巨匠**とされていることに**間違い**を見たからだと思います。Mach は確かに認識論の議論としては，Realism に賛成しませんでした。認識論はコトバの上だけで考え論ずる哲学の一部門で，認識論として

は弁護の余地はなかったからです。しかし最高の学識を持つ物理学者で，多分 Atheist であった Mach は，単純には Realism を否定しませんでした。そのために Mach はコトバになる前の Realism を考えました。**Naïve Realism**（素朴 Realism）です。素朴 Realism では**客体**とは主体が見て**肉体的に感じている**（**Perceive**）ものそのものであるとします。すると数人が見ている時 Perceive された内容が同じかどうかを哲学者は一番に問題にしますが，**Mach** は何人いても一人一人の Sensation（感覚された結果）に**違いはない**と**断言します**。そこで止めてそれ以上それを証明することはしません。私の考えでは，数人の間の同じと**違いを論ずる**には，各人の感じたものが完全に見える**絶対者**が必要ですが，絶対者としての神を認めない Mach にとって，それは論ずることの意味がない問題だったのでしょう。Schrödinger が認識論の初めに Mach を説明したのは，**認識の基本**を**素朴 Realism** に置くことに関し，彼自身全く同感だったからだと思います。

■ヒンズー経典 Vedanta が Schrödinger に教えた世界観

これだけの準備の後，Schrödinger は著書の核心である Vedanta の世界認識の説明に進みます。しかしそれは Hindu 語で書かれた超難解な **Vedanta** を必死に読んだ西欧の研究者が，**英独語でなんとか表現した**翻訳から原典が伝えたかった**意味を再現する**ことで，原理的には Schrödinger にとっても**殆ど不可能**なことでした。しかし彼は大発見の前年にこの不可能に挑戦して著書にしているのです。ここに彼の物理学者を超えた Philosopher の心髄があります。早速見てみましょう。

彼が Vedanta に答えを見出したかった最大の課題は，**認識の多様性**と唯一性の問題でした。客体を観察し，考察して認識しようとする**主体（個人）**は**多数いて**，それぞれが観察と考察を行なう場所も時間も様々なのに，そこから得られる認識が共通であり，一つである理由でした。これに対して Schrödinger が **Vedanta** に見出した答えは

「**Consciousness** は唯一であり，多様な認識も唯一の Consciousness の中で行われているに過ぎない」というものです。この Consciousness （**独語では Bewusstsein**）は「気づく」ということです。Schrödinger は西欧の**認識に最も近い**のは Hindu の **Consciousness** だと思ったようですが，理由は説明していません。また Consciousness が唯一である理由も説明していません。それは**論理的証明**の対象になる**事柄ではな**いと確信していたからのようです。西欧の読者理解はここで止まり，Consciousness の東洋的役割に神秘性を感じるだけでしょうが，**仏教を通じて知らないうちに Vedanta の根本精神**に親しんでいる私たち日本人には思いつくことがあります。それは**悟り**ということではないでしょうか。

そうすると Moore がその著書の中で Schrödinger について述べている記述も生きてきます。Schrödinger は著書では書きませんでしたが，**インドの修行僧**が世界（外界）と一致する **Consciousness**（**悟り**）を得るために，ものすごい**苦行**を行なうことを知っていました。しかし自身は努力したにもかかわらず Self（主体）と Nature（外界）の一致には到りませんでした。ただ**登山を好んだ彼**は度重なる Alps 登攀（とうはん）の中で一度だけそれに**近い経験**をしたと言います。また彼は **Lafcadio Hearn**（小泉八雲）の作品を愛読しましたが，これも仏教徒である日本人の心理から **Consciousness**（**悟り**）を知りたかったためと思います。

Schrödinger は次に Vedanta の自分への影響が宗教的なものであるか否かを自らに問うています。Vedanta の西欧への影響はギリシャ時代からありましたが，影響が最も目立ったのは **Hellenism 時代**で，それは **Gnoticism**（訳語なし，ノーティシズム）という非正統キリスト教思想の形をとりました。Gnoticism は聖者の書かれた一切の言葉を信じません。真の知識は選ばれた者（Self）の魂の一番深い所にあるとします。これは神は，魂の深奥に宿るとする非教会キリスト教思想の主流となりました。これは「Self と世界は一つ」とする Vedanta 思想

が西欧では宗教の形を取ったことを意味します。これに対し，Schrödinger が Vedanta 思想に強くひかれた理由が問われます。「真の知識は選ばれた者の魂の内にある」という Gnoticism 思想は，天才を自覚する数理物理学者である Schrödinger の同感を招き，強くアピールするという見方もありますが，実際はそうではないと思います。Gnotics がいう真の知識とは，God（キリスト教神）のことですが，Atheist である Schrödinger は宗教には全く関心がないからです。そこで彼の非凡な性格と人生に詳しい Moore は「Vedanta の教えは彼の人生と仕事の両面で決定的に重要だった。その意味で彼は Vedanta の信者だった」と言います。信者ですからその物理思考は Vedanta の影響から自由ではなかった筈ですが，その影響され方は直接的ではなかったと言います。波動力学理論の中に Vedanta 思想独特の何かが残っているということはありません。しかし波動力学の思想を大きく捉えて，古典力学，行列力学と較べて見ると，それは「対立するものの同一であり，全てのものが繋がって一つの世界である」という Vedanta の思想を表現したものになっていることに気付きます。つまり Newton 力学では，原子に至るまで全て真空中に孤立し，位置と速度も持って隔絶された粒子の世界です。これに対し波動力学は，原子は粒子ではなく空間中に連続して広がった存在であり，多粒子の世界はそれぞれの波動が重なり合って作る一つの世界です。これに対し，原子のような微小粒子の位置とか速度を認めない Heisenberg の力学では，微小粒子は Newton 力学とは全く異なって来ますが，量子数の大きな所では Newton 力学と一致するという「対応原理」を理論の基礎にしていますから，世界観は Newton 力学と同じ粒子論です。ここに波動力学の特異性があります。それは Vedanta に由来する「世界の連続性と多粒子の一体性」です。

2．猫の Schrödinger

■ 物理の3大方程式は

Newton の方程式，Maxwell の方程式，Schrödinger の方程式

学問としての**物理**を見ると，一番重要なのは対象である世界を完全記述することを目指した**運動方程式**です．巨視的世界を対象とする古典力学の場合，それは言うまでもなく Newton の運動方程式です．ところが**技術の基礎原理**として物理を見ると，技術では**安定が基本**であり，**加速度**が問題になるのは**振動**とか**流体運動**など特殊な問題に限られますから，**技術者が** Newton 方程式から出発して何かを**考えること**はありません．いるとすれば**ミサイル打上げの専門家**か，地震による建物振動予知の専門家ぐらいでしょう．これに比べると，**原子，分子**を相手にする時，対象を完全に**記述する方程式**は Newton の方程式に替わって **Schrödinger の方程式**になります．原子，分子の物理を基礎とする技術の分野は巨大ですが**二つあります**．一つは**化学技術**であり，一つは**半導体技術**です．このいずれでも Schrödinger の方程式は，技術者が自分の課題を考え，問題を解決する際の基礎になっています．

ここで基礎と言ったのは，方程式自身が直接頭に浮かぶのではなく，方程式の解が思考の基礎になるからです．**化学の場合**，特に有機化学の場合，特に必須なのは **Molecular Orbitals** ですが，これは正確には**分子内電子**の**波動関数**に他なりません．**半導体の場合**，特にトランジスター技術で重要なのは**電子**と**空孔**の挙動ですが，**空孔**とは，Dirac が **Schrödinger 方程式**を相対論化して発見した結果に他なりません．つまり **Schrödinger 方程式**は，物理方程式の中で**最も多くの人の思考**と問題解決の基礎になっている方程式なのです．その意味では，物理学で最も重要な方程式は何かと問われれば，**Newton** の力学方程式，**Maxwell** の電磁波方程式，**Schrödinger** の波動力学方程式の3つだと答えてよいでしょう．これに Einstein の**特殊相対性理論**を加えた4つが理論物理学の基礎の基礎と言えると思います．現代物理学に限れば，

Schrödinger

基本的な仕事は**波動力学方程式**と**相対性理論**ですが，この二つを別々に挙げるのは正しくありません。現代物理学が物理学の歴史の中で画期的な成果になったのは，**波動方程式に相対論を適用**した結果が，Dirac による波動力学方程式の相対論化はこれぞ現代物理学の花といえる程の**大きな結果**を生み出しました。従って Newton, Maxwell, Einstein, Schrödinger, Dirac の**5人**が**物理学の基本**を作り上げた巨人と言えるでしょう。

■決して高くはない Schrödinger の評価

　上で私は，現代物理学の最も重要な**革命的達成**は**相対性理論**と**波動力学方程式**と**波動方程式の相対論化**が開いた結果の**3点**にあると述べました。と同時に，この**3つの革命**を成し遂げた Einstein, Schrödinger, Dirac の3人を，現代物理学を象徴する巨人としたわけです。この私見に対し，プロ物理学者の間では3つを最重要革命とすることについては，反対はしないが，現代物理学を作った巨人3人の中に Schrödinger を入れることについては**大きな反対**があると思います。「**Bohr, Heisenberg, Pauli** の前に Schrödinger を入れることは反対だ」という声が聞こえるように思います。私がここでこの点に注意を向けたのは，**波動力学方程式が決定的に重要**な成果であることは，その大部分が数学派である**プロ物理学者が認める**ことであっても，Bohr, Heisenberg の前に Schrödinger を置くことは，プロ物理学者が**認めない**所だという点です。

　ここには **Schrödinger** の成し遂げた**業績への評価**には**大きな開き**があります。**業績への評価**は，今の人も 1930 年当時の人も同じようにできることでそこに大きな違いはないと思いますが，**人への評価**はその人の業績だけでなく，言動，人格，思想行動まで詳しく知っていた当時の人たちの**主観的判断**ですから，その人たちが亡くなってしまえば消える筈ですが，当時の**評価の結果**だけがその後，再検討されることもなく**残っている**のが現状です。そしてこれが現代物理学の混迷の原

因になっているというのが私の見解で，Schrödinger を対象にしたこの章では，業績だけでなく，その思想と行動，人格までも事実を明らかにしようと考えています。

　Schrödinger の評価で実はプロ物理学者が**一番気にした**のは，Schrödinger の物理学者としての**資質の高さ，天才かどうか**です。**Einstein** については，彼が 25 歳の時に書いた 5 報の論文の一つを見ただけでその**天才性は確信**を持てます。**Dirac** についてはその著『**Principle of Quantum Mechanics**』が物理派，数学派両方の物理人を魅了します。自然な発想で正面から問題に向き合いながら，とても**越えると思われない壁**を登って誰も想像できなかった**世界の門**を開くその実力の高さに魅了されるのです。これに較べると，Schrödinger の 4 つの論文の他には自分が作った波動力学を正面から論述し，解説し，正当性を主張する**本を出していません**。自分の考え，主張を発表することは怠けない人ですが，現在，本として残っていて簡単に読めるのは『**Statistical Thermodynamics**』と『**What is life**』の 2 冊だけです。いずれも Schrödinger の最も得意とするところ，あるいは Schrödinger でなければ誰も書けなかったと考えられるものですが，**波動力学**に関するものでは**ありません**。

■**量子力学における観測とは波動関数の波束の収束**
　本ではありませんが，量子力学の本質に関する **Schrödinger の意見，主張**としては，1935 年に発表され，**猫のたとえ**で有名になった **von Neumann の本への反論**が有名です。Neumann の本は，数学派物理学者の誰もが尊敬で緊張してしまうほどに**定理と証明だけ**で記述されている本であり，物理的なイメージは一切記されていませんが，それは**量子力学の問題**を**数学的に抽象化して表現**し，論じただけのことで，量子力学の物理的な**矛盾に全て答えた**恐るべき本であります。一番気になる問題で言えば，2 スリット問題です。接近して開けた 2 つのスリットに向けて電子を放射した時の実験結果と波動力学の答とは一致し

Schrödinger

ません。スリット後方のスクリーンの位置の波動関数は，見事な干渉縞模様を描きます。これに対し，電子の**射出実験**を行なうと，スクリーン上には**1個**の点しか出ません。しかもその出る位置は滅茶苦茶に見えます。しかし，その射出実験を**非常に多数回繰り返し**，スクリーン上に現れた点を全て再現してみると，これは**波動関数**と同じ干渉縞模様になっています。このことから確実に言えるのは二つです。個々の電子がスクリーン上のどこに現われるかは**確率現象**である。しかもこうして得られた電子の位置を多数集めてみると，**波動関数の予測通り**になっていること，それは確率的な現われ方は単純無色なランダム確率ではなく，**波動関数に支配された確率**であるということです。別の言い方をすると，**波動関数**は現実に**電子の運動を支配**している関数だということです。ただし，それは決して直接に**観測**されることはなく，**確率現象を通じて現れる**ということです。

このように電子の物理的本質を表現した場に**広がった関数**である波動関数と，**測定すると確率的に場のどこかに粒子として現れる**電子という**実体の関係**を，物理学では**観測による波動関数収縮**あるいは波束の収束という言葉とイメージで表現します。つまり電子の**波動関数**は電子を**観測装置で捉えて質量やエネルギーを確認**しようとすると場一杯に広がった波動関数が，急に**一点一点に収縮**するというのです。現代物理学における量子論の共通理解（パラダイム）は Copenhagen 解釈と言いますが，それは次の 3 点から成っています。①電子の**観測**は必ず**波動観測の収束**を伴う。②収束点がどこに現われるかは**確率的**である。③収束点の空間内における**出現確率**は波動関数の**絶対値の 2 乗**に等しい。この Copenhagen 解釈は Bohr, Heisenberg, Born, Pauli によって推し進められ確立しました。Schrödinger も反対ではないのですが，これだけでは単に**実験事実の確認**だけに終わっているのが**不満**でした。波動関数について単に場所による出現確率だけでなく，運動あるいは**軌道について言える**ことがあるというのが彼の意見で，一方

Einsteinは現象がどこに現われるかは純粋無色な確率で決まるという考えに反対しました。カジノの回転盤がどこで止まるかは全くの偶然に見えるけれど，回転盤というメカニズムなのだから初期速度を知り運動方程式を超精密に計算すれば，止まる位置は偶然ではなく，必然に決まるように**量子力学の場合**も**物理である以上**，必ず裏に隠れているメカニズムがあり，現れる結果は**偶然ではなく必然**なのだと主張しました。

■von Neumann の本『量子力学の数学原理』

Neumannのこの本は，Einsteinのこの**主張に反対する**ためでした。その主旨は量子力学の基礎としてCopenhagen解釈の3原則を取るなら，**数学的に見て**量子力学の**体系は完全**であり，閉じており，Einsteinの考える隠されたメカニズムなど**入る余地はない**というものでした。この議論に反対できる人は一人もなく，問題決着でした。Neumannは，この本の中でもう一つ重要な**観測問題**に決定的結論を出しました。それは，波束の**収束が起こる位置**と段階に関するものです。目に見えない量子的現象の**観測**とは，電子の放出というような**量子的現象**を，観測者である**人間が認識できる**ようにする行為のことです。これは量子的現象を人間が見える巨視的現象に変えることで，この**仕掛け**(device)を**観測装置**といいます。波束の収束は，この観測装置の所で起っているのは間違いないのですが，観測がどこで起っているかはよく考えるとわからなくなります。常識的には観測装置は確定していますが，これは**巨視的システム**でありますが，**巨大な量子現象**であるとも言えます。観測装置が発する結果を見る**眼球**も，それに続く**視神経システム**も，巨大な**量子システム**と見ることができます。すると量子波動関数が波束収束して，**観測可能に変わる位置**は，装置でも良く，眼球でも良く，視神経でも良く，**観測者の自我（self）以外**の**どこでもよい**というのが数学者Neumannの主張です。これは観測による**波束の収束**が起こるのは，観測者の前にある**観測装置**であるという従来の物理学者

の**常識を否定**し，観測者内部にあるとする説に道を開くものでした。これに賛成できなかった物理学者は多かった筈ですが，あえて異を唱える者は一人もいませんでした。

■Schrödinger の主張：観測結果の説明表現に曖昧さを許容

そんな雰囲気の中で**長文の論文で異**を唱えたのは **Schrödinger** でした。Schrödinger が異を唱えた理由は，Neumann の論理の基礎になっている **Copenhagen 解釈の骨格は事実そのもの**ですから異説はないものの，その細かい字句の解釈となると，人によって違いがあり，量子力学の基礎については共通理解に達していたとは言えない状況でした。**Schrödinger** は Copenhagen 解釈の中心者である **Bohr** とは初めからいろんな問題で**意見が合わず**，会う度に激しい論争になっていました。Copenhagen 解釈で**意見が合わなかった点**は，観測によって**波束が収束された状態**（state）について，**Bohr** は古典力学で通用するきちっとした**説明しか認めなかった**ことです。電子については，**電子はあくまで粒子**とされました。波動関数では電子の波動性を認めていても，観測される電子の性格には**一切の波動性を認めません**でした。粒子性と波動性は，**相補的性格**なので，電子を**完全に粒子と認めれば**，Heisenberg の不確定性関係から電子の**波動性は一切認められない**という主張です。Bohr のこの主張に，Heisenberg も Born も Pauli も従いましたが，Schrödinger は不確定性関係は認めていながらも，Bohr のこの主張には**同意しません**でした。**Schrödinger** は不確定性の意味を次のように理解していました。座標と運動量，粒子性と波動性のように，本質的には両立できない２つの量 p と q の測定結果について記述した場合，一方の記述を正確にすると，他方の記述は曖昧にならざるを得ません。それを示したのが Heisenberg の不確定性関係で，p と q の記述の曖昧さを Δp, Δq とすると，二つの曖昧さの間には必然的な関係があって，Δp と Δq の積は必ず常数 h より大きいというのです。つまり Δp, $\Delta q > h$ です。従って，例えば位置を正確に記述しようとし

て $\Delta q = 0$ とすると, p の曖昧さ Δp は無限大になるということです。p については何も言えないということです。これが Bohr の主張の根拠ですが, Schrödinger は同じ不確定性関係を使って一見逆の主張をしています。つまり, 電子の物理的性格について, それが粒子であることを完璧に主張するなら, 電子が波動的性格を持つことを全然主張できないが粒子, 波動の**規定の仕方**にある程度の**曖昧さを認める**ことにすれば, 電子は粒子であると同時に**運動軌道性**を持つと説明できるのではないか, それが不確定性関係の意味ではないかというのが Schrödinger の主張であったように思います。思いますというのは, この主張は Bohr との論争の際に述べ立てられたもので, 論文の形で**残っているものではない**からです。残っているのは, Bohr との論争では, 量子力学現象の観察後の結果の表現で, Bohr は**古典力学と共通する表現**に拘り過ぎると不満を表明していることです。Schrödinger の表現の中に**曖昧さ**という言葉があることを初めて明確に指摘したのは Moore です。1935 年の論文の中に **uerwaschene**（洗濯された）という言葉を見つけ, これを **blurred** と英訳し, 私がこれを**曖昧**と訳したのです。でも, この単語は数学派の Bohr と物理派の Schrödinger を分ける最も重要なものと思います。

■Schrödinger の猫が von Neumann の致命傷になったわけ

　Schrödinger のこの**曖昧表現**の主張は, しばしば繰り返されたものと思います。これに対し **Neumann** は, その著書の中で, これをはっきり**拒否**しました。数学派としては**当然**のことだったと思います。そして観測に関わる**もっと重要な問題**として観測のための**波束の収束**, いわゆる**切れ目**が**どこで起こる**のかを論じ, 巨視的世界への入口で起こるという物理派の見解を否定し, **観測者の自我以外**のどこで起っても同じことという数学派らしい見解を発表しました。ところが数学的論述に圧倒され, これに**反論**する物理学者は**一人もいません**でした。それに我慢ならなくて発表したのが 1935 年の Schrödinger の論文です。

我慢ならなかった**原因**は，大きく言えば物理派の数学派への反発ですが，具体的な**反発理由**は二つあったと思います。**認識論**と**統計熱力学**です。二つとも Schrödinger が若い時から最も気にし，研究を積み重ね，本まで書いた分野です。認識論については既に書いた通り，『私の世界観』を書いたほどの本物です。**統計熱力学**について彼の**特別な関心**は，自然界は必ず**秩序から無秩序**に向うというのが熱力学第 2 法則が教える物理法則なのに，**生物が発生し複雑化**することは明らかにそれに**逆行**している。その**逆行のメカニズム**を明らかにすることでした。そのため生物の**遺伝の仕組み**と法則に注目し，遺伝を伝える**原子の仕組み**に解決の鍵があると考えました。そしてその仕組みは，原子が遺伝情報を伝えるため，**意味ある順序で共有結合**されたものであると考えたのです。これは **1943 年**, Ireland Dublin の Trinity College で発表された Schrödinger の講演「**What is life**」の主内容なのですが，1935 年の時点で生命を徹底して物理と化学の対象として考える彼の思考は出来上がっていたと思います。

　その Schrödinger の目から見ると，観察者である**人間**を**眼球**と**視神経**とその信号を受ける**脳神経回路網**と見なし，それぞれに単純な波動関数を考えて，波束の収束はどこでも起こりうるとする Neumann の考えは，哲学も物理も生物もごく**表面しか知らず**に，あとは論理で何でもわかるとする**数学派の軽率さ**の極致に見えたのだと思います。それを知らしめるために考えた**からかい**が **Schrödinger の猫**です。よく知られているように，それは α 崩壊で出た α 粒子が，検出装置に入ると青酸ガスの入ったガラスビンをたたき壊すように設置されたハンマーの掛金を外し，放出された青酸ガスで猫が死ぬ仕組みです。何がからかいかというと，この仕事全体は α 崩壊があったか否かを猫の生死で検出する**観察装置**なのです。Neumann に従えば波動関数を観察できるものに変える波束の収束はどこでも良いのですから，ここではこの**仕組み全体**を観察装置として**鉄箱**の中に入れ，その扉を開くことを

もって観察としましょう。すると扉を開ければ生きた猫あるいは死んだ猫があらわれますが，それまでは鉄箱の中には**生きた猫**と**死んだ猫**の**両方の波動関数**があった筈です。毒ガスを浴びて生きている猫の波動関数がどんなものであるかは誰も知らないし想像もできません。見たいと思った途端に波束が収束して実物になってしまうからです。波動関数はどんなものかわかりませんが，それは**物理的実在**とされています。**仮に**物理的実在が形と重さを持ったものとすると，生きた猫と死んだ猫の**絡み合った実在**が，一瞬のうちに生きた猫の本物に変わらねばなりませんが，形や質量をもった実在にそんな芸当ができる筈はありません。反対に波動関数が雲や霞のような存在であったとすると，鉄箱の扉を開けた途端，一瞬間で生きた猫が空間に現われなければなりませんが，これもあらゆる物理法則に反します。Schrödingerの考えた猫は，このような形でNeumannを**絶体絶命の窮地**に追い込んだのです。

3．Schrödinger 方程式の Schrödinger

■Tomonaga「量子力学」による批判とそれへの反論

　次に，EinsteinやDiracのような大天才とは言われないSchrödingerが，どうして物理学3大方程式の1つと言われるほどに有名な式Schrödinger 方程式を発見あるいは発明することができたのでしょうか，その謎解きに入ります。この課題には著者は自分でもおかしいほど**興奮**しています。現代物理学の**混迷**とは実はこの Schrödinger 方程式の導出とその解の解釈に**凝縮**しているからです。量子力学における最も鋭い対立はそこに発生しています。その対立は，数人数十人の天才と大天才の対立，激論では済まずに，何万人何十万人の対立になっています。対立というより**対立を超えた断絶**になっています。はっきり言ってそれは**物理学と化学の対立**だからです。**物理と量子化学の対立**だからです。

物理屋と化学屋の間で Schrödinger の評価が完全に分裂していることは，日本の物理学者が最も愛読する Tomonaga 著『量子力学Ⅱ』を読めばわかります。Tomonaga は Bohr と Heisenberg を深く尊敬し，100%電子粒子論と行列力学の立場に立つ物理学者ですが，その著『量子力学』では，Ⅰ巻を行列力学の誕生に充てた後，Ⅱは波動力学に充てています。しかもⅠ巻の行列力学が 100 頁であるのに対し，Ⅱ巻は全て波動力学で 400 頁あります。しかしこれは強固な数学派である Tomonaga が，自己の論理体系になじまない波動力学を教科書としての必要性から紹介執筆したというものとは全く違います。100%，Tomonaga の論理と言葉で書かれた 400 頁です。なぜそうしたかは，Ⅱ巻冒頭に掲げてある Davisson と Gerner による結晶表面に沿っての電子線の散乱結果の見事なパターンから明らかです。これは，先立つ 3 年前，de Broglie が原子領域における物質の波動性の理論を立て，それによって予言した電子の散乱実験の結果そのものだったからです。Tomonaga は物質の波動性が実験的に証明されていることに衝撃を受けたと思います。そして自分の論理体系は絶対に崩さない人としては，行列力学の体系の中で物質の波動性を説明することに全力を尽くしたと思います。これが量子力学Ⅱ 400 頁の内容と言ってよいでしょう。結果は，Einstein を先頭にして Schrödinger に同情的な物理派にとっては驚くべきものでした。Schrödinger 方程式は物理の最重要方程式と認めるが，Schrödinger はその発見者発明者とは認めないことです。具体的に言うと Schrödinger 方程式には二つあります。一つはエネルギーに変化がない定常状態に対する Schrödinger 方程式，もう一つは外場作用が変化する場合に対応する時間変化を含んだ Schrödinger 方程式です。最初に発表されたのは定常状態の方で，これは水素原子の全ての量子状態と，エネルギーレベルを示すとともに各量子状態における波動関数の形が明確に示されていましたので大変な騒ぎになりました。波動関数の具体的な形はエネルギーの様々なレベルに於ける電子の特長ある広がりを示していましたから，化学者からは特に大きな反響が

ありました。その少し前に発表されたHeisenbergの力学では,水素原子の全てのエネルギーレベルとその大きさは予言されていましたが,**電子雲の形**については何もわからなかったからです。従って論文発表後,これを応用した研究が莫大に現れました。Schrödingerのこの論文を応用した**化学論文の総数**は1960年までに**10万報**を超えたと言われています。もう一つは光や粒子が近くを通るなど外場の作用があった時の波動関数の時間変化を知るための方程式が,最初の論文の6ヵ月後に現れた時間を含むSchrödingerの波動方程式です。

　Tomonagaはこの二つの**いずれについても物理法則**として高い価値を認めますが,量子力学の法則,方程式としての価値を認めるのは**後ろの方だけ**です。理由は**量子力学の本質**から考えると,波動方程式の解である波動関数は**実数ではなく複素数**でなければならないが,前の方の方程式の解は実数なのに**後の方の解**は複素数だから,こちらの方だけが量子力学の物理方程式として**認められる**ということです。これに対し,第一の方程式の方は電子の波動性を表現してはいるが,方程式自身はHamilton-Jacobi方程式であって,**古典力学であり**,量子力学ではない。確かに式内の係数 K を $K = ih$ として**量子力学化**しているが,これは**実験結果に合うよう**に操作しただけであって,理論自身は**量子力学ではない**というのがTomonagaの主張です。ですから化学を中心に20世紀の科学に最も大きな影響を与えたこの方程式に**Schrödingerの名前**を与えることを**拒否します**。その代わりに便宜的にde Broglieの名を与えています。それならばSchrödingerの名を与えた後の方程式に対してだけはSchrödingerの貢献を認めているのかというと,驚くべきことに**一切の貢献を認めていません**。TomonagaはSchrödinger方程式と題するその著の**7章**では,40頁を使って**行列力学**からSchrödinger方程式を**導く**ことを行ない,そのことによってC方程式は正しいが,それはSchrödingerの**物理学的功績**とは認められないとしています。このようにしてSchrödingerの**波動力学方程式は**,

物理学に於ける**最重要方程式**と認めるが，Schrödinger という人の物理学的貢献は一切認めないというのが，Tomonaga の渾身の力作，『量子力学II』の**心髄**です。

　Schrödinger が残した業績の物理的内容を説明する項の最初に，Schrödinger の量子力学への物理学的貢献は皆無だとするに等しい Tomonaga の渾身の論調を紹介して**読者を驚かせた**と思いますが，私がここであえてそうした**理由は**，少なくとも三つあります。一つは Schrödinger の物理的思考とその結果を Schrödinger の側に立って説明するにしろ，その核心を**読者がよく理解**するには，最も**的確**で最も**厳しい批判**と対照させながら行なうのが最適だと思うからです。第二の理由は，Schrödinger の業績に真っ向から対立する Tomonaga の主張の激しさの中に，1926 年の大論戦から 25 年経過してもなお残っていた量子力学をめぐる**対立と混迷の真の姿**と理由を知ることができるからです。この対立は基本的には**物理派と数学派の対立**ですが，Tomonaga の Schrödinger への対立は，数学派だからで割り切れるほど単純ではありません。まず Tomonaga は数学者 von Neumann ほど単純数学派ではありません。量子力学の**本質は行列力学**以外ではあり得ないという点では徹底しているのですが，Davisson と Gerner の実験を **20 世紀最高の実験**と称賛し，**電子は原子スケールでは波動**であることを確信しています。**完全な粒子派ではない**のです。量子力学の本丸へは**粒子派からも波動派からも到達できる**とはっきり認めています。その上，行列力学と波動力学の計算上の**優劣を比較**してみると，波動力学は行列力学に不可能な原子周囲の電子の存在形態を示せるだけでなく，与えられた系について全ての量子数とエネルギーを求める計算においてさえ，**行列の固有値を求める**行列力学より，**偏微分方程式**は**境界値問題**を解いて固有値を求める方がはるかに楽であり，実用的であることを認めています。**それなのに** Tomonaga は完全に Schrödinger を否定しています。その対立の底にあるのは，単純な数学派と物理派

Schrödinger

の対立を超えたもっと深いものと感じます。それは物理の根本理論を推し進めるに当たっての**何を一番大事**と考えるか両者の評価と**判断の違い**と思います。それを知るのが二人の正面対決を取り上げる第二の理由です。

　Schrödingerを正面から否定するTomonagaの著書を，Schrödingerの革命的業績への評価が期待されるこの項の最初に正面から大きく取り上げた**第3の理由**というか**最大の理由**は，Tomonagaの著書は，単にSchrödingerへの全面否定であるばかりでなく，**自由人物理**ということで，全編を通じて**数学派物理の見直し**と，物理派物理の後押しをやってきた**この本全体**の**全面否定**になるからです。このTomonagaの所説に正面から反論せずに単に無視したのでは，この本を**ここまで読んできた読者**を**裏切る**ことになります。そこで私はプロの物理学者の多くが聖書としているこの書に，物理学者は誰も批判したことのないこの書に**決戦を挑まざるを得ません**。

　Nobel賞物理学者に反論する，誰も**批判したことのない本**に反論する，それも**プロの物理学者でない者**がとなると私はまさに**Don Quixote**（ドンキホーテ）に見えるかも知れませんが，それほどでもありません。私の側にはTomonaga以上の大物がついているからです。まず**Schrödinger**自身ですし，次に**Landau**，そして彼と考えを同じくする物理派の面々がいます。日本の物理学者の中にもあえて反論は書かないが，Tomonagaの結論に賛成でない人は多いと見ます。その先頭は**Taketani**です。その著『**量子力学の形成と論理**』を見ればわかります。**天才Nambu**も，私がその評伝『南部陽一郎の独創性の秘密をさぐる』の中で書いたように，Tomonagaの近くにいながら**弟子にはならず，同じ問題を全く別の方法**で解いた人です。私も公開の場で読者の前で論争するのですから以下の論争は**負けない覚悟**です。**負けない自信**があっての公開論争です。その自身の根拠はTomonagaとの

1対1の2時間の対話の経験にあります。著書だけ見ている人は必ず実力以上に見えます。強い所だけ見せているからです。著書を読んだ後直接に会って1対1で話すと見えてなかった実力が容易に明確に見えるからです。弱点が見えるからです。

　Tomonagaと2時間話したのは，1965年二人ともソ連で1週間過ごして日本に帰るシベリア鉄道の食堂車でのことでした。ソ連における二人の立場は全く違っていました。Tomonagaはソ連政府に招かれて公用旅券の1週間でした。私は，当時助手は学術会議に出席したくても海外出張は認められなかったので，私費で私用旅券の滞在でした。それでも私が滞在したのは，ソ連政府の招待客という特権が全くなしに庶民生活の滝壺の真ん中に一人で落ち込んで毎日の日常生活をして，庶民の生きる実感を体験してみたかったからです。ロシア語は自由だったから考えたことです。本で知っていたソ連は労働者の友達社会でした。物はなくても皆で分け合う陽気な社会でした。しかし実際に経験したのは，自分の権限を見せつけるために人に対してはできる限り不親切にし，それを受けた側は自分が同じ事をし，そのために社会に一切の笑顔（愛想笑い）のない社会でした。人々の生活信条は働かないことで，ウエイターは1人1卓を受け持ち，通した料理ができるまで調理場で休んでいました。国民全部が官僚になった社会でした。官僚主義の弊害とは，実は大きな権力を持つ高級官僚の弊害より，小さな権力を持った圧倒的多数の弊害の方が深刻だと実感しました。そしてこんな不合理を存続させている国は，20年以上は保たないだろうと痛感しました。子供の時から父親直伝の共産主義者で，労働者天国を見るつもりで滝壺に落ちた私の感想ですから，直接性の面でも問題性の面でも聞き逃せないものだったと思います。

　私はこの話を直接Tomonagaにしたことがあります。シベリア鉄道の寝台車でたまたま同室になった高名な女性研究者がTomonagaと親

しく，**一緒に食事**しようと誘ってくれたからです。私は食堂車で 2 時間 Tomonaga に，**体験したばかり**の**ソ連の一歩裏側**の私のとんでもない体験の数々を話しました。Tomonaga は**黙って聞いて**いましたが，全部聞き終っても**何の感想**もなく，友人との日常的な話に移りました。彼の心は**自分の論理**だけで固められており，大事かも知れない外の事物に**自由に心を開く**ことはないように感じました。その著『量子力学』の議論においても，それを感じます。Schrödinger の寄与を否定するにあたっては，**de Broglie**，**Planck** など数人の理論思考の結論を使っていますが，それは**本書でやったように**，各人の論文，逸話を**徹底して**調べ，実像を知ってからではありません。そうする**必要は感じてない**ようです。**自分の論理**で自分の中に **de Broglie** 像，Planck 像を作り上げ，批判に利用しています。**高校教科書**に利用される de Broglie 像も説明の便宜のため，Tomonaga の de Broglie 観に従って Tomonaga の頭の中で作ったものです。

■第 1 論文が衝撃であった理由

Schrödinger は **1926 年 1 月**から **6 月までの間**に **5 編**の**論文**を発表しました。第 1 論文から第 4 論文までと呼ばれる 4 編と関係論文と呼ばれる 1 編で，これが Schrödinger が波動力学の導入のため書いた**論文の全て**です。以下これら 5 編について Schrödinger が何をどんな方法で論じ，何を主張したかを簡単に紹介しましょう。

全体の中で**一番重要なのは第 1 論文**で，単に Schrödinger 方程式と言えばこれを指します。これは箱の中の振動の様に波動が繰り返し起る定常状態を想定し，その時の波動の形を知るための波動方程式です。波動の形を知るための波動方程式ならその**導出法は他にもあり**，もっと簡単な方法もありますが，そして Schrödinger はそれを**知っていま**したが，この論文ではあえて **Hamilton-Jacobi 方程式**という**古典力学**の**最高到達点**から出発する方法を取りました。古典力学を超える新し

い波動力学に**最高の格好**をつけるための Schrödinger らしい**格好づけ**だったと思います。Schrödinger とはいつも**格付けを大事**にする人でした。全員が黒い Tuxedo（タキシード）で来る **Solvay** 会議に，一人だけ**登山服**のまま写真に写っていますが，これは「学問するのになぜ Tuxedo か」という**抗議の気持ち**を表すため**会議の前にわざわざ** Alps 登山をしてそのまま参加した Schrödinger の**格好付け**でした。でもこの格好付けは波動力学のためには最良の形だったと思います。誰でも量子力学はこの Schrödinger 方程式から入りますが，そこで気付かされることが**3つ**あります。第1は，運動量 p は古典力学では物理変数なのに量子力学ではpは $(h\partial/\partial q)$ と書き換えられて**微分演算子**（**operator**）になることです。物理量が**変数**から**演算子**になる変化です。

第2は Schrödinger 方程式は**物理学では突然**現れたものだけれど，**数学書**にはこの**微分方程式の解**が全て完全に書いてあることです。具体的には，**水素原子**を例に取ってこれを球座標の動径r, 偏角 θ, 周角 φ で表すと Schrödinger 方程式はr, θ, φ の3変数の偏微分方程式になりますが，解は積の形になるとして**変数分離**するとr, θ, φ についての**常微分方程式**に**分解**されます。其々は**2階の常微分方程式**ですが，定数係数ではないため，解が**超越関数**となり普通は解けないのですが，**水素原子の場合**に現われる特別な場合に限って数学者が既に徹底的な研究をし，それが **Legendre 球関数**と **Laguere の多項式**であることが Courant と Hilbert が書いた **Methoden der Mathematischen Physik**（**数理物理学の方法**）の中に完全にまとめられています。そして**驚くべきこと**は，この Courant-Hilbert の本が出たのが Schrödinger の**波動力学発表**の **2 年前**の 1924 年だったことです。しかも Schrödinger は自分で苦労して方程式を解いて論文の草稿を書き終えるまで Courant-Hilbert の**本を知らなかった**のです。物理屋が苦労して方程式を**作り上げたら**，数学者がその方程式の解を**全て用意して待っていた**ことに**神秘的なもの**を感じます。

Schrödinger

　このことはSchrödinger方程式の権威を高めるものでした。それは数学として見ても非常に高級な理論に思われました。量子力学をやるにはまずCourant-Hilbertを読まねばならないというのが確立された認識となりました。私は1951年に東大理Iに入ったのですが，入るまでは12時を越して勉強したことはないのですが，入ってからは必ず夜中2時まで猛勉強を続けました。まず集中したのがドイツ語です。3ヵ月で自由に読めるようになりました。ドイツ語の原書しかなかったCourant-Hilbertを読まねばならなかったからです。それが理I学生500人のうちの1/5の共通意識だったと思います。

　次に量子力学をやった人が**共通に認識**として**頭に残っている**ことは，量子力学とはSchrödinger方程式を数学者に倣いながら解くことで終るのではなく，最後に最も大事なステップがもう**一つ残っている**ことです。それは示された解の全てがSchrödinger方程式の解ではなく，自由に選べるパラメータを持った**一般解のうち**，**境界条件**を満たすことができる**特別なパラメータ値**を持った**特別解だけ**が量子力学が与える解だということです。微分方程式論では微分方程式の一般解のうち，境界条件を満たす特別解を求める問題を**境界値問題**と言い，境界条件を満たす**特別なパラメータを固有値**，それに対応する解を**固有関数**と呼びますが，皆が共通に認識していることは**量子力学とは**Schrödinger方程式の**一般解を求めることではなく，その固有値と固有関数を求める**ことということです。

■第1論文が反対を招く理由

　この様にSchrödingerが提唱した量子力学は，①物理量の微分演算子化による波動力学**方程式の導入**，②波動力学方程式の**完全数学解**，③境界条件の適用による**固有値と固有関数の選び出し**の3項目から成っているというのがSchrödinger方程式から初めて量子力学を学んだ人の初歩的な，しかし基本的な共通認識です。ところが**Tomonaga**は

この初歩的共通認識を**認めません**。どの点に於いてかというとSchrödingerのこの方程式は古典力学の方程式であって,量子力学の式ではないという事です。これはTomonagaが提起したSchrödinger批判の2つの問題点の1つですので後で論ずることにして,Schrödingerの5つの論文のそれぞれの内容と相互関係についての説明を先に行ないます。

　最初に指摘しておきたいのは,Schrödingerの5つの論文といっても我々には1926年のAnnalen der Physikに残っているドイツ語の論文以外にその具体的内容を知れる文献はないことです。**唯一の例外**と考えられるのは,TaketaniとNagasaki共著『量子力学の形成と論理Ⅲ』です。これには1925年から1929年までの5年間に発表された必須**関連原著論文40編**の正確な要約が示されています。その他にMooreの『Schrödinger, Life and Thought』には各論文の内容上のポイントと周辺事情が見事にまとめられています。以下の説明はこの二つの文献を基礎にしたものです。まず以下第1論文から行ないます。

　第1論文は重い原子核の周囲を軽い電子1個が運動する問題について,電子の運動エネルギーが比較的小さくて,電子が原子核のごく近くを運動する時は,古典力学の軌道ではなく,波動力学に従った運動をするので,電子が**波動力学に従って運動する形**（パターン）を示す方程式としてSchrödingerが以下に示す考えと方法で提案した**方程式**です。

　この説明は私の考えを支持する物理派物理屋には正確な良い説明と聞こえるでしょうが,**Bohr**と**Heisenberg**を絶対とする数学派物理屋には**滅茶苦茶な説明**と言われるでしょう。今までこの問題にそれ程深くコミット（関与）していない**読者**にとっては,内容の説明に入る前の段階でごく常識的に見える**前置き**がなぜそんなに問題化するのか理解

Schrödinger

できないと思います。しかし現代物理学の**混迷**とはそこにあるので，まず問題の出たところで**直ちにそれを**解決して行かねばなりません。しかしそれを**徹底してやる**と話の**全体**がいつまでたっても見えなくなるので，バランスを考えながら進むことが必要です。バランスを考えた上でここで一点だけ立ち止まって議論します。その一点とは，勘の良い読者は既に気付いていることですが，**原子核の近傍**での電子の運動は，**波動力学が説明**するような**パターン**だとした点です。波動力学を導入し**説明するため**の文章の中に**波動力学**が入っているのですから，この文章は形式上は完全不備で無意味と断定されても当然です。本当は波動の意味を広げて**電子の運動は波動**と言いたかったのですが，そうすると波動を水面の波動のようにしか考えない読者には不親切になると思って**波動力学のパターン**と言ったのですが，ダメと言われればそこで引くしかありません。

　私が言いたいことをやさしく読者に伝えるには「たとえ」を使うのが一番と考えます。たとえは **2 スリット問題**です。Tomonaga が電子ではなく**光子**について行ない，今は知らない人はない **2 スリット問題**です。電子についても**多数の電子**を使えば**干渉縞は簡単**に得られます。多数の場合は電子同士の干渉が考えられるので**電子 1 個**ずつに近い実験をしても **1 回 1 回**で得られる**結果**は電子 1 個 1 個の**無秩序な着地**に過ぎませんが，多数回繰り返すと**着地点のパターン**は完全な**干渉縞**が得られます。この結果の解釈は Schrödinger 派と Heisenberg で違います。**Schrödinger 派**は電子 1 個でも**運動は波動力学**に従い，2 つのスリットを使った**波動**と考えます。**Heisenberg 派**はそれに断固反対します。波動として運動しているということが観察できないことからというのです。彼らにとっては**直接に観察**できたものだけが**物理 ＝ 真理**なのです。これに対し物理派にとっては**別々に行なった**電子着地実験の多数の**結果が干渉縞**を作ることが実験結果であって，それを説明するのが物理と考えます。Heisenberg 流の**観察だけ**が物理学が依存すべき実

験結果とは**考えません**。もっと**日常的**な物理的体験を**大事**にします。Schrödinger派は,電子は原子スケールの運動では完全に波動と考えます。したがって2スリット問題では1個の電子は**分かれて2つのス**リットを通りその背後では2つの**波が重なる**際に位相差のために干渉縞を起こすと考えます。**1つの音源**から出発する音波が**二つの穴**を通ったあとそのあとで**位相差**のために音が**強い所**と**弱い所**を生ずるのは注意深い人の日常的体験だからです。

■第1論文の物理的内容

前段では第1論文の構成上の特長として,①物理量の微分演算子化による波動**方程式の導入**,②波動方程式の完全な**数学解**,③境界条件の適用による**固有値**と固有関数の選び出しを挙げましたが,これは量子力学の物理的内容には全く不案内な人を含めての第1段階の説明です。この論文について**Tomonagaが問題**としている点を論ずるには,Schrödinger波動方程式とは何であるかを物理学的に正確に規定せねばなりません。以下ではまず,**5つの論文**の物理的内容を共通認識とするために,各論文について,問題点についての議論を深追いせずに指摘だけにした**物理的アウトライン**を提示します。同時に各論文の目的と相互関係を記すことにします。

まず第1論文は水素原子問題について次の手続きを順に行なっています。①Hamilton力学の正準変換によって変数選択を行なうと同時に最小作用原理により**作用量関数S**を導入し,物理量をSへの微分演算子ととらえています。②水素原子問題の古典力学解を得る方法として,**Hamilton力学**の多変数方程式を解くのでは**なく**,**Hamilton-Jacobi**方程式を解く方向を選んでいます。③ただしHamilton-Jacobi方程式の変数S(作用量関数)を直接使わずに$S = h\log\psi$(hはPlanck定数)という変換を行なって変数をSからψに変えて,以後の議論を進めています。ψを変数に変えたHamilton-Jacobi方程式が,

Schrödinger

Schrödingerの波動方程式でψは**波動関数**と呼ばれます。

　古典力学である Hamilton-Jacobi 方程式と Schrödinger 方程式の**違いはこの変換**による**作用量関数 S** から**波動関数 ψ** への変数変換にある訳ですがこれを**どう見るかで**意見が**別れます**。**Tomonaga** は，これは単なる変数変換なので Schrödinger 方程式は古典力学式であって**量子力学ではない**と考えているようです。これに対し **Schrödinger** は変換係数として Planck の定数 h という特別な数を使っているのでこれは**古典力学とは違う**と考えたようです。この点については，「h の意味と波動関数」としてこの段の後に論じることにし先に進みます。④第1論文では Schrödinger は**水素原子**に関する波動力学方程式の完全な数学解を示しています。座標として 3 変数の球座標（ψ, θ, r）を取り，波動関数の変数分離解 $\psi = \psi_1(\emptyset)\,\psi_2(\theta)\,\psi_3(r)$ を示しています。ψ_1, ψ_2, ψ_3 に関する方程式はそれぞれ2階ですが，積分定数は，解の性質上，それぞれ1個で，全体で α, β, λ の3個となります。積分定数の配置は，ψ_1に対してはα，ψ_2に対してはβ，ψ_3に対してはλとなります。そしてψ_1, ψ_2, ψ_3 それぞれの数学関数は，ψ_1 が三角関数，ψ_2 が Laguere の多項式，ψ_3 が Legemdre の球関数です。⑤波動方程式の解としては古典力学理論では積分定数の**全て**の**実数値**に対し，対応する解は**解となり**ますが，Schrödinger はここで立ち止まります。波動方程式の解としては波動関数 ψ が**境界条件**(循環条件を含む)を満たし，しかも全域で有界であるものしか認めないと宣言します。そしてそのような波動関数を与える積分定数を次のように発見します。

〔$\alpha = m = 1, 2, 3, \cdot, \cdot, \cdot, -1, -2, -3, \cdot, \cdot, \cdot$〕
〔$\beta = l\,(l+1)\quad l = |m|, |m|+1, |m|+2, \cdot, \cdot, \cdot$〕
〔$\lambda = n + l + 1, \quad n = 0, 1, 2, 3,$ 〕です。

　そしてこの m, l, n を Schrödinger 方程式の**固有値**，これに対応する波動関数を**固有関数**と名付けました。Schrödinger にとっては，波動力

学方程式の解の中から固有関数を見つけ，全ての固有値を示すのが仕事です。当然固有値に対応する量子化されたエネルギーレベルも発見します。波動方程式の解析による**固有状態，固有関数の発見**，それに対応する固有値と**固有エネルギーの発見**，これが Schrödinger にとって量子力学の全てです。Heisenberg と違い，**これ以上，**量子力学の本質について論ずる必要があるとは**思っていません**。それを言うために，**論文の最後**で波動力学の**意義**は Heisenberg では**理由もなく突然に**1,2,3…だけが量子数として現れるのに対し，波動力学は**なぜそうなるのか**物理的な**理由**を示したものだと述べています。これについては「量子とは何か量子力学とは何か」で論じます。

■第2論文の役割

　第2論文は，第1論文とは異なり，新しい物理，新しい考え方を導入したものではありません。第1論文は Hamilton-Jacobi 方程式という当時の物理学者にとってはなじみの少ない力学理論から出発し，これを波動力学理論に変えましたが，**第 2 論文**は論理の**一番基礎**にある**考え方**を正直に読者に開陳したものです。その基本とは**光学**と**力学**の**類似**です。光学には光線を直線と見る**幾何光学**と，そうは考えない**波動光学**があります。前者は屈折率の変化スケールが波長に較べて大きい場合に，後者はそうでない場合に適用されます。屈折率の変化が無視できない場合に**光路を決定する原理**は光の**到達時間が最小**になる光路が，実際に光が通る光路であるというのが **Fermat の原理**です。

　光学では実際に光路を決めるには，一点から出発した光子の到達時間tが計算上は等しくなる点を連ねた **Fermat 曲面**を t を Δt 間隔で変えて多数作り**全空間を覆います**。すると目的地を丁度通過する Fermat 曲面が見つかれば，これから光の到達に**要する時間**がわかり，その**光路**も決まります。**光路**は必ず **Fermat 面に垂直**ですから各 Fermat 面から隣の Fermat に達する垂直な線分を連ねた曲線が光路だからです。屈折率が**変わらない空間**では Fermat 面は完全な平行平面群になり，

Schrödinger

光路はどこも直線になります。

　これが光学における幾何光学と波動光学の関係ですが，力学でも理論的には全く同様な理解ができると考えたのが Hamilton です。光学では「光路とは到達時間最小が経路である」が Fermat の定理と呼ばれる光学の基本ですが，力学でこれに対応するのが Maupertuis の原理です。質点の力学的な軌道は作用量積分 S が最小のものであるというのがその原理です。作用量積分 S とは運動量 p を経路に沿って積分したもの $S = \int p\,ds$ です。これは Fermat 定理でいう到達時間 t とは光速度 u の逆数を光路に沿って積分したものであることに対応します。つまり $t = \int (1/u)\,ds$ です。力学の場合ポテンシャルエネルギーが場所によって変わらないなら運動量に変化はありませんが，核の近傍の様にそれが場所によって大きく変わる場合は，運動エネルギー $T = (1/2m)P^2$ は $T + U = $ 一定 の関係から場所によって大きく変わります。それに伴って作用量 S が等しい点を連ねた S 面も複雑な形になり，それに直交する力学軌道も直線とは違う複雑な曲線となります。

　光学と力学は理論を極めた所では構造的に相似になるというのが Hamilton の信念だったように思います。その結果到達したのが Fermat 曲面と作用量曲面（S 面）の相似でした。その基礎になったのは Hamilton-Jacobi 理論でした。屈折率の変化がない空間での光学を幾何光学，変化が大きい空間での光学を波動光学と呼びますが，それならばポテンシャルエネルギーの場所変化が大きい場合に適用できる力学を波動力学と呼んでおかしい理由は全くありません。しかし実際は波動力学と呼べるのは Planck の定数 h を導入し変数を波動関数 ψ に変えた Schrödinger の方程式だけです。Hamilton-Jacobi 方程式で水素原子を扱った結果が Schrödinger 方程式の結果とどう違うのか興味あるところですが，これは Planck 定数と波動関数の項で取上げましょう。

■第4論文が求める複素波動関数

　第2論文はこのように第1論文の追加的説明です。これに対し，第1論文が量子力学論文として足りなかった点に気付いてこれを正し，Tomonagaも認める量子力学の方程式にしたのは第4論文です。第1論文と**第4論文の一番の違い**は，第1論文では**実数**であった波動関数を**複素数**としたことです。Tomonagaの主張の根本にあるのは，量子力学の本質は**波動関数が複素数**であることである。従って実数の波動関数しか与えない**第1論文を量子力学と認めることはできない**ということです。こう聞くと第1論文が水素原子の波動関数として与えたLaguerreの多項式やLegendre球関数は**全て実数**であるから間違いであって，それが**複素数になるように**最初の基礎式を変えねばならないと聞こえます。すると方程式はともかく波動関数はどうなるのか，間違いとされた**波動関数をどう変えたら良いのか**心配になります。これに対する答えは**実は非常に簡単**です。第1論文の波動関数を $\psi_0(x,y,z)$ あるいは $\psi_0(\varphi,\theta,r)$ と書くと**水素原子の正しい波動関数 ψ** は変数に時間を加えた $\psi(x,y,z,t)$ であって，$\psi_0(x,y,z)$ との関係は $\psi(x,y,z) = \psi_0(x,y,z)e^{\pm itE/h}$ です。ここでEは系のエネルギーで $E/h = \omega$ は角周波数です。±はどちらをとっても良いです。つまり第1論文で示した**波動関数 ψ_0** は**間違いではありません**。波動関数は角振動数 $\omega = E/h$ で複素振動する関数ですがその形は $\psi_0(x,y,z)$ で与えられているのです。

　量子力学の本質は波動関数が複素数であることといっても，それは電子の運動が**3次元の形を取って複素振動する**ということですから第1論文の方法で3次元の形を知れば問題の核心は十分掴めることであり，それを**間違いとする**には**当たらない**と思われます。少なくとも水素原子の問題ではそう思われます。しかし実変数波動関数では問題の本質とか核心がとらえられない問題があるとすればそれは2スリット問題です。

Schrödinger

　量子力学の最難関問題である電子についての**2スリット問題**を本格的に考え解明を試みてみましょう。まず大事なのは基本認識ですが，1個の電子はどちらのスリットを通るのか両方のスリットを通るかです。Schrödinger の立場では**両方のスリット**を通ると主張します。これは単なる主張ではなく事実であると強調します。1個ずつの放射実験では電子はバックスクリーンの上に予測不能に分布した点として観測されますが，**多数繰り返すと干渉波形**が現れます。これは**個々の電子**は2つのスリットを**同時通過**した後，2つの**経路が干渉**を起こしていることを示しています。1個の粒子である電子は力学的には 2 つにわかれて 2 つのスリットを通過できません。従って干渉の事実は，電子は**通過の際**は**波動として運動**していることは明らかです。つまり電子は**静止している時は粒子**だが運動している時は条件によっては完全に**波動**であるというのが，Schrödinger と Schrödinger 派の**基本認識**です。物理派の多くは同見解と思いますが **Landau 派**は電子は粒子であるとしか認めません。

　電子の運動は波動であるということを古典力学の土台の上で理論化するには，可能性は **Hamilton‑Jacobi** しかありません。Hamilton‑Jacobi は Fermat 面に相当する作用面（S 面）を使いますが，与える軌道は**S面に垂直な経路**でこれは**純粋な力学軌道**にほかなりません。波動性は一切なしです。ここで Schrödinger は飛躍したのです。$S = h\log\psi$ という変数変換を行なうことで，作用量面（S 面）を，軌道を求めるための**手段ではなく**，**物理的存在**である**波動面に変えた**のです。正確には波動の等位相面に変えたのです。**波動**とするなら S 面は**矛盾なく2つのスリット**を通過します。

　量子力学として大事なのは，波動として 2 つのスリットを同時通過することだけではありません。**通過した後**の波動が位相の違いで**干渉**を起こすことです。**音波の場合**，位相を直接検知する方法は**ありません**が，音には測定可能な振幅の外に位相があることは良く知られてい

270

Schrödinger

ます。それは音圧を振幅と三角関数で表現すれば三角関数の中に周波数と並んで現れるものです。**音の場合**は音圧の振動は実測可能なので**位相も実関数**として表わせます。これに対し、3次元の形が**正から負へ変動して振動**するのは実測できません。従って変動を表現する関数は三角関数のような**実関数ではなく** $e^{it(E/h)}$ のような**複素関数**になるのです。

複素数である波動関数の具体的形は明らかですから、これを引き出す波動方程式の形はすぐ決まります。第1論文が H をハミルトニアンとして $H\psi = E\psi$ であったのに対し、$H\psi = -ih\,\partial\psi/\partial t$ です。このように正しい Schrödinger 方程式 $H\psi = -ih\,\partial\psi/\partial t$ がいとも簡単に得られましたが、それは Tomonaga が量子力学とは認めない t を含まない **Schrödinger 方程式** $H\psi_0 = E\psi_0$ が Hamilton-Jacobi から出発しながら作用量変数 S を h を用いて波動関数に変える方法をもって得られていたからです。波動関数 ψ に時間を入れ、波動関数全体を複素数化する段階は実験結果から必然的に帰結された二つの原理(①運動中の電子は**波動**である、②電子の波動は**干渉**を起こす)を基礎にすれば容易にしかも自然に導かれます。

これに対し、Tomonaga は第1論文の時間を含まない波動導関数を量子力学ではないという理由で**否定**していますので時間を含む波動力学方程式を**ゼロから出発**し立証していかねばなりません。Tomonaga は異常な努力をもって著書の中でこれを展開していますが、見通しの良い議論とは言えません。立論は、交換規則 $pq - qp = ih$ を基礎にした行列力学に基づいたものですが私自身には議論の道筋が見えず全く理解できませんでした。

■Schrödinger こそが量子力学混迷の中心

ここで本書のテーマである現代物理学の混迷と解明の一例である「**量子力学における混迷**」について**解決を明示**する時が来たと思いま

す。混迷とは二つの学説が互いに相手は間違いだと主張し，それが長い学問的討論によっても合意に至らないので第3者には**混迷**と認識されることです。量子力学の**問題全体**を見るならば対立していた問題点は何人かの天才の手によって**解決され**，量子力学全体としては終局到達点に達しています。しかしながらこのように解決されるのは物理的な主張の**相違点**であって，物理的主張の**背後にある物理観**については当人同士は**討論しない**し討論しても解決に至る議論にはならずそのままに残っています。その一番の例が Tomonaga の量子力学教科書における **Schrödinger 方程式**と **Schrödinger** の**取扱い**です。Schrödinger 方程式には時間を含まないものと含むものの 2 種があり，Schrödinger が第 1 論文と第 4 論文で導入したものですが，Tomonaga はこの 2 つの方程式が物理学における**最重要方程式**であることは認めますが，どちらについても **Schrödinger** をそれぞれの法則の**正統な発明者**とは**認めません**。まず Hamilton-Jacobi から入り定常波動方程式に至った第 1 論文方程式についてはそれが「純然たる古典論」であって量子論になっていないとの理由から量子力学論文とは認めず Schrödinger の名を付けることを拒否し，**de Broglie 論文**と名付けました。de Broglie は波動力学の**数式展開**には**一切関与せず**，しかも **de Broglie の波動力学**は Einstein の**特殊相対性理論**を基礎とするものであって非相対波動力学である第 1 論文に de Broglie の名を付けるのは，一応筋は通しているとはいえ，誤解を招く乱暴な話です。

　時間を含む Schrödinger 方程式についてはその正当性は認めてこれに Schrödinger 方程式の**名を与える**ことに同意しますが，方程式の導出法については，時間を含まない方程式が確立されている基礎の上にこれが振動現象であることを認識して波動不定式に導く **Schrödinger** の**巧みな導出法**を**認めません**。そして完全に行列力学に立脚して波動方程式を導く仕事を Tomonaga 自身が行なっています。Schrödinger の**名前は残っています**が，Schrödinger **自身の影も形もありません**。

Tomonaga のこの Schrödinger への見方はかなり特殊なものでありますが，Tomonaga の学問的権威と何事も徹底完璧に論述するその学風に圧倒され，これを批判し公表したプロ物理学者は一人を除いていません。一人は Taketani で Nagasaki と共著した『量子力学の形成と論理全3巻』は Tomonaga の主張への堂々たる否定になっています。Taketani にそれができたのは**物理学と哲学**の研究の広さと深さに於いて Tomonaga を超えているという自負があったからだと思います。プロなら誰もが圧倒される Tomonaga の緻密完璧さに彼が圧倒されなかったのは物理としてまず**大事なのは大きな正しい見通し**だという信念があったからでしょう。私に直接聞かせた Tomonaga 評は「変わった人だ」ということでしたが，それを意味していたと思います。

　プロ物理学者の多くは，**事実上は Taketani 論**であり Tomonaga 論者は少ないと思いますが，それが**公表されることはありません**。一方，量子力学を応用しなくてならない必須の道具と考えるのは**化学者**ですが，彼らは量子力学を **Tomonaga** の教科書で勉強することはなく，**Pauling** と **Wilson** の**量子力学序論**の訳書（坂田民雄ほか訳）で学びました。これは量子力学の初心者で物理にも数学にも詳しくはない化学者に対し Schrödinger の波動力学の使い方をその一番の関心事である**原子と原子の結合**，不結合に至るまで**懇切丁寧**に解説した**絶対の名著**です。使い方中心ですから Schrödinger の波動力学の考え方を特に説明していません。1935年出版ですが**波動力学**という言葉さえ**ありません**。まして行列力学との比較論などありません。Schrödinger が「世界の当然」と見なした本です。そのためか，坂田民雄が訳者に名を連ねていても**プロ物理屋**でこの本に目を通す人は**少ないようです**。これが量子力学における混迷の実態です。それは量子力学における**化学屋と物理屋の分裂**です。私自身は**化学屋的な発想思考が大嫌い**な物理屋ですが，助手時代に応用化学系学生に**量子力学入門を教える**には Pauling-Wilson に従いました。当時は教科書を買わせることはできないのに助

手なのでプリントも使わずに Pauling-Wilson を **Heitler-London 共有結合理論**に至るまで黒板にチョーク1本で書きまくりました。一切のメモもなしにですが，これには学生はよくついて**来ました**。Bohr や Heisenberg を含めるようにするとお話になってしまい講義はダメになりました。

■Schrödinger の始めから1本道

　このような分裂状態の中で**一番被害を受けている**のは Schrödinger が第1論文の中で開いて見せた古典力学から Hamilton 力学を中継して波動力学に飛躍する**1本の道**でした。量子力学が古典力学に起源を持つような考えを Heisenberg 派は拒否し，無視します。一方 Schrödinger 派も波動力学という体系を反対派との論戦に負けない守りに強い論理体系にすることには熱心ですが過去にいくつか間違いを指摘された Schrödinger の固有思想については安全が確認されるまでそれに近づかない風があるからです。第1論文の内容とはまさにそのような **Schrödinger の固有思想**なのでこれを知るには**特別な文献**をたどる必要があります。**第1**は1926年の Annalen der Physik 79 に出た**原論文**です。理想だがドイツ語の壁があります。**第2**には Taketani-Nagasaki の量子力学の形成と論理 III巻2章にある5頁の要約です。**第3**は **Walter Moore** の **Schrödinger Life and Thought** にある Discovery of Wave Mechanics の中の The first paper で6頁の記述があります。いずれもプロ物理学者から見れば特殊な道筋であり，そのいずれかを論評できるまでに丁寧に読んだ日本の物理学者はいないように思います。

■原論文にあらわれる h と $\log\psi$

　そこで本書では**原論文**から Schrödinger の何が見えて来るかを示したいと思います。まず問題にしたいのは，第1論文は基本的には古典力学であって量子力学ではないという点です。Schrödinger は**波動力学**

Schrödinger

に向かう道筋の**第1ステップ**として Hamilton 力学の正準変換から入ります。結果として運動量は物理変数ではなく**作用量関数 S への微分演算子**になります。量子力学の初学者は運動量 p_x が変数ではなく結局 $i\hbar\partial/\partial x$ という**演算子**であることを知り，これが古典から**量子への変換**の一つだと**思いがち**ですので，量子力学への入口を Hamilton 力学で始めるのが非常に重要と思います。**第2**ステップは Hamilton 力学から **Hamilton-Jacobi** 方程式への前進です。これは光線光学から Fermat 光学への進展の力学アナロジーで，波動力学に進む学習者に十分に強調しておかねばならない古典力学の原理です。**第3**ステップは突然に古典力学の**作用量 S を波動関数 ψ** に変換する離れ業です。その理由と意味を問わねばなりません。

Schrödinger はまず $S = k\log\psi$ という変換を行なって変数を S から ψ に変えています。ここで変換の意味について2つの観点から検討します。第1点は S に対応する新変数を単純に ψ として $S = k\psi$ とせずに $\log\psi$ とした点です。$S = k\psi$ であれば，変換によっても古典力学という性格は全く変わらないと結論されるでしょう。ではこれを $\log\psi$ としたことに特別の意味があるといえば両方共に単調増加関数なので数学的には何の違いもありません。しかし物理的には，ということは次元を考えることですが，Schrödinger が $\log\psi$ を用いたことは，ψ を無次元数としたことです。$\log\psi$ も当然無次元です。従って定数 κ は S と同じく作用量の次元を持たねばなりません。ψ でなく，$\log\psi$ を用いたことには物理的には決定的意味があります。

■Scale factor としての h

Schrödinger は次の段階で定数 κ を Planck の定数 h に等しいと置いています。h は作用量であり，しかもその代表ですからこの決定は**常識的便宜的**なものに思われますが，実は**そうではない**ことは少し物理的考察をするとわかります。κ は作用量であれば何でもよいのではなく，$h = (1.0\times10^{-34}\,\mathrm{J\,s})$ を選び単なる 1.0 ではないのかです。物理

的直観を働かせるとこれは Scale factor ではないかと思いつきます。水素原子の波動関数 $\psi(\emptyset,\theta,r) = \psi(\emptyset)\psi(\theta)\psi(r)$ のうち動径部分に注目すると，動径関数は量子数によりますが，図（277,278頁）のようになり，$n = 1$なら1山，$n = 2$なら2山のパターンが見えます。これは**1個の電子の存在状態**ですから Newton 力学では考えられないことで電子の**波動性の表現**ですが，これは**後で論ずる**ことにして，**ここではこの山の現れる位置＝核からの距離を問題にします**。この横軸のρは$\rho = (2/na_0)r$ で$n =1$なら Bohr 半径 $a_0 = 0.529\text{Å} = 5.29 \times 10^{-11}m$ の 1/2 を単位にした表示で$\rho = 2$が$r = 0.529\text{Å}$です。つまり **Bohr 半径ぐらいの距離で電子の波動性**が**見られる**ということです。これは Schrödinger 方程式を積分した上，境界条件を満たすものを選び出すという量子化操作を行なっての結果ですが，**量子化操作**は何事も持ち込まず選び出すだけですから原子核からの Bohr 半径程度に見られるこの**波動現象**は量子化によって**現れたのではなく**，Hamilton-Jacobi 方程式を使った Hamilton 力学の中に**内包された**ものです。

つまり粒子の軌道としての力学と波動現象を**対立させて考える**のは Newton 力学であって Hamilton の力学では**作用量S面とそれへの直角軌道**としての軌道論を持っていますから**作用量面に注目すれば波動論**であり**直交射線に注目すれば力学論**です。しかしながら図（278頁）のような波動的力学現象を**日常的に決して経験**しないのは**スケールの問題**です。第1論文の中の，$S = k\log\psi$ の変換定数κは**波動現象**がどのくらいの寸法の所に現れるかを決めている決定的に**重要な定数**です。そのことを理解するためにkを動かすと何が変わるか調べてみましょう。kが，$k = h = 10 \times 10^{-34}$ J s である時，図（277,278頁）のような波動性のパターンは $r = 0.5\text{Å}$あたりの所に現れました。ここでkを 10^{-34}からさらに 10^{10}小さくして 10^{-44}にしてみます。この時波動パターンが現われる r が0.5Åから変わる訳ですが，その時 S の変わり方と $\log\psi$ の変わり方では大きな違いがあります。0 に近い ψ は仮に

10^{10} 変わっても $\log\psi$ の変わり方は $\log$ ですからそれほどではありません。したがって従って式が成り立つ為には S が 10^{-10} 変わらねばなりません。S は**電子の運動量と運動距離の積**ですから概算では波動現象が現われるスケールが 0.5Å の 10^{-10} 程度小さくならねばなりません。逆に k を 10^{10} 大きくすると波動現象が現れるスケールは $0.5\text{Å} = 0.5\times 10^{-10}\text{m}$ の 10^{10}, つまり**完全に巨視的スケール**になるのです。実際

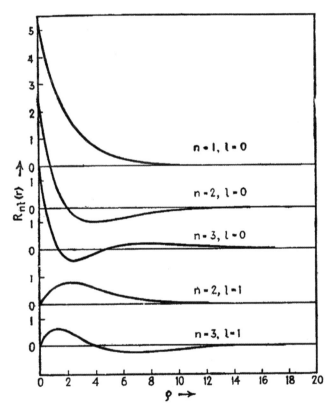

—Hydrogen-atom radial wave functions $R_{nl}(r)$ for $n = 1, 2,$ and 3 and $l = 0$ and 1.

には巨視的スケールで波動現象は**起こりません**からこれは完全に間違いです。**κ** が **h** より大きいことはあり得ません。逆に Newton 力学では原子スケールでも波動現象を認めません。これは **κ** が **h** ではなく，**h** より遥かに小さいことを意味しています。つまり **Newton 力学は κ が無限に 0 に近づいた極限です。***k* が **Scale factor** というのはこのような意味です。

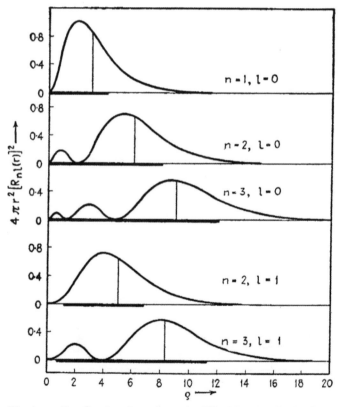

—Electron distribution functions $4\pi r^2[R_{nl}(r)]^2$ for the hydrogen atom

Schrödinger

■巨視世界と微視世界の違いの発見

　しかしこの話を **Safe factor 決定**の話と思ったら**間違い**です。もし，原子半径が 0.5Å であることを実験データから知った上で，そこで図（278 頁）のパターンが起こるように k を決めたなら，それは Scale factor の決定ですが，そこには何の**物理的発見はありません**。ところが**逆に**kを作用量次元だから作用量の一番の基本であるプランク定数 h と定め，次に $S = h\log\psi$ の式から波動パターンの現れるスケールを 0.5Å 程度と結論し，それが実験と一致すると解れば，それは自然法則の何かがわかったことになります。**何がわかったか**，それは Hamilton 力学という力学の中に**波動性**があること，それが現れるか**現れないか**はもっぱら**スケールによる**ということです。**早速そのチェックをして**みましょう。h を 1.0×10^{-34} J・s とし上でこれに相当する S のスケール L を見てみます。$S = pL = muL$ ですから電子質量 m $= 1.0\times10^{-30}$，その**速度を光速 c** の **1/10** 程度 $u = 0.1\times10^{8} = 10^{7}$m/s とすると，スケール L のオーダーは，$L = h/mc = 10^{-34}/10^{-30}\times10^{7} = 10^{-11}$m となり **Bohr 半径** 0.5Å $= 5\times10^{-11}$m に**十分近い値**となります。電子速度がもう少し小さければ完全一致です。

　Schrödinger の第 1 論文の中の**二つのステップ** $S = k\log\psi$ とそれに続く $k = h$ は，すごい**物理的発見**に導いたのです。それは Hamilton 力学は作用量面 S に注目するとスケールの小さい所では**波動性を示す**ことを，**理論的には**推論していたのに対し，第 1 論文は，作用量と原子半径に**実験値を用いる**ことによってそれを**実証**してしまったのです。つまり電子の運動が原子スケールでは波動性を示すことを理論と実験の両面から示したのです。ここで**注意したいのは波動性**を示すのは電子の軌道ではなく，それに直交する電子の作用量面だということです。そして**波動関数** ψ とはこの作用量を**無次元化した表現**にほかならないということです。

Schrödinger

■2スリット問題

　波動性を示すのは**電子の軌道**ではなく**作用量の無次元表示**である**波動関数**であるということが，第1論文から導かれる重要な結論ですがこの点を良く理解するには2スリット問題をこの観点から説明するのが最適だと思います。Tomonaga は2スリット問題を光子を使って説明した小著『光子の裁判』が有名ですが，光子あるいは電子が2つのスリットを同時に通過したかどうかについての答えは間違いはないが**結局不可思議な現象**ということだけで**答えになっていません**。干渉が起っていることから推論して同時通過していることは確かだが，それを確かめようとして電子の通過を測定すると干渉は起らなくなるということです。これに対し Schrödinger の考えでこの問題を見ると運動する**電子は波動だから**当然，音波がそうするように2つのスリットを**同時に通過**し，その背後で**2つの波が干渉**します。2つのスリットを通る電子の割合は波動関数の値から知ることができます。波動関数は空間全体で積分すれば丁度1になるように規格化されているからです。ここまでは良いのですが Schrödinger はこの先で**結論を急ぎ過ぎ**間違った結論を出すことで**決定的に学問的評価を落**としてしまいました。それは1個の電子が波動関数で表される比率に従って分割されて二つのスリットを通るという主張です。正しくは**波動としての電子**が2つに**別れてスリット**を通るのに**実体としての電子**が別れてと考えたことが**誤り**でした。それが誤りであることはもし電子の実体が別れていれば必ず発見されるはずの電子の「かけら」が決して発見されないことから明らかでした。**間違いは電子という実体は電子が静止**している時に観察されるものであり，光速に近い速度で運動している電子について我々が認識しうるのは**波動としての性格**だけであるのに，波動の中にそれと**両立しない実体**を持ち込んで考えた間違いでした。

■時間を含む Schrödinger 方程式の発見と証明

　この**間違いを反省**して Schrödinger が考えたのは**波動として運動す**

る電子を時間空間の中で正確に記述することでした。これが**第4論文**でその成果が時間を含む Schrödinger 方程式です。それから得られた成果はすでに述べた如く時間を含まない Schrödinger 方程式（第1論文）の解を ψ_0 とするなら，これを振動の振幅とし，これに時間的に複素変動する位相 $e^{-i(E/H)t}$ を掛けたものです．これで波動関数は実数ではなく**複素数**となりました。この方程式の導出をしたのが第4論文ですが，Tomonaga はその**導出法の正当性を認めず行列力学から**の導出を著書の中で，自分で行なって見せていることは既に指摘した通りです。この **Schrödinger の導出法**は，基本は Einstein の**光子**と**電磁波**と**の関係論**に沿ったものですが，Einstein はこれを支持しています。**Schrödinger** の導出が**正確さ緻密さを欠く**ためにこれをそのまま引用する人はいませんが **Landau 派**はその精神のまま支持しています。特に参考に値するのは **Kampaneyets** です。Hamilton 力学，Hamilton-Jacobi の十分説明の後，量子力学の第1講が Schrödinger 方程式で，その導出を行なっているからです。

その**導出の大筋**は，まず**自由粒子の波動関数**を誰もが納得できる形で示し**確定**します。次にそれを満足する波動方程式を導きます。つぎにそれをポテンシャルが**ある場に拡張**するだけです。その間で波動関数と作用量関数 S との関係が発見されます。実際にやってみましょう。

まず**自由粒子の波動関数**が $\psi = e^{-i\omega t + ikr}$ と与えられると，$\partial\psi/\partial t$ は $\partial\psi/\partial t = -i\omega\psi$ となります。Einstein の関係から光子の振動数 ω とプランク定数 h の積はエネルギーですから，$\omega h = \varepsilon$ ですので，この関係は $ih\partial\psi/\partial t = \varepsilon\psi$ となります。ここで**自由粒子**についてはエネルギーは**運動エネルギー**だけですので，運動エネルギーを運動量 p で表すことにします。$\varepsilon = (1/2m)(p_x + p_y + p_z)$ です。ここで次に運動量 p と座標 x, y, z についての**微分演算子** $\partial/\partial x, \partial/\partial y, \partial/\partial z$ の関係に注目します。自由粒子の波動関数 $\psi = e^{-i\omega t + ikr}$ に戻って

Schrödinger

$\partial\psi/\partial x$ を求めるための k を運動量 p で書き変えます。ω が Einstein の関係 $\omega h = \varepsilon$ で書き変えられたよう k は Compton の関係で
$ikr = i(1/h)(p_xX + p_yY + p_zZ)$ と書き変えられます。従って
$\partial\psi/\partial x = (p_x/h)\psi$ となります。もう一度微分すると，
$\partial^2\psi/\partial x^2 = (p_x^2/h^2)\psi$ です。同じことを y と z について行なって，p_x^2 の代わりに $\partial^2\psi/\partial x^2$ を使って運動エネルギーを表わすと，
$\varepsilon\psi = (h^2/2m)(\partial^2/\partial x^2 + \partial^2/\partial y^2 + \partial^2/\partial z^2)\psi$ となります。
右辺の偏微分和はベクトル解析の記号で $\varDelta$ と書かれます。従って運動エネルギー ε は $\varepsilon = (h^2/2m)\varDelta$ です。結局，自由粒子の波動力学の方程式は，$ih\partial\psi/\partial t = \varepsilon\psi = (h^2/2m)\varDelta\psi$ となります。

ポテンシャル V のある場所での波動力学方程式は，運動エネルギー $E = \varepsilon + V$ を用いて $ih\partial\psi/\partial t = \varepsilon\psi = ((h^2/2m)\varDelta + V)\psi$

Schrödinger 波動方程式の導入と立証はこれで物理的に健全で合格です。Tomonaga のようにこれを**行列力学**から導出することも一つの立場ではありますが，物理的には**不自然で健全とはいえません**。なぜそうなったかは，古典力学を越える量子力学現象をどう捉えるか基本的視点のえらび方に関わっていると思います。つぎにそれを論じます。

■再び2スリット問題

波動関数の性格がだいぶ明確になったこの時点で再び 2 スリット問題を取り上げます。ポイントは電子が 2 つのスリットを同時に通ったか否かですが，実験的には同時通過は確かですが，理論面では**古典力学では一方通過，波動力学では同時通過**と言われていますが，これは力学の定義が曖昧なままの決め付けで物理的議論になっていません。**正確には** Hamilton 力学という**古典力学の範囲内で一方通過，同時通過の両端がある**のです。**Hamilton 力学は粒子追跡型**の力学ですから一方通過ですが **Hamilton-Jacobi 方程式**は等位相面で全空間をおおう力

学ですから**同時通過**になります。つまり粒子を追跡することに固執すれば一方通過ですが，力学のさらに高次の原理としての最小作用に原理に徹すれば運動としては同時通過も許されます。そして実験結果が同時通過を示しているならば，力学としても粒子追跡に固執するのは間違いではないかということになります。

■**干渉に必要な複素数波動関係**
　しかし2スリット問題は同時通過だけでは解決しません。通過した2つの波が干渉していわゆる干渉パターンを作る必要があります。それには波動力学が振幅のほかに位相を持ち，波動が重ね合わさった時，単純な振幅の算術和ではなく位置を含めた振幅の代数和が取られねばなりません。**音波**の場合位相を含めた振幅は変動する音圧で実数ですが，**波動力学**の場合位相を含めた振幅は複素数であり**大きな違い**があります。その違いを理解するために Hamilton 力学を作用量 S が等しい S **面に注目**してそれについて論じる**波動力学**とこの S **面に垂直に交わる軌道に注目**する粒子力学に分けてその間の関係を見てみます。力学としては関心の対象は粒子の軌道ですがこれは Hamilton-Jacobi によらない純力学的な Hamilton 力学でも得られますし，Hamilton-Jacobi を使う波動力学で S 面に法線を立てる方法でも得られます。粒子力学を紙の**表裏にたとえ，表を実物，裏を関数**といえば実物としての結果は実物面からだけでも得られるし，関数面で結果を求めてから法線によって実物面に達する方法でも得られます。紙の表裏は実物と関数なので**議論は完全に別**にしなければなりませんが，関数が実数の場合は実物の計算と関数の計算とが区別されずに一体となっていることがよくあります。

■**波動力学は実際面と原理面双方で量子力学**
　これに対し**時間を含む** Schrödinger **方程式**では方程式も波動関数も**複素数**ですから実物世界の計算と関数世界の計算は全く**別**になります。

Schrödinger

実物から関数に移る道はありませんし，実物世界だけでの完全な計算は非常に困難ですから**問題解決は関数の側から**，つまり複素波動関数の側から全部行ない最後で**実物世界に移る**必要があります。つまり時間を含む Schrödinger 方程式を囲む体系を Schrödinger の波動力学といえば，**これ 1 本で量子力学のあらゆる問題を初めから終りまで解決**せねばなりません。それは今までも既に**やって来たこと**であり立証済です。**残されている**問題は，普通は Bohr, Heisenberg に頼った形になっているいくつかの基本原理，

① 力学の作用量は Planck 定数 h で量子化
② Heisenberg の不確定性関係
③ Heisenberg の交換関係

これら全てが Schrödinger 力学の**中で導出されなければなりません**。実はこれを**試みたのが本書**です。最後に残された一番重要な関係の導出を持って本章を閉じます。

$pq - qp = (ih)$ を証明するには $p = (ih)\partial/\partial q$ ですから，
$(ih)\partial(q\psi)/\partial q - q(ih)\partial\psi/\partial q$
$(ih)\psi + (ih)q\partial\psi/\partial q - (ih)q\partial\psi/\partial q = (ih)\psi$ となります。

VIII

見えて来た現代物理学の骨格と本質

1. なぜ本書は全て見直しなのか　思考老化障害治療だから　286
2. 本章では何を現代物理と考えるか　288
   1) 場の量子論
   2) Dirac の電子論
   3) 特殊相対性理論
   4) 素粒子論
   5) QED（量子電磁力学）
3. 現代物理学の基礎法則と基礎方程式　293
   1) 3つの基礎方程式
   2) 基礎方程式
   3) Born による波動関数の確率解釈
4. 特殊相対性原理　296
   1) その意味と本質
   2) Michaelson-Morey の実験
   3) Lorentz と Einstein との違い
   4) Einstein による Lorentz 変換の導出
5. 一般相対性理論　304
6. 場の量子論　305
7. 素粒子論　307
8. QED 量子電磁気学　309

1. なぜ本書は全て見直しなのか　思考老化障害治療だから

　長い本書も最後の章になりました。最後と気付くと急に思い出すのは，一体何をしたのだろう，そしてそれは**何のためだったろう**という投げかけです。**何をしたか**ははっきりしています。Newton の見直し，Planck の見直し，Heisenberg の見直しと**見直し**がメインでした。特に最初に力を入れたのは **Newton** の見直しでした。力学とは **Archimedes** 以来 **Galileo, Huygens** と実に多くの人の珠玉のような貢献の**積み重ね**として完成された学問なのに，**自分一人の天才的**な頭の産物のようにそれを**作り上げて**しまった **Newton** の人格に対し私は強い批判の目を持っていました。やったことは**偉大**だが残した**問題も大きい点**で毛沢東と同じと思っていました。それなのにプロ物理学者は**彼を最高とし**，**Principia** の太陽系理論の数学の**時代遅れ**や 2 回潮汐論の物理の**見通しの悪さ**を批判できないのです。**私が**当然のことのようにそれらを指摘し，あるべき姿に**直すことができた**のは，多分現在の日本の物理学者の誰一人読んでいないと思われる 500 頁の大著，**Lagrange** の『**Mecanique Analytique**』を読んだからです。この人の**学者ぶり**は Newton をはるかに超えるものでした。造幣局長，国会議員になって**貴族の名称**をもらい，**Sir Isac** と呼ばれることが夢だった Newton です。

　Lagrange の学問的態度に励まされて私が敢行したのはノーベル賞とプロ物理学者が揃って最高と見なす Heisenberg の見直しです。量子力学には**粒子論**と**波動論**の 2 つがあるとされ，**原理**は粒子論，**実際**は波動論という**すみ分け**がプロ物理学者の妥協の産物になっており，Heisenberg は量子力学の原理である行列力学の創始者とされ，プロ物理学者の間で最高の地位に置かれています。それに対して私は行列力学が実際計算に役立たないことは誰もが認めることだが，だからといって量子力学の原理を行列力学に独占させなければならない理論的根拠はないという信念でこの**一冊**を書いたのです。粒子論とは光速近く

の運動している電子も質量 $m = 9.1 \times 10^{-31}$ kg の粒子であるとする信念の理論ですが私はそう考えません。2スリット実験がどうしても説明できないからです。これに対し私は静止している電子は粒だが光速に近い速度で**運動する電子は波動**と考えます。これは **de Broglie** の考えであり，Schrödinger の考えだからです。

de Broglie 流波動論で量子力学を完遂するためには，量子力学の原理とされる不確定性原理も行列力学の原理とされる Commutation Rule も Schrödinger の波動方程式から完全に導出されねばなりません。誰もやったことのないこの仕事をしたのがVI章 Heisenberg の見直しとVII章 Schrödinger 方程式です。どちらも大して難しい仕事ではありません。それなのにプロ物理学者として名のある人が誰一人としてそれをやらないのは「なぜだろう」と不思議に思いました。その時思いついた理由の中ですごい Reality をもって**本当らしさを主張したのが重要な研究結果が次々と不動のパラダイムとして積み重なって数十年も経過した学問分野における思考老化障害**です。これをイメージで言うと，**自由に考えて走り回れた広いグラウンドにパラダイム**という記念柱が次々と建って行き，**その数があまりに多くなって自由に走り回る**ことが**難しくなった状態**です。

具体的に言うと，物理的内容が明確でない割に態度が大きく，その結果として適用範囲が広く障害度が大きい記念碑は Heisenberg のものです。「原子の中の電子の軌道なんてあるもんか。混乱があるだけだ」「量子力学の世界は古典力学の世界とは全く違う。古典力学の頂点から量子力学に移るなんて考えはバカげている」「波動関数なんて意味ないものを作り出す Schrödinger の訳がわからない計算なんてクソみたいなもんだ」，伝えられる放言は最高位 Heisenberg の言葉らしく自信に満ちており，一度聞いたら忘れられないものです。忘れられないだけでなくて量子力学創始者が発した無視しえない金言として**考えをし**

ばるものです。勉強を続けて第一人者ばかりでなく**それに次ぐ天才た
ち**が打ち建てた**記念碑**が次々に建てられるとグラウンドは**記念碑の林**
の様になってしまいます。そるとその後この世界で生きる人々は**自由
に考え走り**まくろうとする気持ちより，記念碑をうまく避けて利用し
て**生きればよい**と考える人ばかりになります。私はこれを**思考老化障
害**と呼んだのです。そこで私が**本書**でやったことは，**影響が肥大化**し
たり**曲解誤解**が進んで障害が大きくなっている**記念碑を手術し思考グ
ラウンドを再生**しようとするものです。

2．本章では何を現代物理と考えるか

　私が**本書**でやってきたことは量子力学の世界に**林のように建つ記念
碑**に立ち向かい，**その一本一本**についてその**内容**の意義とその**影響範
囲**の適否を**判断して切るべき**ものは切り**丈中に刈り込む**べきものは切
って**量子力学思考グラウンドの見通しを良くする**ことでした。こうし
て**最終章**に至った訳ですが，私はここで最後の言葉を残して**ペンを置
くつもりはありません**。この本に期待される使命は現代物理の混迷の
解明であって**量子力学の混迷の解明**ではないからです。

　つまり**量子力学の混迷の解明**という仕事を終えた私は，**見通しが良**
くなり，より自由な思考が可能となって**思考グラウンドに立って量子**
力学を超える現代物理学について**解明された説明**を述べなければなら
ないのです。そこでまず問題になるのは取り上げるべき**現代物理の具**
体的分野テーマとそれを解説する**態度**と方法です。取り上げるべき分
野とは 1925 年から約 10 年間のあの量子力学大論争時代の後に生まれ
て大きくなった分野です。

Einstein　Yukawa　Bardeen　Nambu

1) 場の量子論

　量子力学の後に生まれてその地位を受け継いだ分野といえば誰しもが思いつくのは場の量子論です。場の量子論は Schrödinger 方程式の弱点である多体問題を解決するための試みとして始められました。電子と photon（光子）が相互干渉するような系です。解決の方法として第 2 量子化が試みられました。電磁場のような連続場を無限個の粒子素と考えてもう一度量子化する第 2 量子化の方法です。Jordan, Pauli, Heisenberg が定式化を行ないましたが，何ら具体的な成果を得ることなく，物理学者は全て戦争に巻き込まれ，研究はストップしてしまいました。

2) Dirac の電子論

　その前に確かな成果を挙げたのは Dirac の電子論でした。これはそれまで何度も試みられながら誰も成功しなかった Schrödinger 波動方程式の相対論化を誰しも思いつかなかったような方法で Dirac が敢行し成功したのです。Nishina や Klein をはじめそれまでの人が既にこの仕事を行なっていましたが，不思議なことに相対論を考慮すると考慮しない場合より結果が悪くなるのです。Dirac はその原因は問題解決の方法が安易であり間違っていることを示しました。自身は真正面から未知数 36 個の連立方程式の解法に取り組み問題全体を解決します。結果は全て数式での表現ですがその意味を読み解くと，それまで誰もが考えもしなかったことを認めざるを得ないことになります。第1は「真空」とは何もない空間ではない。それはエネルギーがマイナスである電子がぎっしり詰まった空間であるということです。そのマイナスエネルギー電子が 1 個でも飛び出すとその点は Hole（穴，空孔）で電子 1 個の負電荷がない点，つまり正電荷を持った電子になります。この電子のない位置は前後左右に自由に動きますが，これは正電荷を持った電子が動き回っているように見えます。電子が動けばマイナス電流が流れますが，空孔が動けばプラス電流が流れます。シリコン Si

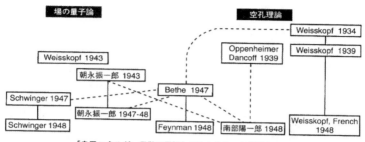

「自己エネルギー発散の困難」に立ち向かった科学者の相関図

のような半導体には電子が動く n 型半導体と空孔が動く p 型半導体があり，この 2 種の半導体の組み合わせがトランジスターの原理です。つまり Dirac 電子論は現代の半導体技術の決定的基礎なのです。

　この Dirac 電子論の論文は議論を進める物理的論理の確かさからも数式をできるだけ視覚化し物理イメージに従って計算できるようにする試算処理の見事さと言い，自由人物理家がしっかり学ぶべきものです。ところがこれは量子力学への相対論の適用であるため，量子力学でも相対論でも引用されていません。Dirac の著書『Principle of Quantum Mechanics』を見ねばならない状態です。そこで物理理論を言葉による論理と数式による論理を組み合わせて表現するという本書の特長を生かして本章ではそれを取り上げています。

3）特殊相対性理論
　本書のこのような態度は単に本書独特の表現法にあるのではなく，職業人物理家が避ける理論の本質を正面から述べることにあります。私がその点で不満を感じていたのは，特殊相対性理論に関する凡百の解説書です。本章では Dirac 理論の前に Einstein の特殊相対性理論を入れたのは 2 つの論文が関係深いだけでなく理論を進める態度が非常によく似ているからですが，それ以上の目的は私としては珍しく本質という言葉を使うべきと思ったからです。

4) 素粒子論

　1935年以降世界中の物理学者が，**Hitler** が引き起こした**欧州大動乱**のために**職を失う**かあるいは戦争支援研究に**引きずり出され**，研究どころではなくなりました。この異常な時代が始まった**丁度その時**，量子力学を根本的に超える研究，それまでの**物理学を根本的に変える研究**が突然に日本から現われました。**Yukawa** の**核力の原因**として**中間子の存在**を**提案**する論文です。ところが Yukawa の理論は西欧では全く**認められません**でした。というのは西欧では**科学**は**自然**を研究するもの，**自然とは神が創ったもの**だったからです。神が創った自然に人間が何かを加えることなど許されなかったからです。ところが実験で**自然の中に中間子がある**ことが確認されると評価は一変しました。電子の**運動は波動**だとした **de Broglie の提案**が Divison らの**実験で実証**されたことと同じ状況が起こりました。学問的には**素粒子論**という物理分野が**日本で生まれ**ました。**中心となったのは**戦争中，第1論文の後の Yukawa を支えて**第2論文，第3論文を書いた Sakata, Taketani** の2人です。2人共 **Philosopher** としての性格が強い徹底した**物理派物理家**でした。そのため**日本の素粒子論**では理論研究と実験研究が緊密な協力態勢の上で進められました。**研究の中心**は Nambu がいた**大阪市立大学**と Sakata がいた**名古屋大学**でした。**Gell-Mann** の名を不朽にした **Quark**（クオーク）の発見も実質的発見は大阪市立大学の **Nakano** と **Nishijima** によるものでした。それを素粒子として提案できなかったのは電荷が電子の 1/3 や 2/3 の素粒子に **Yukawa** が**断固反対**したためでした。素粒子理論の必須の武器となったのは**場の量子論**でした。

5) QED（量子電磁力学）

　場の量子論が中心となった分野がもう1つあります。**Lamb Shift** の研究です。**Tomonaga** と **Feynman** が **Nobel** 賞を受けた分野です。受賞の理由は Lamb Shift でなく**量子電磁力学**となっていますが，それは

Einstein　Yukawa　Bardeen　Nambu

次のような理由のためです。水素のエネルギーレベルは Dirac の理論によると 2S1/2 と 2P1/2 では同じ筈ですが，実際は 1050MHz（メガヘルツ）のエネルギー差があることがインド人 Lamb 教授の実験でわかりました。Dirac の理論だから理論も間違いはない筈とすると，原因は何かということで想像されたのは放射場が電子に干渉して生ずる自己エネルギーということでした。場の量子論で計算した自己エネルギーの増加をΔWとすると電子質量は，はだかの質量mよりΔmだけ増える筈です。増えた質量で自己エネルギー増加を計算するとさらに質量が増えることになり，これを繰り返すと質量は無限大になってしまいます。これが場の量子論の見直しが問われる Lamb Shift の問題です。

　この問題を量子力学後の理論物理の中心に持って来たのは Bethe です。広島と長崎に落したタイプの違う 2 つの核爆弾を実際作った Los Alamos 研究所で Feynman, Teller ら数百人いた最高級物理学者を率いて理論部長をした人です。彼がその地位に就いたのは，どんな物理問題に対しても誰よりも早く答えが出せるほど物理の実力が高かったし，真に実力があったため人格にゆがみがなかったからです。この Bethe は戦争終了直後の 1947 年 7 月，戦争のための研究が本務になっていた理論物理学者たちを Long Island の Shelter Island に集めて学問を再開しようと呼び掛けます。そして Bethe らしいのは競争で解決する問題として，Lamb Shift を取り上げ，さらに自分流の解決の方針と方法を呈示し，その方法で計算した答えを 1040MHz と示します。口惜しかったらやってみろということでしょう。

　Tomonaga は Yukawa の予測した meson（中間子）の質量が実験と違うことを気にして Dirac の考えに従って量子力学を相対論化する精密な理論を推進し戦争研究の合間に超多時間理論として理研の論文にしていました。この Tomonaga は主務は教育大でしたが戦争中 1 年だけ東大で講義したことがあります。その時の学生 10 数人は Tomonaga

を教育大研究室に追いかけ，**猛烈な Tomonaga の弟子**になっていました。その一人が **Shelter Island** のことを知り，**Tomonaga の超多時間理論を世界**に示す絶好の機会だと皆に呼び掛けました。競争するには理論だけではなく**具体的に Lamb Shift を計算**せねばなりません。そこで **10 名ほどの学生が数組に分かれ，Tomonaga の原論文に従い解析計算を遂行し Tomonaga がそれを全部チェックする** 1 年半が始まりました。そして 1949 年 9 月，日本物理学会の **Progress of Theoretical Physics** に論文を掲載できました。**結果は1076MHz** でした。Tomonaga はこれによって **Feynman, Schwinger** と共に 1965 年の **Nobel 賞**を受賞しました。

3．現代物理学の基礎法則と基礎方程式

1) 3 つの基礎方程式

現代物理学の**基本**を形作っている何か**があるのか**，あるとすればそれはなにかと考えていくと，**10 個**ほどのものが浮かび上がります。いずれも歴史に名が残る天才の名前がついた**法則**か**方程式**です。法則と方程式の**違い**は，**法則は物理家が考える対象を決めて言葉で物理を考えはじめた時，思考の大前提となる物理認識**です。その第一に重要なのは統計力学の方法で**熱力学**を考える時，唯一の決定的基本は，熱力学的には一つと認められる一つの**巨視的状態**に対応する**微視的状態**の数を W とすると，熱力学の**エントロピー** S は，$S = k\log W$ であるとする Boltzmann の法則です。k は **Boltzmann 定数**と呼ばれます。**次に重要なのは**，光速に近い状態の運動を考える時の**時間と空間**の認識です。その結果は Einstein の相対性原理の名で知られていますが，**基本になっているのは Lorentz 変換の法則**です。この式を支配している基本定数は c と記され，**光速と呼ばれる物理基本定数**です。その**次は**原子のスケールに近い微視的スケールでの**光子**（photon）と**電子の相互現象**（光の発生など）を考える時の基本認識です。これには Planck,

Einstein, Bohr の 3 つの立場がありますが，物理派の結論は既に詳述した通り **Einstein** の**光量子の法則**です。相互作用に関与する光子の角振動数を ω，エネルギーを E とすれば $E = h\omega$ とする法則です。h は **Planck の定数**と呼ばれる物理定数です。つまり基本物理定数と呼ばれるものは c, k, h の **3 個**ですが，これは **3 個の基本法則**に結びついています。

2) 基礎方程式

次に重要なのは物理を数式で表す時の基礎になる方程式群ですが，これには 3 つあります。
① **巨視的対象**についての運動力学の方程式
② 波動である**電磁場**を表す方程式
③ 量子効果が問題になる**原子スケール**運動力学の方程式

これは具体的には次の 3 つの方程式です。
① **Newton** あるいは **Lagrange** の運動方程式
② **Maxwell** の電磁場方程式
③ **Schrödinger** の波動方程式

このうち**量子効果**が問題になる**原子スケール**の物理については，**行列力学**と**波動力学**の 2 つの立場があり激しい争いになったことは上に述べた通りです。しかし 1927 年の **Solvay 会議**で一応決着された**結論**は**量子力学の原理**は Heisenberg の**行列力学**であるが具体的結論を得るための**実際計算**は計算がはるかに容易であり結論が同じになる**波動力学**ということでした。この**妥協的合意**が学問的に意味がなく混乱を招くものであることは本書全体で指摘したことであります。**本書の結論**は量子効果がある**原子スケールの現象**を十分に記述できるのは Schrödinger の波動方程式であり，行列力学が主張する量子力学の**基本原理**も全て**波動方程式から導かれる**というものです。従って量子効果が問題になる電子の運動現象を記述する方程式は **Schrödinger** の波動

方程式としてよい訳です。

　行列力学派，粒子力学派もこの結論に**異存はない筈**です。**行列力学には原子スケールの電子の運動法則を記述できる方程式がない**からです。しかし相手が土俵に寄って来ないから勝ちというのでは学問ではありません。波動力学の正当性について**行列力学派からの学問的判断**である**承認宣言**が是非欲しいところです。これが量子力学の混迷を解消する決定打になるからです。それが次に述べる**Bornの研究**です。

3) Bornによる波動関数の確率解釈

　Schrödingerの波動方程式は，Heisenbergら行列力学推進者からの徹底的な**反論**と攻撃にさらされましたが，よく調べてみると反論は**方程式そのものに対してではなく，方程式の解として得られる波動関数の解釈**に対してでした。はっきり言えば，Schrödingerは自分の物理的イメージに**過度な自信**を持っていたものですから，十分な根拠もないままに**間違ったこと**をいくつか主張しました。その最大のものは「**電子は粒子ではなく，空間に広がった連続体である。波動関数はその空間密度分布を表す**」というものです。でもこれはただちに**実験事実**によって否定されました。どんな過酷な実験によっても粒子として知られている**電子より小さな電子のかけら**は発見されませんでした。これは光が広大な宇宙に一様に広がっているように見えながら，Einsteinが主張したphoton（光子）より小さな光の「かけら」は発見されないことに相当します。

　この本人自身による**解釈の間違い**によって，その方程式自身も否定される**危機**になりましたが，それを救ったのは行列力学の**創始者Born**による「**波動関数は（電子の）存在確率を表す**」という立場の数学的証明です。この**証明**は波動力学を非周期運動である粒子の散乱に適用し，**粒子論の観点**を持ち込んで波動関数 ψ の2乗 $|\psi|^2$ が粒子の存在確率密度に等しいことを**厳密**に証明したもので，誰一人反論できない

ものです。**最大の危機**を**最強の論敵**が救ったことになります。これこそ学問の真髄でしょう。このことによって波動力学は単に**波動性を表すのでなく**，その奥にある**確率性**を表す確率性力学の表現であることが明らかになりました。さらに言えば，量子力学と古典力学の**決定的違いは確率性**にあり，その確率についての厳密な表現が Schrödinger 方程式であることが確定しました。**Born の果たした役割**はそれほどに基礎的であり巨大です。

　Einstein はこの結論を認めませんでした。その理由を「神様はサイコロ遊びをしない」と表現しました。ここに Einstein の限界がよく見えます。彼は徹底した物理派でしたが，徹底した Atheist（反神論）にはなり切れなかったのです。

4．特殊相対性原理

1) その意味と本質

　Einstein が作った**相対性理論**には，**慣性系**を対象にした**特殊相対性理論**と**加速度系を含んだ一般相対性理論**がありますが，どちらも科学理論とは思えぬくらい一般人の関心に応え，内容がよく人々の知識の中に入っています。**特殊相対論**については物体の**速度は光速を超えられない**こと，物体の**質量**は $E = mc^2$ の関係でエネルギーに等しいことが良く知られています。これをもとに，**原子爆弾**の可能性を思いついて **Roosevelt** 大統領に進言したのは **Einstein** だとする説がありますが，物理学的には正しい説ではありません。

　しかしもっとすごいのは，特殊と一般を含めた**相対性理論**という**言葉が社会全体，特に科学に縁遠い人々に与えた巨大な影響**です。物理学には縁の薄い**哲学者と称する人**たちが Einstein 相対性の物理的内容をよく理解することなくこれを**客観的事実**の認識の**相対性**の意味に取り，その範囲を広げて行ったのです。はじめ認識の相対性だったもの

が**真理の相対性**に進み，さらに科学的**客観的認識の否定**へと進んだのです。このような相対性原理はHeisenbergの**不確定性原理**と並んで現代物理学の本質とされ，**物理派物理**，反神論物理の**科学的評価を落と**すのに大いに貢献しました。

特殊相対性原理の発見は，決して**Einstein一人の業績ではありません**。Einsteinによる原理発表の前に**二つが不可欠**でした。一つは**Michaelson**と**Morey**による実験で，これは物体がどんな速度，方向で**運動しようとそこから観測される光速度に変化はない**ことです。次はこの不可思議な現象に対する理論的説明でこれは**Lorentz**によって行なわれました。Einsteinの論文は**Lorentz変換**の物理的意味を明らかにしたものです。それは遠く離れ大きな相対速度で動く二つの物体について，その**二つを客観的に記述できる絶対的空間座標**も**時間も**ないということです。やさしく言えばこの広大な宇宙にどこか**神様**がいる**場所があり**，全宇宙に通用する**神様の時計時間**があると考えるのは**間違い**だということです。

2) Michaelson-Morleyの実験

まずMichaelson-Morleyの実験の目的と結果です。この実験については，**実験装置の概要**については多くの**教科書**に記述がありますが，**目的と結果**について**物理的に十分な説明**があるのはLandauの弟子の徹底した**反神論的物理屋 Kompaneyets**だけです。(Landau自身は，相対論を含む問題を全て回避しました。基本的には数学派だったのでしょう) **彼等の実験**は神の宇宙空間を満たしている**Ether**(エーテル)に対しての**地球の移動速度**を知るのが目的でした。そのため，投入された光をSS面で**直角な2方向**，一つは**地球移動速度に平行**，もう一方はそれに**直角方向**に分け，同じ距離に置いた鏡との間を往復させるようにしました。**往復**に要する**時間**は光の速度で決まります。地球速度に平行な場合は，光速度は，行きは $(c+v)$，帰りは $(c-v)$ ですか

ら $(l/(c+v)+l/(c-v))$ となります。これに対し，直角方向の場合は光の速度と地球速度は直角なので合成速度は $\sqrt{c^2-v^2}$ となります。($\sqrt{c^2+v^2}$ ではありません)。結局往復時間は $2l/\sqrt{c^2-v^2}$ となります。**両者の差は近似的に** lv^2/c^3 **となります**。つまり1往復で平行の方が直角に較べてこれだけ**遅れる**ことになります。往復を何回か繰返して光の周期 T の丁度半分になると二つの光の波の位相が逆になるので**光は消えてしまう**筈です。しかし実際に実験してみると**光が消失する**現象は起こりませんでした。そこで実験装置の不調を疑って**装置を45°**（半直角）回転してみました。この場合は二つの経路の往復時間に違いはないので光の消失は**全く起こらない**筈ですが，まさしくそうなりました。つまりこの装置は**どのように回転しても全く結果に変化がない**ことが確認されました。エーテル（Ether）に対する**地球速度 V** を知ろうとした実験としては**完全な失敗**でした。

　問題はこの**失敗**から**学べる**ことが何かです。実験の失敗から直接確認されたことの第1点は，光の速度と物体の運動の間では**速度の足し合わせが出来ない**ことです。これは長い間とても理解しがたいことと思われて来ました。でもそれは**反神論物理の立場**からは**当然**のことです。**神様の宇宙空間**という一つの**基盤**があって，光も物体もその上で動くなら速度ベクトルは当然足し合わされるのですが，**それはない**のです。光の速度は物体の速度と全く無関係に c であることは Maxwell の法則から明らかなのでした。物体がどんなに走ろうと廻ろうと光の速度は c であることは，Maxwell が教えていることです。光と物体の速度の合成則を当然と考えた人は，宇宙を満たし静しているエーテルを想定していた訳ですが，**反神論物理**では神様の宇宙空間がない以上，当然**エーテルもない**のです。Maxwell の**電磁波が伝わる**のにエーテルは**必要ないし，あってはならない**のです。物理学では**空間があって物質がない所**を**真空**と言いますが，**反神論**では実在としての**真空は考えられません**。

3) Lorentz と Einstein との違い

次に特殊相対性原理を語る時に避けて通れない問題を論じます。それは相対性原理を**最初に発見したの**は **Lorentz** だと言われるが，その内容と程度はどんなものだったのか，しかしながらその後，相対性原理は **Einstein 一人の発見**とされているがなぜか，それが果たして**正当**かという問題です。まず Lorentz 自身とその相対性理論の研究について述べます。Lorentz は，**オランダ最古の大学** Leiden 大学を 1875 年 22 歳で卒業しています。ギリシャ，ラテン語に加え，英，独，仏の 3 ヵ国語と数学に秀でた典型的ヨーロッパ文化人だったようです。そのためか 1977 年 **24 歳**という**異例の若さ**で理論物理の**正教授**に選出され 33 年間その役割を務めました。その間に弟子 Zeeman との共同研究で Nobel 賞を受けましたが，研究はもっぱら**理論物理**でした。それも**物理派**です。それがわかるのは，彼は公然と **Free Thinker** と名乗っていたからです。**Free Thinker** とは，**Atheist** と名乗れないキリスト教社会の中で，**Atheist を意味する社交用語**です。

この Lorentz は，Michaelson の実験の失敗の前から **Maxwell 方程式**に **Galileo 変換**すると，方程式の**内容が変わってしまう**という難問に取り組んでいました。彼の取った方法は，一つの世界を静止座標系 (x, y, z, t) とそれに対し速度 v で動く移動座標系 (x', y', z', t') で見た時，(x, y, z, t) と (x', y', z', t') の間にどんな関係があるかです。v が小さい場合は単純に $x' = x - vt$ ですが，v が音速に近いほど大きくなるとややこしい問題になります。二つの座標系の位置関係の他に**どちらの座標系から見ても光速度は c で，一定**という条件を加えねばならないからです。Lorentz は Maxwell 方程式についてこのように**面倒な検討を完全に行ない** 1895 年に発表しました。**Lorentz 変換**と呼ばれる労作です。この変換式で彼が**発見**したのは，**時間 t** は t' とは一致せずそれから少し遅れることでした。彼はそれを **Local Time** と呼びましたが，Poincare（ポアンカレ）はこれを **Lorentz の最大の発見**と呼んでいます。また高速では物体が縮むことも発見しました。Einstein がこれを発表する

10年前にLorentzは相対性原理の二つの**重要な結論**を発表していたのです。従って特殊相対性理論を**Lorentz-Einstein**の定理と呼ぶ人もいます。Einstein自身，Lorentzについては，「**彼ほど私の生涯にとって意味**があった人は他にいない」と述べています。

　しかしその後，**Nobel**賞を受けなかったこの**特殊相対性理論**の仕事で，EinsteinはプロのPhysicsの間からNewtonを超える**最高の物理学者**の地位に持ち上げられたのに対し，**Lorentzは無視**されています。これはなぜか，果して正当なことかが問われます。私は二つの理由から**やむを得ない正当**と答えます。第1は，若いEinsteinの**問題認識の鋭さ**と**発表におけるうまさ**です。1895年のLorentzの論文は，Maxwell方程式を座標変換に対して**不変にするために**座標と時間に付与される**条件でした**。これは非常に面倒な割には多くの読者の**興味は引かない**ものでした。物理的に言えば，座標変換で**変わってはならない**ものが**変わる**とすれば理論の取扱いに問題があることに間違いはないが，**Lorentz**の得た答えが唯一のものかどうか誰も確信を持てなかったからです。これに対し，1905年の**Einsteinの第1論文**は「運動している物体の電気力学」であり同じ問題を取り扱っているに関わらず，発表**表現の仕方が大きく違っています**。**論文**は本論である「電気力学の部」の前に「運動学の部」が置かれ，ここでは「**一つの座標系**からこれに対して**並進運動**をしている**他の座標系への変換論**」がまず論じられています。特に両座標系の**速度差が光速に近い時**に焦点が置かれています。その結果として「**運動する物体**と**運動する時計**」について**Lorentz**が得たと**同じ結論**が述べられます。また速度の合成則が成り立たないことも述べられます。つまりLorentzが**面倒な計算**の最後に得た**結論**を問題の**本質**と見て，簡単な方法で**最初**に証明しているのです。この部分が「特殊相対性原理」として万古不滅の原理になったのです。まさに**発表表現のうまさ**です。それは結局，本質を掴む実力です。

Lorentz と Einstein のもう一つの，そして**決定的な違い**は，比較された二つの座標系が意味するものです。Lorentz は単純に一つの**物理世界**を記述する**二つの座標系**の問題と考えました。これに対し Einstein は論文ではそう定義しているように見えますが，その後は**それぞれの座標系**上にある**二つの世界**の意味にしました。**地球上の世界**と，その上を超高速で通過する**人工衛星上の世界**の様に，です。数学的な表現は同じですが，意味は大きく違います。時間の進みが遅くなると言っても**一方は単に変換式上の問題**ですが，こちらは**そこに住む人の寿命**が長くなる問題だからです。こうなったのは元々二人の問題意識が違っていたからと思います。Einstein は**子供の頃**から光と同じ速さで走ったら**どんな光景**が見えるかに興味があったのであって，変換公式は単に Lorentz の強い影響でしょう。しかし Einstein が**二つの座標系**でなく**二つの世界**に拘ったもっと大きな理由は，Lorentz と Einstein の二人は共に Atheist（反神）ですが，**反神の強さは少し違います**。Lorentz は神を否定していますが**神の空間**，**神の時計**までは否定していませんでした。従って**世界は一つ**なのです。これに対し Einstein は徹底した反神で**一つの世界**を**認めていません**。異なる速度で動く世界は別の世界と考えています。

　同じ変換式を使いながら，その意味の取り方は二人で全く違っていました。その一番の現れはエーテルを認めるか認めないかです。反神論でありながら一つの世界を捨て切れなかった Lorentz は1909年に至ってもエーテルの存在を否定していません。

4) Einstein による Lorentz 変換の導出

　互いに超高速で移動する二つの世界は別の世界だとして，二つを含んだ一つの世界を認めない Einstein の立場では，二つの世界を含んだ**物理学**はないのかと心配になります。答えは No です。一つの世界はなくても**二つを含んだ物理**は立派に成立します。**一つの世界はなくても**

客観的認識は可能なのです。その条件を示したのが Einstein の相対性原理です。それは Lorentz が発見した変換式そのものです。**具体的に**は次の通りです。

相対速度 V で移動する二つの世界 (x,t) と (x',t') に対して，二つが等しく一つの客観的事実を表現している条件は数学的には次のようになる筈です。(x,t) と (x',t') との関係を表す式を $x' = F_1(x,t)$, $t' = F_2(x,t)$ の 2 式とします。そしてこれを逆に解いた式を $x = G_1(x',t')$ と $t = G_2(x',t')$ とします。ここで**二つの世界**が別々ではなく**一つの客観的事実**を表現している条件は (x,t) から F_1 と F_2 を使って (x',t') を求め，この (x',t') から G_1 と G_2 を使って (x,t) を求めた時，**正確に元の** (x,t) **に戻る**ことです。これは G_1 と G_2 が F_1 と F_2 の逆関数であれば当然ですが，ここで**もう一つが加わる**大事な条件は，F_1 と F_2 と G_1 と G_2 とは全く**同じ関数形**であることです。

運動は 1 次元とし実際にやってみましょう。変換は線型とすると，(x,t) と (x',t') の間の関係は，一般的に $x' = \alpha x + \beta t$, $t' = \gamma x + \delta t$ と書けます。しかしこの形ですと，4 個のパラメータのうち，α と δ の 2 個は無次元, β と γ の 2 個は速度次元となり物理的取扱いが**不健全**となります。全ての**パラメータを無次元**にするためには長さ次元 x と時間次元 t の次元をそろえる必要があります。物理的に意味が分かりやすいのは長さを速度で割って**時間次元にそろえる**ことです。これに使う速度として唯一自然なのは光速 c です。光速はどんな座標系にも共通で不変である唯一の物理常数だからです。この観点に立って，あらためて次のように定式化し，演算を進めます。

行列 A を $A = \begin{pmatrix} \alpha & \gamma \\ \beta & \delta \end{pmatrix}$

と定義し，$(x/c\,,\,t)$ と $(x'/c\,,\,t')$ を二つの座標系に属するベクトル

とすると，まず $(x'/c, t') = (x/c, t)A$ と書けます。
(ここで本書では文章の中にベクトルを入れるために横ベクトルを使いますが，ベクトルと行列，行列と行列の掛け算の演算方法は変りありません。違いはベクトル u にマトリックス A, 次に B を演算した場合, 通常は BAu と表記されますが横ベクトルなら uAB となります)

従って-上式を書き下すと $x'/c = \alpha x/c + \beta t, t' = \gamma x/\gamma t/c + \delta t$ となります。ここで逆行列 A^{-1} を上式各項の右から掛けると逆変換の表式が得られます。

$$A^{-1} = \begin{pmatrix} \delta & -\gamma \\ -\beta & \alpha \end{pmatrix} / \Delta, \Delta = \alpha\delta - \beta\gamma \text{ ですから}$$

$AA^{-1} = I$ であり, $(x'/c, t') = (x/c, t)$ ですから Δ を移項すると
$\Delta x/c = \delta x'/c - \beta t'$, $\Delta t = -\gamma x'/c + \alpha t$ となります。

これを実際行なうには (x', t') 上の**原点** $(x' = 0)$ に注目し，t 時間後にこの原点が (x, t) 上でどの位置にあるか知ればよいのです。**初期条件**としては $t = 0$ で $t' = 0, x' = 0$ 点は $x = 0$ にあるとします。その後は $x' = 0$ は**動きません**が，x 点は， $x/c = \alpha x'/c + \beta t'$ と表現されますが，**実際は $x = Vt$ で動いています**。$x' = 0$ ですから $c\beta t' = Vt$ です。ここで $t' = \alpha t$ に**注意すると** $c\beta = \alpha t$ となります。これを $\Delta = 1$ の式に入れると，
$\Delta = \alpha^2 - 3^2 = \alpha^2 - \alpha^2(V/c)^2 = 1$ で (V/c) あらためて $\beta = V/c$ とおくと，$\alpha^2 = 1/(1-\beta^2)$ となります。結局**最後に残されたパラメータ α** は $\alpha = 1/\sqrt{1-\beta^2}$ であることが確定しました。

(x, t) (x', t') を単なる座標系の違いではなく，大なる**相対速度の違う世界**と見ると，**興味ある結果**が見えてきます。相対速度が光速に近い場合，α は非常に大きくなりますが，観測者がいる (x, t) 系から超高速で通過する (x', t') を見れば，$t' = \alpha t$ ですから，**観測者が計測する時**

間は短くても，光速で走る中間子が通過する**距離は莫大**であり，中間子が経験する**時間も相当の長さ**です。逆に**中間子上の観測者が短く感ず**る時間でも光速で通過する地球上の中間子の**時間は相当の長さ**の筈です。これこそが時間に関する相対性です。互いに**相手の時間**の方が**長い**と主張しているのに，相対性理論は**どちらも正しい**と認めます。それでは科学が責任を持つべき客観的真理はないのかと問われます。これに対する答えは，上のように極めて厳密正確な議論で導かれた**結論が**相対的でありながら**完全に対称**であることは，これこそがこの問題，光速に近い相対速度で走行する二つの世界の問題，への**客観的認識**であることを示しています。従ってこの理論を「相対性原理」と呼ぶのは**不適当**であります。それは**相対客観性原理**と呼ばれるべきです。

5．一般相対性理論

Einsteinが**特殊相対性理論**を発表したのは**1905年**ですが，この理論はその後**約10年間**物理学者の注目するところとならず，承認も得られ**ません**でした。その基礎であるLorentz変換は**厳密な数学的解析**ですから，高速では**ものが縮む**という結論には違和感を持った物理家は多いと思いますが，**反対する理由**はありませんでした。そのような殆どの物理家にとってEinsteinの理論がLorentz理論と違うのは，神様の空間と**神様の時計**の**存在を否定した**のだということに**気付くのは**ほぼ絶対に**無理**だったと思います。**一般の人**にとってはこの**理論の意味**するところを理解するのはさらに**無理だった**と思います。そのうちに欧州は**世界大戦**の**大混乱**に入ってしまいました。その**最中**の1915年Einsteinは**一般相対性原理**を発表しました。特殊相対性原理が慣性運動する二つの世界の相対関係を論じたのに対し，**加速度運動**する系を含めての相対関係であるというのが最初の説明でした。慣性系でも一般の人からは**全く注目されない**のに加速度系ではと思ったのは**大違い**でした。**こちら**が相対性原理**大ブーム**を起こしたのです。

理由は簡単です。世界中の人が注目する前で一般相対性理論の**予言が適中した**からです。予言とは，太陽のような**巨大質量**があると**光は**「く」の字型に**曲がり**，その結果，地図上は**太陽の後に隠れて見え**ない筈の**星が見える**というものです。もちろんこの事は一日に何千万回も起こる筈ですが，それが**確認**できるのは**完全皆既日食で暗黒闇**になった時に限ります。イギリスの有名天文学者 **Edington** は，大戦直後アフリカで起こったこの機会を利用して**写真撮影**に成功しました。これ以来世界中で **Einstein** と**相対性**の大ブームが起こったのです。特に哲学者と呼ばれる人々が興奮し，相対性をあらゆるものに拡大して大騒ぎしました。一番強調されたのは，**真理は一つではなく，見る立場によって変わってくる**という**真理の相対性**です。でもこれは物理の素人による相対性理論の**読み間違え**です。

物理派から見た時，一般相対性理論の**最重要な意味**は，Newton 力学をキリスト教社会に受容できるようにした**神秘的不合理の核心万有引力**を物理学から消したことです。物理派は **Huygens**（ホイヘンス）以来，地球が太陽を回る時，莫大な遠心力で飛び出すのを抑えているのは，力を伝えるのに何も必要としない**神秘的な万有引力**だという Newton の説明に**満足できない**でいました。これに対し，これは遠心力と万有引力の釣合という**力の問題ではなく**，巨大質量が原因になって生ずる**空間のゆがみ**の問題であるという一般相対性理論の結論はまさに物理派が期待し**待っていた**ものです。これは若い頃の **Einstein** が徹底した**物理派**だったから神様を否定する気持ちから手掛けたことと思います。

6．場の量子論

量子力学は**完了した学問**だ，物理学の**残された理論**骨格は**場の量子論**にある，と言うプロ物理家が多くいます。しかし量子力学についてならば1電子のみならず2電子系についても Heitler-London 理論など

を完全に理解している人でさえ，ノンプロの場合は「場の量子論」を理解できないし，しようとしません。**ややこしいばかりで何につながるか分からない**のが理由です。でもこの**判断は間違**っています。ここでも数学派が作り出したパラダイムが混迷を生んでいます。実際に調べてみましょう。

場の量子論の目的は，Schrödinger の波動方程式による量子化の弱点を克服して**多体系を正しく量子化する**ことです。特に光による電子の励起のように**電子と Photon の相互作用**の取扱いには別の取扱いが必要です。その方法は「第 2 量子化」です。粒子の運動方程式から Schrödinger 方程式を導き，それを解いて，波動関数の場を得るのが第 1 量子化ですが，場は**無限個の粒子素**と考えることで，もう一度量子化操作を行うのが第 2 量子化です。すると連続的な場が量子化され，**離散的な波動あるいは粒子**があらわれます。理論による粒子の発見です。これに初めて**成功したのが Dirac** です。彼は相対論的な自由電子の波動方程式が次のようになることを見いだしました。

$$ih\,(\partial\,\psi(x))/\partial t \;=\; (hc/i\,\alpha\nabla + \beta mc^2)\,\psi(x)$$

その後 Jordan がこの方法を Fermi-Dirac 統計に従う多粒子系に，Jordan-Klein が Bose-Einstein に従う多粒子系に，Jordan-Pauli が電磁場の量子化に，さらに Heisenberg-Pauli が相対論的電磁場の量子化に適用しました。**1927 年から 1929 年**のことです。**これを行なった Jordan, Klein, Pauli, Heisenberg は全て数学**派です。その結果極めて短期間の間に従来の物理学にはなかった高度な数学的解析法が生み出されたのですが，**物理的に何か新しいものはすぐには出ません**でした。それを待つうちに **1932 年 Hitler がドイツの独裁者**の地位に就き，ドイツの大学から**ユダヤ人教授を全追放**しました。多くの天才的物理学者が落ち着いた研究場所を失いました。物理学にとってそれに**追い討ちをかけた**のが，**戦争への準備**と物理学者の利用，動員で

す。このため，物理学は量子力学の達成をもって一旦発展中止になったかに見えました。

場の量子論の目的は，Schrödingerの波動方程式による量子化の弱点を克服して多体系を正しく量子化することです。特に光による電子の励起のように電子とphotonの相互作用の取り扱いには別の取り扱いが必要です。

その方法は「第2量子化」です。粒子の運動方程式からSchrödinger方程式を導き，それを解いて波動関数の場 $\psi(x)$ を得るのが第1量子化ですが，場は無限個の粒子素と考えて，それにもう一度量子化操作を行なうのが第2量子化です。すると連続的な場が量子化され，離散的な波動あるいは粒子が現れます。理論による粒子の発見です。これに初めて成功したのが Dirac です。彼は相対論的な自由電子の波動方程式が次のようになることを見出しました。

$$i\hbar \frac{\partial \psi(x)}{\partial t} = \left(\frac{\hbar c}{i}\Delta\alpha + \beta mc^2\right)\psi x$$

7. 素粒子論

しかしそれは欧州物理学の話であって世界の理学はこの困難な時期に**量子力学後の新しい発展**の芽を生み出したのです。それが**日本の物理学者 Yukawa** でした。Yukawa は徹底した物理派でしたから，量子力学後の物理の方向として，**場の量子論の数理**のようなものには**関心なく**，目の前の最大の物理的疑問の解明に全力を集中しました。それは，質量がほぼ等しい正電荷の**陽子**と無電荷の**中性子**がどんな力で強く**引き合**って固い原子核を形成できるのかという問題でした。**Heitler-London** 理論から，**2つの粒子を交換**すると**交換積分**で表される**引力**が生ずると推察されます。そこで Yukawa は初め電子とニュートリノの**交換**を考えましたが，これは全くの外れでした。気がついたのは電

子では**引力ポテンシャル**が $1/r$ だが核力はもっと近距離力だということです。核の半径を r_0 とすると**ポテンシャル**は $e^{-r/r_0}/r$ 程度ということです。ここまでは言葉による物理で考えたと思います。

　式で表現します。電磁場のスカラー・ポテンシャル ϕ は，真空中では $(\Delta - (1/c^2)(\partial^2/\partial t^2))\phi = 0$ をみたし，原点に点電荷があるとして右辺に $-4\pi\delta(r)$ を加えると，静的かつ球対称な解は，$1/r$ という長距離型になります。中性子と陽子の間の力のポテンシャル U は r の増大につれてもっと急激に減る筈なので e^{-kr}/r という形を仮定してみると，これは原点以外では $(\Delta - (1/c^2)(\partial^2/\partial t^2) - k^2)U = 0$ を満たします。ここで波動力学的表現を力学表現に変えるためのSchrödinger の変換 $p_x = -i\hbar\partial/\partial x$，$E = i\hbar\partial/\partial t$ を行なうと，$p_x^2 + p_y^2 + p_z^2 - (E/c^2) + m_u c^2 = 0$ のように書けます。ここで m_u は $m_u = kh/c$ と置いた質量の次元を持つ量です。核半径は $r_0 = 1\text{fm} = 10^{-15}m$ 程度なので，Yukawa は $\boldsymbol{k = 5 \times 10^{12} cm^{-1}}$ とおいて $\boldsymbol{m_u}$ を求め，電子質量の約 200 倍としました。

　これが **Yukawa** の論文の式全部です。**最後**の式が示しているのは，**相対論化**したエネルギーの表示です。数式的にはそこに m_u の**質量次元**を持った項が現れるだけですが，徹底した物理派である Yukawa は，これを質量 m_u の粒子のエネルギー $m_u c^2$ と判断しました。そしてこの粒子を **meson** と名付け，この**粒子を含むプロセスが核力の源泉である**と世界に向けて発表しました。1935 年のことです。これに対し欧米からはなんの反応もありませんでした。たまたま日本に来た **Bohr** に直接訴えたのですが，「**なぜ新しい粒子を考えたがるのか**」と冷たく**拒否**されました。これは**西欧科学者**の当然の反応でした。**世界は神様が作ったという****キリスト教観**がしみついた彼らは，**神様**が作った世界について**研究するのが科学**だと思っています。神様が作った世界の中に**人間が勝手に考えた粒子を入れるのは科学ではない**と思っています。この点は物理派も同じです。これを超えられるのは徹底した **Atheist** だけで

す。Yukawaはそういう人だったと確信させる逸話を知っています。Yukawaの学生だったTanigawa（谷川安孝）が「先生はまるでお釈迦様だ」と言った時，「2000年前の原始に近い人と私とを比較するのは失礼だ」と真顔で言ったそうです。

それだけに宇宙線の中にYukawaの予言通りのπ中間子が見つかった時の衝撃は大きかったと思います。それはNewton以来の西欧物理学の根底を根本的に変革する仕事でした。西欧の指導的物理学者たちのYukawaに対する尊敬は日本の物理家がとても想像できないものがあります。戦後いち早く，敗戦国民であるYukawaにただ一人のNobel賞が与えられたのもその現われです。

この仕事を可能にしたのは場の量子論数理ではありません。Schrödingerの波動力学を相対化したDirac理論の完全理解と徹底したAtheist思想でした。場の量子論による数理解析はこの後の第2論文，第3論文で行われ，それを主に行なったのはSakataとTaketaniでした。

8. QED 量子電磁気力学

Hitlerによるユダヤ人教授の大学からの追放と，それに次ぐ世界大戦によって西欧の基礎物理学の研究は約15年間止まってしまいましたが，1945年の大戦終了によってやっと再開されるようになりました。今度は欧州ではなく米国が中心になったのですが，それまでになかった三つの分野が中心になりました。第1は固体物理，第2は素粒子論，第3は量子電磁気学QEDです。このうち圧倒的に大きいのが固体物理です。トランジスターなど固体通信素子を作る技術の直接の基礎だからです。純粋物理の分野で最大なのは素粒子論です。Yukawaの中間子予言理論が開いた分野です。でもこの二つが盛んになったのは戦後

10年以上経ってからです。**Shockley** がトランジスターの**理論**を初めて明らかにした **500 頁の大著**を出したのが 1956 年，**Gell-Mann** が『Quark（クォーク）』を発表したのが **1964年**であることからも分かります。

　戦後すぐ立ち上がった純粋物理の研究は，QED（量子電磁気学）です。これを呼び掛けみんなを**引っ張った**のは **Bethe** でした。Los Alamos の**原爆開発研究所**で理論部長をしていて，Feynman などの天才物理学者 10 人を率いて広島に落とされた初の**原爆を作った人**です。こう聞くとマイナスイメージが強いのですが，実は反対だったようです。まず**物理の実力**です。どんな問題でも計算**解答の速さは抜群**でした。唯一競ったのは Feynman だけだそうです。実力に自信があった為でしょう。**性格にゆがみなく剛毅**でした。**Oppenheimer** が**水爆開発に反対**したため共産主義者として吊し上げられた際も只一人 Oppenheimer を**擁護**し続けました。

　この **Bethe** が戦後すぐ，それまで軍事研究しかできなかった**理論物理学者**を New York 郊外の **Shelter Island** に集め，基礎研究再開の為の第 1 回研究会を開いたのです。共通の関心は**場の量子論**でしたが，**徹底**した**物理派**である Bethe は，議論の範囲は**電磁場の量子論**とし，討論の**中心**は **Dirac** の電子論の中でも唯一現実と**合わない**として問題になっている **Lamb Shift** としました。**矛盾**に正面から向き合うことの中にこそ**物理の発展**があるとの考え方です。**Lamb Shift** とは，完璧と思われる Dirac の電子論では，水素原子の二つの状態 $^2S_{1/2}$ と $^2P_{1/2}$ は**エネルギー準位**が等しい筈なのに，Oppenheimer の優秀なインド人の弟子 **Lamb** が**精密**な測定をしたところ 1050MHz の差があることが分かったということです。この問題を解決するため常法通り**摂動論**を使って計算すると，1 次の摂動ではそれらしい答えが出るのに **2 次摂動**を計算すると**エネルギーが無限大**になってしまうという矛盾です。Bethe

はここまで説明し，これ以上は各自が信じる方法で問題を解決し，その時点でもう一度会おうと約束して別れたのです。

　これに対し，**Schwinger, Feynman, Weisskopf** が応戦しました。この会議には**出席していませんでしたが Tomonaga** が Fukuda（福田），Hayakawa（早川）ら超優秀な**東大生**を率いて応戦しました。無限大の問題を解決して得られた結果をまとめると**表（下）**のようになります。**一番早かったのは物理と計算の両面に強かった Bethe** で，あとの人は 1948～1949 年で同時です。**Nambu** は東大生でしたが Tomonaga の**グループに加わらず**，独自の方法で計算し，Tomonaga より**半年早く結果**を出しています。これが **Nambu** の**最初の論文**です。このことは**本人も語らず**知られていないことですが，私が当時の日本の理論物理学雑誌を調べて発見したことです。結果だけから見ると **Weisskopf が最善の結果**を得ています。ところがこの問題で Nobel **賞を得た**のは Schwinger と Feynman と Tomonaga でした。

年	人　　名	Lamb shift の予測値	特　　徴
1947	Bethe	1040	非相対論的
1948	Schwinger	1016.11	
1948	Feynman	1022.89	相対論的
1949	Weisskopf, French	1051.13	非相対論的
1949	Nambu	1019	
1949	Tomonaga	1076	相対論的

　理由を考えるために作ったのが図（**290 頁**）です。Dirac の理論が合わない理由として，二つの見解があります。**第 1** は Dirac 理論における**相対性理論**の取り込みが十分でないという立場で，そこをさらに精密化しようとするのが**数学派**で，Schwinger, Tomonaga はこれに属します。もう一つは**光子と電子の相互作用**は非常に複雑なのに Dirac はその全部を考慮していない，矛盾の解決にはそれを全部考慮しよう

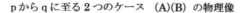

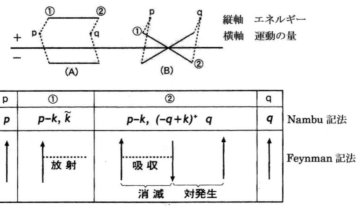

とするのが**物理派**で，Weisskopf, Feynman, Nambu はこれに属します。もう一つは**光子**と**電子**の**相互作用**は非常に複雑なのに Dirac はその全部を考慮していない，矛盾の解決にはそれを全部考慮しようとするのが**物理派**で，Weisskopf, Feynman, Nambu はこれに属します。Nambu の場合は電子の**運動量**が p から q に変化する**力学的過程**も**光粒子**との**相互作用**および電子の反粒子である**反電子**の存在を含めて考えます。すると**電子の対消滅**と**対発生**を含んだプロセスが考えられます。様々な可能プロセスを洩れなく把握して計算するにはプロセスの図的表示が重要です。図（同）は運動量 p が①②を経て q に変わる際，考えられる 2 つのプロセス (A) (B) について状態変化を x 軸，運動量 y 軸エネルギーの Diagram で表示した上，それぞれの途中状態を Nambu の記法 Feyman の記法で表現するように工夫した図です。上の図では縦軸は電子のエネルギーですが負のエネルギーは反電子を表します。図では電子の運動量が p から q に変わるのに

(A) は直接ですが (B) は反電子を含む消滅と対発生のプロセスです。

　この目で図（同）をもう一度見てみると，相対性の取り入れの精密化を図ったのは Schwinger と Tomonaga で，**Weisskopf, Feynman, Nambu** の 3 人は負エネルギーと光子を考慮する**物理派**です。その中でも **Weisskopf** は**一番早く**からこの問題に手をつけ，1949 年の時点では一番実験値に近い結果を出していますが，**Nobel 賞からは外され**ました。当然 Nambu も外されました。それは Nobel 賞の**授賞理由**が **Lamb Shift** の解明で**はなく量子電磁気力学の基礎研究**だからです。原理とか基礎研究とかに賞を与えることで**数学派を過大評価し物理派を過小評価**する **Nobel 賞の傾向**がここでも現れています。この結果，Bethe の主唱した大きな研究の大きな成果は見えなくなりました。**日本のプロ物理学者の間では無限大の処理法**としてのくり込み理論だけが評価されていますが，Weisskopf, Nambu の研究を無視するのは物理的に正当ではありません。**Feynman** の仕事も**物理派の仕事**として見て初めて真の成果がわかって来るものだからです。

Pauli Dirac

電子こまスピンモデルを見直す新モデルの提案

1. 最初のボタンのかけ違い　314
2. Pauli の理論　316
3. Pauli 理論の定式化　317
4. Pauli 理論がわかる新モデル　321
5. モデルの改良された説明　324
6. スピンとは本当は何か　Dirac 電子論　327
7. Dirac の物理観　337

1. 最初のボタンのかけ違い

　本書は粒子数学派に対抗する波動・物理派による**波動力学**が，実際計算面では勿論のこと，原理面でも**量子力学の基礎**であることを主張し証明して来ました。しかし**波動・物理派**による**研究関与がないため粒子・数学派**による理論と解釈だけが**公式化**し，そのために問題の**物理的理解**を非常に困難にしている問題＝矛盾が一つあります。**Spin 現象**です。Spin 現象という**物理用語はありません**。Spin とは合理的説明が困難な一つの現象＝矛盾に対し**粒子・数学派**が提出した一つの解釈であります。当然**解釈**を**現象の名**にすることは**許されない**ので，Spin 現象という**語はない**のです。ところが**粒子・数学派**による一党独裁が続くこの問題では**現象そのものの名前**はないのです。

矛盾は磁気モーメントを精密に測定した **Stern** と **Gerlach** の実験に現れました。力学的には**軌道角運動量**と磁気モーメントは**比例**しますから Schrödinger の**波動方程式**の結果からは**角運動量がゼロ**である s 軌道にある水素原子からは磁気モーメントは生じない筈です。ところが**実際は**エネルギーレベルの違う **2 本のスペクトル線**が現れます。この **2 本**という結果は**理解しにくい**ことです。角運動量**量子数** l が 1 の p 軌道では $-1, 0, 1$ の **3 本**のスペクトルに別れるからです。**電子が 2 個の水素分子**の場合にはスペクトル線はエネルギーレベルの違う **1 本と 3 本**に別れます。これもさらに理解し難い問題です。Schrödinger の波動方程式のいかなる結論からもこの分裂は出てこないからです。これが**謎**であり**矛盾**です。

これほど**はっきりした**矛盾が現れればこれを説明する**モデル**が必死に**探索**され、それが見つかるとモデルを**表現**する**方程式**が作られて問題の解決となるのがまともな物理学のケースですが、**この場合はそうならず**、そのため**物理学的には問題は解決したのに矛盾がなぜ起こった**のか物理的考えの道筋が素人、半専門家は勿論**専門家**にさえ非常にわかりにくいものになりました。その**原因**は一言で言えば**最初のボタンのかけ違い**になります。

具体的に言うと、電子の角運動量が**ゼロ**なのに電子が**磁気モーメント**を持つのは電子がこまのように**自転（Spin）**し、それが磁気モーメントを持つからだと最初に言い出したのは **Ulenbeck** と **Goudsmith** で 1926 年の Nature です。太陽系との類似から軌道自体の角運動のほかに**電子自体が旋回すれば**それは全体の角運動量には付け加わるとしたのです。ただし**遊星**との類似をこの問題に適用するには慎重になれば多くの**問題**がありました。スペクトルの分裂は角運動量にすると、$(1/2)h$ と $-(1/2)h$ への分裂ですが、旋回が原因なら分裂は旋回速度次第で 2 本に限らないからです。それに**最小値が** $(1/2)h$ というのも説明

つきません。さらに言えば遊星とは違い完全球であって**構造のない電子に旋回軸を持った Spin を考えることは私には出来ません**。つまりこの矛盾への解決策としての旋回する電子（Spinning Electron）という提案は物理学的には**破茶目茶な提案**です。しかしそれが **100 年も批判も受けず生き残**っているのは次に述べる **Pauli の理論の物理的基礎**と信じられているからです。本当にそうなのか調べてみましょう。

２．Pauli の理論

Spin 問題に関しては目的も性格も全く違う**二つの理論**があります。**Pauli の理論と Dirac の理論**です。このうち Dirac の理論は **Spin のない Schrödinger 方程式を相対論化する**ことを目的としたものです。**目的自身**は誰にも**わかり易い**ものです。ところが誰もしようとは思わないほど**手間のかかる代数計算**を乗り越えた後の**結果は驚くべき**ものでした。**Spin のない方程式**から出発したのに理論的要請として **Spin に相等するものが現れる**のです。また**真空**とは何もない空間と思うのは間違いで，**負のエネルギーを持った電子の海**であるという結論が出て来る魔法の箱です。これに対し **Pauli の理論**は量子力学の体系としては **Dirac の理論以上に必須重要**とは言われながらその**目的はわかりにくい**ものです。よくわかる説明を見たことはありません。そこで以下に自由人の挑戦を試みます。

第一に必要なことは **Spin 問題**と略称された**この問題の本当の性格と意味を明確化**することです。既にこれを **Stern と Gerlach の実験**では Schrödinger 波動方程式では説明出来ない **2 本スペクトルが現れる理論と実験の矛盾**と述べましたが，これは**量子力学全体**から見た時のこの**問題の意味がわからない間違い**でした。**量子力学全体からの意味**とは，この時点では Pauli の頭の中にはあってもまだ誰も知らなかった「**一量子状態一電子**」という**原理**でした。Pauli は統計物理学の体系化

から粒子を光子のような Bose 統計粒子と電子のような Fermi 統計粒子の二種に分け，量子状態と粒子の数の関係でいうと Bose 粒子は 1 つの量子状態に何個でも入れるが Fermi 粒子は 1 つの量子状態に 1 個しか入れないことを理論的に確信していました。

その確信をもとに Schrödinger 方程式の解である水素原子の電子の波動関数を見ると重大な欠落があることに気付きました。主量子数 $n = 2$ なら量子状態は軌道表現で s, p_x, p_y, p_z の 4 個です。ところが Mendelev の周期律表を見ると $n = 2$ の第 2 行には Li, Be, B, C, N, O, F, Ne の 8 個になっています。これは何を意味しているのか，結論を一言で言うと Schrödinger の波動方程式から得られる 3 つの量子数 n, l, m（主，方位，磁気の各量子数）のほかにもう 1 つ量子数が必要である。それを化学が教えてくれるということです。つまりこの問題は「量子力学としては必要なのに Schrödinger 波動方程式体系からは完全に欠落している量子量，量子状態」ということです。Pauli の理論の真の目的は量子力学の中で欠落しているこの部分の定式化にあります。

3．Pauli 理論の定式化

Pauli の理論の定式化とは，Schrödinger の波動方程式が定式化出来た 3 個の量子数 n, l, m のほかに Stern Gerlach の実験と Mendelev の周期律表から見てどうしても必要なもう一つの量子数を量子力学に入れる定式化です。従って Schrödinger による定式化に相当する行為と努力が求められます。そこで Schrödinger の波動力学方程式がどうして出来たかをもう一度振り返ってみます。それは単に波動を方程式化したのではなく古典力学の力学像にその起源を持っています。電子なら運動量 p_x, p_y, p_z をもってポテンシャル U の支配下の空間を自由に飛びまわる粒子としての物理像です。これを古典力学像というと波動力学像と古典力学像は違うものですが対応関係はあります。この対応関

係には Hamilton 方程式型と Hamilton-Jacobi 方程式型の二通りの捉え方があります。Hamilton 方程式とは運動量エネルギーとポテンシャルエネルギーの和で表される Hamilton 関数は常に全エネルギーEに等しいということですから波動力学方程式も同じことを表していると読み直すことは出来ます。ただしその時は物理量 p_x, E などについて p_x は $(ih\ \partial/\partial x)$ E は $(-ih\ \partial/\partial x)$ というように古典力学の物理量は波動力学では Operator（演算子）になるという規則を導入する必要があります。これに対し Hamilton-Jacobi 方程式の場合は古典力学と波動力学の対応は既によく述べたように形式上はほぼ完全です。作用量関数 S を $S = ih\ \log \psi$ と書き変えるだけで波動力学方程式になるからです。しかし 2 つの場合で古典力学と波動力学の対応に本質的に違いはありません。Hamilton-Jacobi の方が波動力学に近いというものではありません。単純には光と力学との対応を考える場合に Fermat 面で考えるかそれに直交する光線で考えるかの違いです。

　Pauli 理論の本質を説明するための前置きが長くなってしまいましたが，これは読者に次のことを気付いてもらうためです。Pauli は軌道運動以外の電子の角運動量としては電子のスピン（旋廻）を考えそれに基づいて理論を出発させました。粒子説数学派としてそれ以外は考えられなかったからです。具体的にはスピンは 3 次元空間の旋廻ベクトル s で成分は s_x, s_y, s_z としました。構造のない球が旋廻すると考える無理は先に指摘しましたが，全て無視してです。ここまではスピン s は物理量でしたが，次の段階でこれをいきなり Operator（操作）に変え，それを S_x, S_y, S_z と表現しました。(s_x, s_y, s_z) は電子の旋廻という物理現象ですが，S_x, S_y, S_z は波動関数 ψ を旋廻操作することを表しています。一見旋廻の主体と客体が入れ替わった感じで粒子説に立つ人には理解し難い操作ですが，Schrödinger の波動力学の立場からは，物理量を Operator として見るのは Hamilton 力学で見てきたものを Hamilton-Jacobi 力学で見ることで自然な乗り換えです。それは光を

Fermatの原理の側で見るのか，Fermat面と直交する光線の側で見るのかの違いに当たるからです。

次に1927年に出たPauliの原論文に従って具体的にPauliの定式化を見て行きます。まず2本のスペクトルから導かれることです。作用量がhより小さく，しかも2本の間で光の放射を行なうことからこの現象の波動関数ψは，スカラーではなく，固有値が$(1/2)h$と$-(1/2)h$である2つの波動関数ψ_+とψ_-を成分とするベクトルであることを示しています。ベクトルを横ベクトルで表せばこの現象の波動関数は
$\psi = (\psi_+, \psi_-)$です。

次はスピンSというベクトル物理量に対応するOperator（波動関数ψへの操作量）を定式化することです。対象となる波動関数が2次元ベクトルですから，旋廻操作量Sは2×2のマトリックスになります。このマトリックスの成分を$(\alpha, \beta, \gamma, \delta)$として操作結果を横ベクトルで表示すると，$(\psi_+, \psi_-) S = (\alpha\psi_+ + \beta\psi_-, \gamma\psi_+ + \delta\psi_-)$です。

Pauliは次に$\alpha, \beta, \gamma, \delta$を決めて行きますが，その原理になるのは角運動量ベクトル成分のうち1個以上は自由に選べないという不確定性関係と，2つの連続操作の差が$(S_x S_z - S_z S_x) = iS_y$のような関係になることです。このような関係を全部使ってPauliは$(\alpha, \beta, \gamma, \delta)$を全部決定します。その論理と計算は見事です。その結果が次です。

$$(\psi_+, \psi_-) S_x = (\psi_+, \psi_-) \begin{pmatrix} 0 & 1 \\ 1 & 0 \end{pmatrix}$$

$$(\psi_+, \psi_-) S_y = (\psi_+, \psi_-) \begin{pmatrix} 0 & i \\ -i & 0 \end{pmatrix}$$

$$(\psi_+, \psi_-) S_z = (\psi_+, \psi_-) \begin{pmatrix} 1 & 0 \\ 0 & -1 \end{pmatrix}$$

ここでは表現を簡明にして2個の波動数と3個の操作との**構造関係**を頭に入れてもらうのが**目的**で，計算に直接応用するのが目的ではないので（$h/2$）を単位とする表示にしてあります。**物理単位**で表現すれば S_x, S_y, S_z の各行列はこれに（$h/2$）を掛けたものになります。

Pauli の**理論**を扱うこの節では，今後特に断らない限り（$h/2$）を1とする表示を使います。そのほか本書では表示を**簡略化しイメージ**が頭に入り易くするために使っている**便法**が 2 つあります。1 つ目は **Planck** のhの代わりに（$h/2\pi$）をhと表示している点です。2 つ目はベクトルを**文章の中**に自然に取り入れるために通常使われる**縦ベクトル**ではなくて**横ベクトル**を使っています。そのため**行列SをベクトルVに操作**した時の**表現**は SV ではなく VS になります。続けて行列操作する時にはこの方が合理的です。

物理量の無単位表示と本書独特の表示の簡明化のため一見すると表示は原論文とは大分違いますが，これが有名な **Pauli の行列**です。その意味は全部書き下してみるとよくわかります。

操作S_xは （ψ_+, ψ_-）S_x ＝ （ψ_-, ψ_+）ですからψ_+とψ_-の逆転になっています。
操作S_yは （ψ_+, ψ_-）S_y ＝ （$-i\psi_-, i\psi_+$）です。
操作S_zは （ψ_+, ψ_-）S_z ＝ （$\psi_+, -\psi_-$）です。

Pauli の**スピン行列**と呼ばれるこの関係ほど**理解**しにくく，また**理解されていない**物理法則はありません。**電子**の「こま」が**旋廻**するという現象がなぜこの法則になるのか，**物理の肝心なポイント**が全く**理解できない**からです。素人ばかりでなくプロの物理学者でも対称性（**Symmetry**）を専門とする人**以外**はそうだと思います。Schrödinger 方程式から来る3個の**量子数以外**にもう 1 つ量子数があることを確定し，そのことによって量子力学が**周期律表を説明する**ことが可能になったほど基本的な**法**

則なのに，その核心が理解されず，物理的イメージになっていないのです。その原因は Pauli を総師とする粒子説数学派が一切の物理的イメージを拒否しているからだと思います。

　私は物理的イメージを必要とするタイプなので，スピン問題についての波動派理論とでも言うべきものを自分で作って持っています。それは水俣病の原因であるメチル水銀がなぜチッソ水俣工場の反応器内で生成したのかを知るために水銀を触媒とする有機反応という特別な反応を量子力学的に研究した7〜8年の間に必要から作ったものだからです。以下にそれを紹介します。

4．Pauli 理論がわかる新モデル

　粒子説による理論と解説しかないこの問題に，波動力学派から突然の衝撃的発表を行なうには二段階が必要です。第一段は Pauli 行列の波動力学的表現，第二段は粒子のスピンによらない磁気モーメントの説明です。第一段への回答はまず，波動関数 ψ の図形イメージを示すことです。そしてその次に Operator S_x, S_y, S_z がこの ψ にどんな操作をするか示すことです。

　私がここで初めて提案するのは図（322 頁）のような軌道状モデルです。これは Pauli の行列の意味を完全に説明するために2個の波動関数(ψ_+, ψ_-)と3個の操作 (S_x, S_y, S_z) を示しています。原点を中心に鏡像対称で向かい合う xy 面上の 2 次元の波動関数 ψ_+ と ψ_- です。ここで波動関数を化学者が好んでやるように電子軌道で示します。ここで私は粒子としての電子が軌道を描いて運動していると主張しているのではなく，波動論者として運動中の電子は波動であり，波動方程式鏡像対称で向かい合う x, y 面上の 2 次元の波動関数 ψ_+, ψ_- です。ここで波動関数を化学者が好んでやるように電子軌道

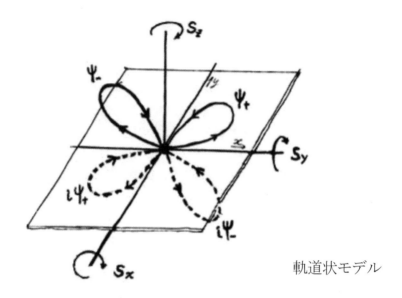

軌道状モデル

で示します。ここの解としての**波動関数**はその **2 乗**が電子の**出現確率**を表わす**複素関数**であると**認め**ながら，その本質をよく**表わすモデル**として化学者が好む**電子軌道表現**を使っているのです。軌道モデルには**量子力学を知らずに無視**したものが多く，そのために**物理家から拒否**されるのですが，私のは波動を表現する便法として軌道を使っているのです。従って**大事にしているのは波動関数が実数でなく複素数**であるという点です。**軌道モデル**でもその点を**大事**にしています。**波動関数** ψ が2次元の波動関数であるこの例ではxy面上の 表 を実数領域，裏を虚数単位 i を単位とする**虚数領域**としています。そして複素数である**波動関数とは実領域**と**虚領域**の間を**往復**する**波動**と考えています。従ってこのモデルを電子に軌道があると考えた**軌道モデルの一種**と考えるのは**間違い**です。運動中の電子は粒子ではなく波動と考えているモデルですから「**波動関数の形を軌道に見立てたモデル**」と呼ぶべきです。

これを英訳すれば **The Orbital Wave Function Model** でしょう。この **Orbital** という英語は量子化学計算に使う**波動関数を表現**する言葉として使い始められた言葉です。**電子密度**（存在確率）の高い所を繋ぐと**電子軌道のように見える**ことから (S, p_x, p_y, p_z) の波動関数の**関数形**を **The Orbital**（軌道状のもの）と呼び始めたものですが，**日本ではどうした訳か**軌道状と言わず**軌道**と訳してしまい，確立してしまいました。そのため**量子化学は量子力学の本質を知らない計算技術**として物理家からは**軽蔑**され毛嫌いされました。一方化学者の側には量子力学を**本格的**に研究して**反論**するような人も一人もいないまま，両者の関係は**実質上断絶**のままの状態が **50 年以上**続いています。その間，物理家は何もしませんでしたが，化学の理論家たちは，実験家から化学は計算できないと批判されながらも，**分子と分子の反応を予測する量子力学計算**を地道に続けました。転機が訪れたのは 1980 年以降，**計算機の発達で膨大な量子化学計算**が **Work station** や **PC** で誰でも実施可能になってからです。複雑な**分子と分子との間の反応実験**は，莫大な費用と人員と時間がかかる仕事ですから計算によってその反応の**可能性の程度**を予測し，**実験の優先度**を決めることが**新薬開発成功**の決め手になります。そのために**計算化学に莫大な予算**が投入され，その結果量子化学計算は著しく**予測精度を上げ**ました。その**基本的**な原理と方法になったのが **Molecular Orbitals** です。**Schrödinger の波動力学**は**原子について波動関数を考える**ものでしたが，それを突き破った**大きな一歩**は Hückel の π 電子軌道でした。**ベンゼン環分子**についてならこれは環を構成する 6 個の原子 1 個 1 個について**波動関数を考える**のではなく，リングとして 1 組の波動関数を考えるものです。この**方法**は**一般化**され，Molecular Orbitals（分子スケール軌道状波動関数）略して **MO** と呼ばれます。

次に**新モデル**のイメージを表わす**図**(同) を使って **Pauli** 理論に従い，**軌道状波動関数** ψ_+ と ψ_- に操作 S_x, S_y, S_z を行なってその結果が

Pauli の行列の結果と一致するかを見てみます。ここで図（同）は Pauli 理論を視覚化した著者のイメージを正確に伝えるため著者の手書きのの図を使用しています。Pauli では $(\psi_+, \psi_-)S_x = (\psi_-, \psi_+)$ です。ベクトル (ψ_+, ψ_-) の第一成分が ψ_+ から ψ_- に変わっています。図（同）ではベクトルの第一成分を右側，第二成分を左側にしています。図（同）で出発は確かに (ψ_+, ψ_-) ですが S_x をほどこして xy 平面を S_x の軸を中心に半回転させるとベクトルは確かに (ψ_-, ψ_+) に変わります。次に S_y 軸を中心に半回転させると xy 面の裏が表面に出て来ますから右側上は $-i\psi_-$，左側上は $-i\psi_+$ となります。この結果も $i\psi_\pm$ の符号を除いては Pauli の結果と一致します。さらに S_z については S_z まわりの回転のほかに結果に $(-i)$ を掛けるとします。すると右下に来た $i\psi_+$ に $(-i)$ がかかって ψ_+ になります。

5．モデルの改良された説明

上の新モデルの説明は著者が相当前から頭に描いてきたことを急に本書のためにまとめたもので，校正の段階で読み返してみるとモデルとして基本的な説明が曖昧あるいは抜けている点がある上，モデルを適用した結果が大体合っているとは言いながら全く不十分なことを思い知らされました。校正の段階でこれはまずいと気付き，真剣に考え直した結果，種々の構造や定義を明確化し付け加えるべき点を付け加え完全と思えるものにしましたので付け加えます。

このように私が考えた軌道状波動関数（Orbital Wave Function）モデルを使うと，それまで全く意味不明だった Pauli 行列が物理的論理として必然であることがわかるようになります。また逆にそのことによって軌道状波動関数が量子力学の複雑な論理を正確に表現するのに向いたモデルであることが立証支持されました。というのは Pauli の行列は結果は単純に見えますが，それに至る論理は行列力学の粋を極

めたもので, Pauli でなければ到達できなかったと思われる**高度なもの**だからです。その結果に**波動力学の側から容易に到達できる**ことを示したのが新モデルであるこの図（同）だからです。

　ところでモデルの**真中**で世界を上下に仕切っている**仕切面**の意味です。「上を**実数世界**，下を**虚数世界**」としましたが，これは**間違い**です。波動関数はこの**仕切面の表と裏**にしか存在しません。どこかで**電子が原点を突き抜けて下の世界に入ると虚数になる**と説明しましたがこれは間違いです。**電子が原点を突き抜けるその波動関数が実数から虚数に変わる**のであって，下の世界にいるから虚数なのではありません。**波動関数は仕切面の裏側に虚数の形で密着しています**。これを s_x や s_y で裏返すと虚数である波動関数が表面に出て来るのであって，表にあるものが**実数として限られる訳ではありません**。

　実はこの問題で私が図(同)のようなモデルを作り，それを操作してその結果を **Pauli** の法則と比較することで，その意味を発見し，大きな発見にしたいと考え続けてきたのは **Pauli** 理論で波動関数 ψ の前につけられる $-$（マイナス）の意味でした。波動関数 ψ の前につけられる i（アイ）は**波動関数が複素数**であることに関係しています。これは明らかですが $-$（マイナス）の意味は**見過ごされ**がちです。波動関数 $\psi(x,y,z)$ は正負を含めた**実数空間**で定義されていますから，マイナスとはその正負を逆転させたもので，**図形的には関数** ψ **に対し原点に関し点対称な関数**となります。これが**常識**ですが，スピンとは「電子こま」の旋廻というモデルに**疑問**を持ち続けてきた私は，新しいモデルを使ってその手掛かりを見つけようとしました。その**第一歩**はマイナスとは関数の**空間的点対称**のことではなく，**はっきり別な意味**であることの確認です。

　イメージすべきは波動関数 ψ_+, ψ_- とスピン操作 S_x, S_y, S_z の空間

的イメージですが、それを紙面で表現するには波動関数を紙面一杯に表現したのでは何も出来ません。そこで図(同)の**新モデル**では波動関数はxy面上の**2次元波動関数**で**定義域**はxy面上の**第1象限に限られる**としました。そう考えることで3次元空間の他の部分を**Pauli理論**の図形的意味を知るための表現領域にするためです。このことによって波動関数ψが第1象限(+,+)で与えられても$-\psi$が自動的に第3象限(−,−)に**現われない**ような仕組としました。

では**第3象限**(−,−)には何が現われるかまず考えたのは、第1象限の波動論的延長です。Schrödinger方程式の積分解としての波動関数は、原点では**境界条件**から単純にゼロになりますが、**波動論**としての**波動関数**は電子の走行波動ですから原点(核点)で光速に近くなった**波動**が**急に消える**ことは**出来ません**。**波動**として続き、核からの力を受けて運動を続けます。その結果軌道は**点対称**になるはずです。つまり、Schrödinger方程式の**解としての波動関数**と走行電波の**波動としての波動関数**には**違い**が出ます。**新モデル**は後者の立場です。この明らかな矛盾を避ける方法として考えられたのが**新モデル**です。それは**実変数波動**関数に**複素数関数**の性質を表現するためにi(アイ)を導入したと同様にプラス、マイナスの性質を表現するために−(マイナス)を導入しました。そして**電子走行波動関数が原点に突入する**と**消える**のではなく、仕切面の**表面から裏側へ抜ける**とします。その際、i(アイ)と−(マイナス)の性質が自然に付与されると考えます。図(同)はそのことを表現しています。第3象限の**点線**はそれが**表面ではなく裏側**にあることを示しています。そして裏側に抜ける際、i(アイ)と−(マイナス)が付与されることを関数表現で示しています。

以上の準備で新モデルをPauliの理論と比べてみます。

① S_xの場合は半回転操作により (++) に来るのは (−+)、(−+) に来るのは (++) ですから $(\psi_+ \psi_-) S_x = (\psi_- \psi_+)$ となりOKです。

② S_y の場合は半回転操作で (++) に来るのは (+ -)，(- +) に来るのは (- -) ですから $(\psi_+\psi_-) S_y = (-i\psi_-, -i\psi_+)$ となります。

これは Pauli と異なります。Pauli の理論では
$(\psi_+, \psi_-) S_y = (-i\psi_-, i\psi_+)$ です。つまり ψ_- の元の位置 (-, +) では S_y 操作で入って来た $-i\psi_+$ にもう一度 －(マイナス)操作をしてマイナスを消す必要があることを示しています。つまり S_y 操作の結果について右はそのままでよく，左はもう一段の操作を必要としています。この違いはどこから来るか，考えられるのは，右と左，ψ_+ と ψ_- で走行回転の向きが違うことです。つまり操作 S_y は波動関数の**走行の向き**と干渉するところがあり，**波動関数の向き**によって1回の －(マイナス)を付け加える必要があります。

③ S_z の場合，(+ +) に来るのは (- -) ですが，これは $-i\psi_+$ です。これに対し Pauli 理論では $(\psi_+, \psi_-) S_y = (\psi_+, -\psi_-)$ です。両者を一致させるには P_z 操作は半回転のあとに波動関数に $-(1/i)$ を付け加える必要があります。もし $-$ と i の間に共通の演算規則が適用できるなら，**i を付け加える**必要があります。S_z 半回転によって (-,+) に来るのは $-i\psi_-$ です。これに i を付け加えると ψ_- ですが，Pauli 理論では $-\psi_-$ なので $-$ だけが違います。この違いは S_z 操作への反応が波動関数 ψ への反応が S_y 同様，ψ の走行回転向きで一つだけ違うと考えれば納得できます。

6．スピンとは本当は何か　Dirac 電子論

次の問は**軌道運動**による**角運動量**なしに**磁気モーメント**を生むスピンの物理的実体は何かです。電子が作る磁気メーメント μ は
$\mu = (1/c) ev \times r$ ですから，その角運動量 $M = p \times r = mv \times r$ との比が**透磁率**で，それが $\mu/M = e/mc$ となるのが古典物理学の基本認識です。この常識の外にあるのがスピンで，その物理モデルとして**電子の旋廻**が唱えられました。それはいくつも**物理的疑問**はあるので

すが**プロ物理学者**のうち，正面切って反対する者が**誰一人いない**まま確立した学説となっています。

　問題があるのに批判や**反論が出ない**のは，この問題を論ずる基礎になる**二つの理論**，**Pauli の理論**と **Dirac の理論**の両方共が数学的に高度なだけでなく**論理が高邁**なため**全体**を通しての**意味**が難しいからです。これに対し，私は今回，新モデルを使って Pauli の理論のモデル的意味を明らかにしましたので，Dirac 理論の意味がプロ物理学者とは違った目で見えるようになりました。従って**スピン**とは本当は何かという問題に**正面**から取り組んでみます。

　Pauli 理論の意味を明らかにした図（同）のモデルを見ますと，**スピン現象**に関する**操作**（Operation）は明らかです。それはいずれも原点を通る 3 個の**旋廻操作**で 3 次元ベクトルです。旋廻ならばそれは**電子の旋廻**かと言うと**そうではない**理由が二つあります。第一にはこれは原点（物理的には原子核）を貫通する電子走行線の周りの施回だからです。原点＝原子核であることを**強調する理由**は，この点は原子核と電子の距離がゼロ，従って正負電荷の吸引力無限大，結果として**走行速度**は相対論を考えなければ**無限大**です。つまりここを問題にする限り**相対論的取扱いが必要**です。さらに考慮せねばならないのは図（同）の連続カーブは**電子の軌道ではなく**軌道で**近似した複素数波動関数**だという点です。そのため原点に於いては**実数領域**から**虚数領域**への侵入の数学的構造を考えねばなりません。これは空飛ぶ「こま」の量子力学とは大分異なります。

　以上の理由からスピン問題を検討し十分に理解するためには，**Schrödinger 方程式**を**相対論化**することに成功し，**量子力学**の大きな**飛躍**に成功した **Dirac の論文**を本格的に研究せねばなりません。常識的にはこれは**理論物理専攻**の**大学院生以外**には無理なこと，やらないことですが，それは数学派の態度であって**矛盾ある問題**には**物理的意味**を

徹底的に考えて追求していく**本書の立場**ではありません。**自由人なら誰でもこの問題**を考えようとする限り，**Dirac の論文**から逃げてはなりません。Dirac の著書は**無理としても**，Kompaneyets の『理論物理学』の量子力学の最後にある「**電子の相対論的波動方程式**」は読むべきです。これは量子力学の最後の章ですから数学派流にやれば量子力学の部全 17 章を読まねばならぬことになりますがその必要はありません。本書をここまで**読んで来た**読者は Kompaneyets のその内容を自分のレベルに合わせて理解しているはずだからです。以下は **Dirac 論文**の一番**難しい所に食いついて**研究できるような**手引き**です。私の手引きとは**必要最小限の解説**を加えながら**原著の式**を使って**全体を見せる**ことです。**全体が見える**ことが**最高の手引き**だからです。

早速 Dirac 論文のスピン論の**手引き**に入ります。私の言う手引きとは**論文の理論的鳥瞰図**（**Bird's Eye View**）です。具体的には Dirac の論文の**出発**となる**式**から始めて，**スピンを与える式**に至るまで**重要な式**を全て**図上に並べて**，それらが**どう繋がり合って出発点**から**到達点**にまで至るのか構造を示し，意味を説明することです。こうする目的は Dirac の原著，あるいは Kompaneyets の**関連章**を見てその点で何を論じているのか目的と意味が**すぐわかり**，その部分の解明に容易には入れるようにです。

この目的のためには，式表現は出来るだけ原文と同じが良いのです。幸いに Dirac も Kompaneyets も主要部分については同じ文字と字体を使っているのでそれが可能です。議論の方法が違う所では同じ事柄について文字・字体も違いますが，読者の判断に任せることにして原著のままにしてあります。

式を示しての**鳥瞰図に入る前に** Dirac が要所要所でなぜどんな式を使うのかを説明します。Dirac の議論は **3 部**に分けて見ることが出来ま

す。第一が解くべき**相対論的波動方程式の提案**，第二がその解法と結果として**4成分波動関数の提案**，第三は非相対論的波動方程式への**移行**と呼ばれる操作で，解のうち速度の小さい部分に注目します。そうすると，**結論として前提になかったスピン現象が現れる**のです。

まず**理論の基礎**になる**方程式の選択**が一番重要です。Klein や Nishina が Schrödinger 方程式の相対論化に**いち早く取り組み**ながら，**相対論を考慮しない** Schrödinger より**悪い結果**，間違った結果に達したのは**出発した方程式が悪かった**からです。**この所は大事な所なのに具体的な指摘**がない所なので言いましょう。自由な粒子の場合は，Hamilton 方程式は，Newton 力学なら $\mathcal{E} = (1/2m) p^2$ ですが，相対性理論では $\mathcal{E}^2 = c^2 p^2 + m^2 c^4$ となります。電場がある時は，相対論的方程式は $(\mathcal{E} - e\varphi)^2 = c^2 \left(p - \dfrac{e}{c}A\right)^2 + m^2 c^4$ です。

ここで $\mathcal{E}$ を $-\dfrac{h}{i}\dfrac{\partial}{\partial t}$ で，p を $\dfrac{h}{i}\nabla$ で置き換えると，

$$\left(\dfrac{h}{i}\dfrac{\partial}{\partial t} + e\varphi\right)\left(\dfrac{h}{i}\dfrac{\partial}{\partial t} + e\varphi\right)\psi = c^2 \left(\dfrac{h}{i}\nabla - \dfrac{e}{c}A\right)\left(\dfrac{h}{i}\nabla - \dfrac{e}{c}A\right)\psi + m^2 c^4 \psi$$

となります。これは時間に関しては2階微分，座標に関しては4階微分で余程の近似省略を行なわない限り解けそうもない方程式です。

Dirac はここでこの相対論化の決定的な誤りに気付き，これを避けて，先はどうなるかわからないけれど進むしかない正しい道を行くことにしました。これが Dirac の論文の決定的に大事な一歩です。間違いとは $\mathcal{E}$ の2乗を含む式を量子力学の基礎とすることです。$\mathcal{E}$ は $-(h/i)\partial/\partial t$ ですから $\mathcal{E}^2$ は時間に関し2階の微分方程式を意味します。ところがこれは音波や電波のような波動現象の波のであって，波動力学が言う力学の波とは違います。波動力学の波は力学ですから時間に関し1階の微分方程式でなければなりません。

Pauli Dirac

相対論の公式を守りながらこれを**波動力学にする道**は一通りしかありません。**2乗の項を開平して1乗にする**ことです。自由粒子なら

$$\mathcal{E} = \sqrt{c^2\ (p_x^2 + p_y^2 + p_z^2) + m^2c^4 b^2 - 4ac}\ \text{です}.$$

これは**出発点**で，次の一歩は**物理量の関係**で書かれたこの式を**波動関数** ψ とそれに作用する**操作**（Operation）の**関係**に変えることです。$\mathcal{E}$ は $(-h/i)\ \partial\psi/\partial t$ と置き換えれば良いのですが，**問題は** $\sqrt{\ }$ の扱いです。今まで**代数式を開平**する演算法など誰も見たことがないからです。

Dirac は開平とはパラメータの入った答を作り，答を2乗した結果が左辺と一致すれば良いのだとします。実際に $\hat{\alpha}_x, \hat{\alpha}_y, \hat{\alpha}_z, \widehat{\beta}$ をパラメータとし，

$$\sqrt{c^2\ (\hat{p}_x^2 + \hat{p}_y^2 + \hat{p}_z^2)\ + m^2c^4} = c\ (\hat{\alpha}_x\hat{p}_x + \hat{\alpha}_y\hat{p}_y + \hat{\alpha}_z\hat{p}_z) + \widehat{\beta}\,mc^2$$

と置いて計算すると，

$c^2(\hat{p}_x^2 + \hat{p}_y^2 + \hat{p}_z^2) + m^2c^4 = c^2\ (\hat{\alpha}_x^2\ \hat{p}_x^2 + \hat{\alpha}_y^2\ \hat{p}_y^2 + \hat{\alpha}_z^2\ \hat{p}_z^2)$

$+\ \widehat{\beta}^2 m^2 c^4 +\ c^2\ (\hat{\alpha}_y\hat{\alpha}_z + \hat{\alpha}_z\hat{\alpha}_y)\hat{p}_y\hat{p}_z + c^2\ (\hat{\alpha}_z\hat{\alpha}_x + \hat{\alpha}_x\hat{\alpha}_z)\ \hat{p}_z\hat{p}_x$

$c^2(\hat{\alpha}_x\hat{\alpha}_y + \hat{\alpha}_y\hat{\alpha}_x)\hat{p}_x\hat{p}_y + mc^3(\hat{\alpha}_x\widehat{\beta} + \widehat{\beta}\hat{\alpha}_x)\hat{p}_x + mc^3(\hat{\alpha}_y\widehat{\beta} + \widehat{\beta}\hat{\alpha}_y)$

$\hat{p}_y + mc^3\ (\hat{\alpha}_z\widehat{\beta} + \widehat{\beta}\hat{\alpha}_z)\ \hat{p}_z$　ですから，

$\hat{\alpha}_x^2 = \hat{\alpha}_y^2 = \hat{\alpha}_z^2 = \widehat{\beta}^2 = 1$

$\hat{\alpha}_y\hat{\alpha}_z + \hat{\alpha}_z\hat{\alpha}_y = \hat{\alpha}_z\hat{\alpha}_x + \hat{\alpha}_x\hat{\alpha}_z = \hat{\alpha}_x\hat{\alpha}_y + \hat{\alpha}_y\hat{\alpha}_x$

$= \hat{\alpha}_x\widehat{\beta} + \widehat{\beta}\hat{\alpha}_x = \hat{\alpha}_y\widehat{\beta} + \widehat{\beta}\hat{\alpha}_y = \hat{\alpha}_z\widehat{\beta} + \widehat{\beta}\hat{\alpha}_z = 0$

と置けば正しく平方根を求めたことになります。

　この **Dirac の条件式**は 1 になるもの以外は**一見複雑**ですが，規則性はあります。必ず二つの**操作の積**について**積の順が逆なものとの和が 0** であることです。ここでこの **Dirac の条件式の意味**を知るのに使った図（同）が使えないか試してみると驚くべきことがわかります。α_x, α_y を S_x, S_y と同じ操作とみて $\alpha_x \alpha_y + \alpha_y \alpha_x$ は S_x の後 S_y をし，もう一度 S_y をし最後にもう一度 S_x をする意味になりますからこれは**完全に元に戻り，何もしなかったのと同じ**です。つまり Pauli の理論で発見した**操作** S_x, S_y, S_z と Dirac の**操作** α_x, α_y, α_z は全く同じものだったのです。

　そこで Dirac がなぜ別の方法で同じことの発見に到ったのかを慎重に調べた**結果，座標変換に対する結果が反対**であったことがわかりました。その結果，量子状態つまりは**波動関数には** +，−の **2 つの波動関数**が **2 通り必要**なことがわかりました。結局，量子状態を決める変数には **Schrödinger** の 3 変数 n, l, m と **Pauli のスピン変数** σ のほかに **Dirac** が新たに発見した**円部変数** ρ が必要なことがわかりました。つまり**スピンに関係**する**波動関数は** $\psi(\sigma, \rho)$ と 2 変数関数であり，両変数とも 2 通りの値しか取りませんから波動関数は全部で **4 個**になります。

　この **4 個の波動関数**が Dirac 理論の波動関数で，彼はそれに次のように番号をつけました。

$\psi_1 = \psi(1,1), \quad \psi_2 = \psi(2,1), \quad \psi_3 = \psi(1,2), \quad \psi_4 = \psi(2,2)$

これへの操作は 4×4 の行列ですが，それは次の 3 成分を持ったベクトルです。

Pauli　Dirac

$$\sigma_1 = \begin{pmatrix} 0 & 1 & 0 & 0 \\ 1 & 0 & 0 & 0 \\ 0 & 0 & 0 & 1 \\ 0 & 0 & 1 & 0 \end{pmatrix} \quad \sigma_2 = \begin{pmatrix} 0 & -i & 0 & 0 \\ i & 0 & 0 & 0 \\ 0 & 0 & 0 & -i \\ 0 & 0 & i & 0 \end{pmatrix} \quad \sigma_3 = \begin{pmatrix} 1 & 0 & 0 & 0 \\ 0 & -1 & 0 & 0 \\ 0 & 0 & 1 & 0 \\ 0 & 0 & 0 & -1 \end{pmatrix}$$

$$\rho_1 = \begin{pmatrix} 0 & 0 & 1 & 0 \\ 0 & 0 & 0 & 1 \\ 1 & 0 & 0 & 0 \\ 0 & 1 & 0 & 0 \end{pmatrix} \quad \rho_2 = \begin{pmatrix} 0 & 0 & -i & 0 \\ 0 & 0 & 0 & -i \\ i & 0 & 0 & 0 \\ 0 & i & 0 & 0 \end{pmatrix} \quad \rho_3 = \begin{pmatrix} 1 & 0 & 0 & 0 \\ 0 & 1 & 0 & 0 \\ 0 & 0 & -1 & 0 \\ 0 & 0 & 0 & -1 \end{pmatrix}$$

σ ベクトルは x, y, z 軸に関するベクトルなので, **Pauli** 理論の説明ではそれを S_x, S_y, S_z と記しましたが, それは量子数が**スピン変数**だけだった時の話で, **1個 ρ が増えた**時点では Dirac は次のように名付けています。

$$\hat{\alpha}_x = \hat{\rho}_1 \hat{\sigma}_1, \quad \hat{\alpha}_y = \hat{\rho}_1 \hat{\sigma}_2, \quad \hat{\alpha}_z = \hat{\rho}_1 \hat{\sigma}_3, \quad \hat{\beta} = \hat{\rho}_3$$

この意味はよくわかるように, これを ψ ベクトル,

$$\psi = \left(\psi_1, \psi_2, \psi_3, \psi_4 \right)^t$$ に適用してみます。

(この t は tranpose, 横ベクトルを縦ベクトルにせよの指示です。)

$$\hat{\sigma}_x \left(\psi_1 \ \psi_2 \ \psi_3 \ \psi_4 \right)^t = \rho_1 \left(\psi_2 \ \psi_1 \ \psi_4 \ \psi_3 \right) = \left(\psi_4 \ \psi_3 \ \psi_2 \ \psi_1 \right)^t$$

$$\hat{\sigma}_y \left(\psi_1 \ \psi_2 \ \psi_3 \ \psi_4 \right)^t = \left(-i\psi_4 \ i\psi_3 \ -i\psi_2 \ i\psi_1 \right)^t$$

$$\hat{\sigma}_z \left(\psi_1 \ \psi_2 \ \psi_3 \ \psi_4 \right)^t = \left(\psi_3 \ -\psi_4, \psi_1 \ -\psi_2 \right)^t$$

$$\hat{\beta} \left(\psi_1 \ \psi_2 \ \psi_3 \ \psi_4 \right)^t = \left(\psi_1 \ \psi_2 \ -\psi_3 \ -\psi_4 \right)^t$$

これが Schrödinger の**波動方程式の相対論化**に必要な Dirac の **4 成分波動関数**です。これを元に Dirac は真空とは負エネルギーの電子の海など**物理学会を震撼**させるような**数々の発見**をし，**スピン理論**もその一つです。このあと**スピンの磁気モーメント発見の式**に到るまでの主要な論理と式を示します。その論理の中で結果的に**一番大事**なのは 4 個の波動関数を ψ_1 と ψ_2 の **Pauli 族** ψ_P と ψ_3 と ψ_4 の **Dirac 族** ψ_D に分けることです。ψ_P ψ_D ともに新モデルではまった同じ変換に従いますが，大きさが違うからです。**電子速度**が**光速よりかなり小さい時**はあとで示すように ψ_D は ψ_P に比べて極めて**小さく**なります。図（同）では原点＝核付近の小さな曲線です。

　さてこれだけの準備をしたあと，いよいよ Dirac のこの論文を用いて証明したかったことの証明に参りましょう。証明したかったことは何か，それは電子スピンと呼ばれる現象が電子がこまのように旋廻することによって起こるとされているが本当とは思えない間違いではないかということです。電子スピンと呼ばれる現象とは 1922 年 Stern と Gerlach によって発見された原子の磁気モーメントに関する現象で，原子には軌道角運動量によらない磁気モーメントがあるという事実です。

　さて磁気モーメントを求めるには**電磁場のある場合**の **Dirac 方程式**が必要ですが，それは，

自由粒子の方程式　$\mathcal{E} = c\hat{\alpha}\hat{p}\psi + \hat{\beta}mc^2\psi$　で，

p を $p - \dfrac{e}{c}A$ で，

エネルギー $\mathcal{E}$ を $\mathcal{E} - e\varphi$ で

置き換えればよいので，電磁場が存在する場合のDiracの方程式は，

$$(\mathcal{E} - e\varphi)\psi = c\hat{\alpha}\left(\hat{p} - \frac{e}{c}A\right)\psi + \hat{\beta}mc^2\psi.$$ です。

Aは点電荷のベクトルポテンシャルで，

$A = ev/cR - \mathbf{r}$, 磁場Hとの関係は$H = rotA$. です。

以下では外部磁場が存在せず**電子速度**が**光速より十分小さい**時の近似を使います。**非相対論的極限の近似**です。するとψ_Pとψ_Dの関係は，

$$\psi_D' = \frac{1}{mc}\left(\hat{\sigma}, \hat{p} - \frac{e}{c}A\right)\psi_P$$ となります。

ここでAが入っているのは上述のように，Aは**粒子速度**v**に比例するから入っている**のであって，外部磁場とは関係ありません。この式を見ると右辺ψ_Pの係数は$p/mc = mv/mc$ですから，**この近似ではψ_Dはψ_Pに比べ著しく小さいです**。

ここで非相対論の場合のエネルギーを$\mathcal{E}'$とし，
$\mathcal{E} = mc^2 + \mathcal{E}'$として$\mathcal{E}$を$\mathcal{E}'$で置き換えれば，最初の一般式から

$$(\mathcal{E}' - e\varphi)\psi_P = 2c\left(\hat{\sigma}, \hat{P} - \frac{e}{c}A\right)\psi_D$$ が結論されます。

従って，非相対論的極限で，

$$(\mathcal{E}' - e\varphi)\psi_P = \frac{2}{m}\left(\hat{\sigma}, \hat{p} - \frac{e}{c}A\right)\left(\hat{\sigma}, \hat{p} - \frac{e}{c}A\right)\psi_P$$ が結論されます。

この式は極めて重要です。電子が「こま」のように旋廻しなくても**Schrödinger方程式を厳密に相対論化した上，非相対論的極限と取れば**

Pauli Dirac

電子は軌道運動による磁気メーメントの外に**今まで知られていなかった磁気モーメント**を持つことを Dirac が発見できたのはこの式からだからです。ややこしい計算ですがあら筋は次の通りです。

上式の 2 乗項を展開するために $\hat{p}_x - \frac{e}{c}A_x = \hat{P}_x$ …などと置くと，まず次の式が得られます。

$$(\mathcal{E}' - e\varphi)\psi = [\frac{1}{2m}(\hat{p} - \frac{e}{c}A)^2 + \frac{2}{m}(\hat{\sigma}_x\hat{\sigma}_y\hat{P}_x\hat{P}_y + \hat{\sigma}_y\hat{\sigma}_x\hat{P}_y\hat{P}_x + \cdots)]\psi$$

ここで $\hat{P}_x\hat{P}_y - \hat{P}_y\hat{P}_x$ を計算すると，

$$\hat{P}_x\hat{P}_y - \hat{P}_y\hat{P}_x = -\frac{e}{c}(\hat{P}_xA_y + A_x\hat{P}_y - \hat{P}_yA_x - A_y\hat{P}_x)$$

$$= -\frac{e}{c}(\hat{p}_xA_y - A_y\hat{p}_x) + \frac{e}{c}(\hat{p}_yA_x - A_x\hat{p}_y)$$

$$= \frac{eh}{ic}\left(\frac{\partial A_x}{\partial y} - \frac{\partial A_y}{\partial x}\right) = -\frac{eh}{ic}H_z$$

最後は H_z が出てきましたが，これは ***rot A = H*** という公式に従ったままです。

従って上式は，

$$(\mathcal{E}' - e\varphi)\psi_P = [\frac{1}{2m}(\hat{P} - \frac{e}{c}A)^2 - \frac{eh}{mc}(\hat{\sigma}_xH_x + \hat{\sigma}_yH_y + \hat{\sigma}_zH_z)]\psi_P$$ です。

ベクトル式で書くと，

$$\mathcal{E}\psi_P = \frac{1}{2m}(\hat{p} - \frac{e}{c}A)^2\psi_P + e\varphi\psi_P - \frac{eh}{mc}\frac{eh}{mc}(\hat{\sigma}_x H)\psi_P$$ です。

上式は波動力学の**出発点**となる **Hamilton 方程式**です。**電荷**のある粒子について**普通の方法**で作れば

$$\mathcal{E}'\psi = \frac{1}{2m}(\hat{p} - \frac{e}{c}A)^2\psi + e\varphi\psi$$ です。それが Schrödinger 方程式です。

ところが Dirac の方法でやると，Hamiltonian に

$$\hat{\mathcal{H}}_\sigma = -\frac{eh}{mc}(\hat{\sigma}H) = -(\hat{\mu}_\sigma H)$$ が加わります。

これは電子に $\hat{\mu}_\sigma = \frac{eh}{mc}\hat{\sigma}$ の磁気モーメントが加わったことを意味します。**Schrödinger** になかったこの**追加項**は Dirac が「こま」の旋廻を考慮して**持ち込んだ**ものでは**ありません**。Schrödinger 方程式を**厳密に相対論化**するという Dirac の方法が**隠れていたものを発見した**のです。

Dirac 論文のこの１行で，電子の「こま」スピンモデルは完全に否定された筈です。しかしプロ物理学者には誰もそれを言う人はいませんでした。こまスピンはパラダイムでしっかり補強されているように見えることがその理由ですが，それに替わるモデルを誰も思いつくことが出来なかったことが最大の理由です。自由人である著者はそれに替わるモデルとして新モデルを考え続けており，それによって水俣病問題の最難関疑問であったメチル水銀の生成機構を完全解明し，2001 年『水俣病の科学』を発表しました。その時決め手になったのは，化学反応においてスピン現象が果たす役割についての正しい物理モデルでした。その時，新モデルの原形に到達していた私は，それを『水俣病の科学』の補論として発表しましたが，プロ物理学者からは何の反応もありませんでした。私もその時はここに示した Dirac の結論を自信を持って完全理解はしていませんでしたので新モデルをあらためて発表することは出来ませんでした。従って「こま」スピンモデルを正式に否定する新モデルの発表は本書が初めてです。

7．Dirac の物理観

以上が量子力学の**混迷**に**終止符**を打った**量子力学の最重要論文**の核心をなす**数学的解析**の基本的な考え方と方法の**大要**です。数学として**知られている数学的方法**とはまるで**違う所**があります。１変数に関する

方程式として出発した**問題**が解析によって**4変数の連立方程式**になるなどという方法は聞いたことがありません。これに対しては曲芸的な**数学的アイデア**との見方が普通ですが，私はそう思いません。Dirac を**数学派の頂点**のように見る**物理家が多い**のですが，**私**は彼は徹底した**物理派**であり，そのため数学は**数学家に頼らずに全て自分で考え抜**いたと思います。de Broglie も著書の中で同趣旨のことを言っています。

　私が Dirac を物理派と考える理由は「**電子の量子論**」と題するこの論文を書いた**彼の本当の目的は**，de Broglie も認めているように**相対論的波動力学**を建設しようということにあったからです。Schrödinger の波動方程式を**相対論化する研究**に着手しようと考えることがなぜ物理派であることを意味するかというと，このテーマはかつて Klein も Nishina も **Schrödinger 方程式を Lorentz 変換**し**解を求める**という間違いない努力をしましたが，訳分からない理由によって非相対論的な取扱いより**はるかに悪い**結果しか得られなかったという魔物テーマです。そのため矛盾を回避しようとする**数学派は手をつけず**，好んで取り組むのは**魔物の好きな物理派**に限られる訳です。

　Dirac はスイス人で，父親は英国でフランス語教師をしていたが厳格な人で，家では**完璧な**フランス語以外は使わせなかった。そのため口数の少ない子になったと言われます。**おしゃべりの程度**を表現するのに普通は**1分何語**で表現しますが，**Dirac の場合**は単位を変えて**1時間何語**にしなければならないと冗談を言われるほどだったようです。口数が少なかった理由は，厳格な父親からのおしつけフランス語だけではなく**他に何かある**と探していた私は，最近になって **Heisenberg** が書いた思い出の記『**Physics Beyond Encounter and Conversation**』の中に極めて強力な証拠材料を見つけました。1927 年の Solvay 会議の時，若い Pauli, Heisenberg, Dirac の 3 人は，Einstein と Planck の宗教観をタネにして宗教について徹底して話し合ったというのです。その時 Dirac の言ったことが次のように紹介されています。

Pauli Dirac

「私は，我々科学者が宗教について真正面から議論するのを避けるのはおかしいと思う。何事にも真正直であるべき科学者は，宗教についてそれは常に「うその固まり」であるという事実を素直に認めなければならないと思う。キリスト教徒が絶対に信じている「神」は妄想に過ぎないと言うべきである。

自然が時として人間に襲いかかる力は技術の発達した現代の我々にとっても恐ろしいものだが，守ってくれる技術のなかった原始の人にとってその恐ろしさは絶大なものであり，それを自分を殺そうと襲いかかる「人」と感じたのは当然だろう。しかし自然の力の正体がこれほどにいろいろわかって来た現在では，自然が敵意を持っているなどと恐れる必要はなくなった。だから誓って言うが，「全知全能の主」が自然の猛威から我らを助けるなんてことは絶対にないと思う。よく主はなぜ世の中にかくも多くの不幸と不正を放置し，富める者の貧しき者からの収奪を認めるのかという真面目な疑問の声を聞くが，それはそもそもそんな主なぞはじめからいないのだという根本のところが分かっていない人の思うことだ。

こういうことはみんな解っている筈なのにまだ宗教が生きているのは，決して我々がそれを心の底から信じているからではない。それは下層民の不満が吹き出て騒動になるのを防ぎたいという一部の人の思いからでている。宗教の力でこれらの人々が騒がないようにしたいのである。そうなればしぼり取るのも容易であるからだ。宗教は阿片である。というのはそれは国家をして正気を失わせ，国家が人民に対して行なっている不正を忘れさせるからである。

それが為に，国家と教会という二つの政治権力の親密な協力が起こる。両者ともに，不正に対して怒りから立ち上がることなく不平を言うことなくおとなしく義務を果たした者に対して，神は天国でやさしくそれを迎え入れるという幻想を人々に与えることを必要としているからである。だからこそ「全知全能の神」は人間の妄想の産物に過ぎないと正直に言うだけのことがあらゆる反道徳を超えた最高の反道徳になるのである。」

これで**分かりました**。Dirac は徹底した物理派だっただけでなく，徹底した Atheist（反神論）であったのです。私はこれが真正直な彼が人とのおしゃべりを警戒し嫌うようになった理由と考えます。

化学と物理の断絶なくす新理論

1. 化学者と物理家の分裂と断絶　340
2. 化学者の関心「化学結合論」と Heitler-London 論文　342
3. Heitler-London の弱点　344
4. 多体問題に数学的一般的解法はない　348
5. 化学者の多体問題への貢献と弱点　349
6. 原子，分子内の電子，化学者の感覚認識と教科書説明　353
7. Molecular Orbitals と Woodward-Hoffmann が物理と折り合わない理由　356
8. スピン新モデルの前史としての分子内電子走行論　359
9. de Broglie に従う分子内走行モデル　362
10. 化学と物理を結ぶ基礎理論　分子内ドブロイモデル　365
　　（Molecular de Broglie's Model）

1. 化学者と物理家の分裂と断絶

　問題という言葉には 2 つの違った意味があります。**試験問題**という時の普通の意味のほかに**問題児**のように人を困らせる問題の意味があります。本節の問題は**あとの意味**です。何が問題かというと，量子力学という学問領域における**化学と物理の深刻な分裂，分断，隔絶**です。同じことを研究しているように見えながらその分裂は，決定的です。1981年に**量子化学**の日本の**最高位**で京大教授だった **Fukui**（福井謙一）が Nobel 賞をもらったのち各地で行なった講演内容について**物理学者の批評**は私が聞いた限り**辛辣を極め**ました。「あれで**量子力学の Nobel**

賞か」から始まって「化学だから仕方がない」に終るものでした。違う領域なら関心も批評もない筈，同じ領域だから関心も理解もあるのですが批評は**表面的理解**にたった「**決め付け**」で**業界対立**と**軽蔑**だけが見えました。これが私の言う両者の断絶です。

では何がこの**断絶**を生むのか，私がすぐ思いつく**理由が二つ**あります。第1は何を科学と考えるか，**基本的精神**の違いです。こんなことがありました。小さい頃から物理の理屈を考えるのが好きだった**私は**，**高等学校**では化学で「**可**」を取りました。**理由**はイオンの**色**や**イオン化傾向**が出て来る**試験問題**は全て**白紙**で出したからです。イオン化傾向は「**貸そうがまああてにするな**」(Ca, Na, Mg, Al, Zn, Fe, Ni, Sn)と覚えればよいと教えてくれた友人がいたのを覚えていますが，**暗記するのは科学ではない**と思う気持ちが強く**拒否**しました。そして覚える必要のない化学を作って**大学教授**になって**化学に復讐**する決心をしました。

もう1つはDiracのある**発言**が両者に残した影響です。Diracは次のような言葉を残しました。「**量子力学**の発達の結果，今や**化学が**解決すべき**問題**について**物理から見た原理**は全てわかってしまった」。正確な表現でまさしく金言ですが，これをあえて言うことは両者にいい影響を与えませんでした。特に**プロ物理学者**に対してはこれは**最高位**が「**今や化学は量子力学の練習問題**である」と語ったように受け取られたと思います。その結果，化学は量子力学以後の**物理学者が**真面目に勉強し**研究すべき分野**であったのに，**面倒な化学**の研究は**避けて**勉強はしないでも**頭だけで勝負できる分野に集中**することになりました。化学に目を向けた少数の物理学者は従来のPhysical Chemistry（物理的化学）とは別にChemical Physics（物理学の化学への応用）という分野（雑誌）を作りましたが，これは**植民地**に出かけてその地の**社会**や**文化**を勉強することなく**いきなり道路**だけを造るような仕事でした。**優越感**だけを残して化学に対する**敬意**，**尊敬**がない態度でした。

一方化学者とはこれを聞いて**悲観**したり，逆に**発奮する**ような**小者**ではありません。新しい分子を実際に作り上げることだけに成功の意義を感じる人たちで，外からの理論や思想には聞く耳を持たない人たちだからです。**この両者**なら同じ**量子力学**という**分野**で働いても分断は起こる訳です。

2．化学者の関心「化学結合論」と Heitler-London 論文

「なぜか」という**理論理屈には関心がない職人化学者**も一点こだわる分野があります。分子と分子は「なぜ」**結合する**のか，「どんな条件で」**結合**し，結合しないのかを教えてくれる**化学結合論**です。昔の化学は **Newton** も**熱中**した**錬金術が主流**でした。**原子を変える狂気**です。それが狂気とわかった今，化学は**分子と分子を反応させて新しい分子を作る熱望**に変わっています。それは**狂気と正気の中間**です。正気があるから役に立つと思う理論には熱中します。**Schrödinger** の量子力学に**熱い関心を持つ技術者**の圧倒的多数（**8割くらい**）は**化学者**です。そしてその**関心の核心は化学結合論**です。

Schrödinger は原子核 1 個電子 1 個の量子力学の創製に努力し，その結果，**動径量子数 n と方位量子数 l** の二つの量子数を操作するだけで **Mendelev**（メンデレーフ）の**周期律表の横の系列も縦の系列も再現**できることを示しました。しかしこれは化学者を**感心させる**ものではありませんでした。化学者は（リベブックの舟 Li,Be,Bc…）と**周期律表は暗記**しているからです。化学者の関心である化学結合論に答えたのは **Heitler** と **London** でした。彼らは Schrödinger の 2 年後, 1927 年に論文を出し，なぜ **2 個の水素原子**は**結合**して**水素分子 H_2** になるかに答えました。彼らは **1 核 1 電子**しか扱わなかった波動力学を **2 核 2 電子**に拡張した上，2 つの水素原子が**離れ**ている時は**原子**のままだが，それを**近づける**と原子間に**引力が発生し水素分子**になることを

Schrödinger の波動関数を使って厳密に証明したのです。図（343頁）が原子核 A,B と電子 1,2 の位置と相互作用の全体を表した図です。ここで電子と核の間を表わす $r_{A1}, r_{A2}, r_{B1}, r_{B2}$ は全て引力ですが，電子間

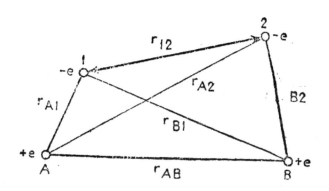

水素分子に対して用いた座標の開示

を表わす r_{12} は斥力です。核間 r_{AB} も斥力です。いまこれを操作変数として r_{AB} を変えながら引力と斥力の総合である全系のポテンシャルエネルギーへの総和を計算しますと，結果が図（344頁）です。図（同）には S（対称）A（逆対称）N（中立）の 3 つのケースが出ていますが，確率的に最も起こりやすい対称ケース S について見ると，A と B が遠く離れた場合を基準に取るなら AB が近づくとエネルギーは減少し，$r_{AB}/a_0 = 1.5$ あたりで最小となりそれ以上近づくと強い斥力のためエネルギーは急上昇します。つまり 2 個の水素原子が完全に離れた状態より近づいた状態の方が系として安定で，結局 $r_{AB}/a_0 = 1.5$ あたりが最も安定な状態で，これが水素分子という訳です。では中性な A 水素原子と B 水素原子が近づくとなぜ引力が発生するのかこれも Heiller-London は示しています。

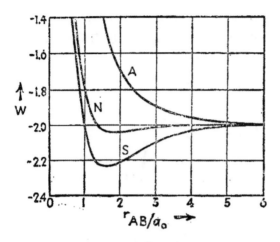

水素原子に対するエネルギー曲線　$e^2/2a_0$

3．Heitler-Londonの弱点

　以下では **Heitler-London** の仕事について簡単だが物理的本質が明確になるような解説を努力します。その理由はこれが**物理家**が**化学結合**について行なった**最初**にして**最後の仕事**であるのに対し，化学家はその後 100 年莫大な努力をかけて，その延長線上に理論を**改良し続け**てきました。その結果精度は向上し**完全な実用技術**として確立して来ています。その名は**分子軌道法**（**Molecular Orbitals**）です。物理的には見るべき本質的発展はないとして**プロ物理屋**はその価値を**一切認めません**が，私はその中に Heitler-London を**超えた本質的な発展**が二つあったと見ています。**Hückel** の π 電子と **Woodward-Hoffmann** の**結合法則**です。私は化学と物理の不毛の断絶を終わらせるためにこの 3 つを同じ物理的評価台に載せ，Hückel と Woodward-Hoffmann が Heitler-London を**超えるところ**があることを示したいと思います。

Heitler-Londonの**優れた点**と**弱点**を一言で言うなら，化学結合の問題を化学結合を 2 原子系エネルギーの**核間距離依存性**の問題に帰着させ，エネルギーを波動力学の正当な方法で定義計算したことです。しかし**弱点**は 2 原子系の**正しい波動関数**を**知る方法がなく**，**変分法**と呼ばれる攝動法に従ったが基本的に近似精度がよくなかったことです。

具体的に言うと，図に対応する波動方程式は

$$\Delta_1^2 \psi + \Delta_2^2 \psi + \frac{2 m_0}{h^2}\left\{W + \frac{e^2}{r_{A1}} + \frac{e^2}{r_{B1}} + \frac{e^2}{r_{A2}} + \frac{e^2}{r_{B2}} - \frac{e^2}{r_{12}} - \frac{e^2}{r_{AB}}\right\} \psi = 0$$

となります。ここで AB が離れていて **2 個の** H 原子である状態を**基準**にし，近づいてから現われる効果を**攝動**と呼び，**攝動状態**について**計算**することにすると，そのための Hamilton 関数 H は

$$H = 2W_H - \frac{e^2}{r_{B1}} - \frac{e^2}{r_{A2}} + \frac{e^2}{r_{12}} + \frac{e^2}{r_{AB}}$$

となります。ここで W_H は水素原子 1 個の安定エネルギーです。

ここでもし **2 核 2 電子体系の正しい波動関数** $\psi = u_{AB}(1,2)$ がわかったら，求めるエネルギーは

$$W = \int u_{AB}(1,2)\, H\, u_{AB}(1,2)\, d\tau_1, d\tau_2$$

のはずです。しかしそれは絶対にわからないので，次の便法をします。

$u_{AB}(1,2)$ は既に知られている波動関数 $u_{A(1)}, u_{B(2)}, u_{A(2)}, u_{B(1)}$ の 4 つ適当に掛け合せ足し合わせで表現できると仮定します。実際には $u_{A(1)} u_{B(2)}$ と $u_{A(2)} u_{B(1)}$ の適当な足し合わせです。何が適当かと言うと足し合わせを $u_{AB}(1,2)$ の代わりに入れた W が極値を取る場合を探すことです。すると極値を取るのは行列式で書くと，

$$\begin{vmatrix} H_{II}-W & H_{I II}-\Delta^2 W \\ H_{I II}-\Delta^2 W & H_{III}-W \end{vmatrix} = 0$$

の場合です。ここで,

$H_{II} = \iint \psi_1 H \psi_1 \, d\tau_1 \, d\tau_2$, $H_{I II} = \iint \psi_I H \psi_{II} \, d\tau_1 \, d\tau_2$,

$\Delta^2 = \iint \psi_I \psi_{II} \, d\tau_1 \, d\tau_2$ です。そして ψ_I, ψ_{II} は

$\psi_I = u_{1sA}(1) \, u_{1sB}(2), \psi_{II} = u_{1sB}(1) \, u_{1sA}(2)$ です。

上式は **W** の 2 次式なので 2 つの根が得られますが,

それらを w_S, w_A と書くと,

$w_S = (H_{II} + H_{I II}) / (1 + \Delta^2)$

$w_A = (H_{II} - H_{I II}) / (1 - \Delta^2)$ です。

この w_S を表しているのが図(同)の S カーブ, w_A を表しているのが A カーブです。これを見較べると S カーブの最小化に寄与しているのは Δ と $H_{I II}$ です。

Δ は核 A, B に対し電子 1,2 が所属を変えた時の確率が核間距離で変わる程度を表しています。それが結果に影響することは理解できます。

次には $H_{I II}$ の意味を知るために実際に計算してみます。
$H_{I II} = \iint u_{1(s)A}(1) u_{1(s)B}(2) H \, u_{1(s)B}(1) u_{1(s)A}(2) \, d\tau_1 \, d\tau_2$

$$= 2\Delta^2 W_H + 2\Delta K + K' + \Delta^2 \left(\frac{e^2}{r_{AB}}\right) \quad ここで$$

$$K' = e^2 \int\int u_{1SA}(1) u_{1SB}(2) (1/r_{12}) u_{1SA}(2) u_{1SB}(1) d\tau_1 d\tau_2$$

　計算された項目のうち特に**引力の原因**になるのは K' で，これは**交換積分**（Exchange Integral）と呼ばれます。この発見が **Heitler-London の頂点**だと思います。量子力学について何も知らないが唯一知っていることがあるという**化学者がいたら**，それは間違いなく**交換積分**のことだと思います。それはまさしく化学者が化学結合に関して持つ最も不思議な経験知「**共有結合**」の**理論的証明**と思えたからです。化学者は**一本の線**で表わされる**化学結合**とは両側から**電子**が **1 個ずつ供出**され，それが**共有される**とできると考えています。

　しかし Heitler-London が共有結合の理論的証明と考える化学者の理解は誤解です。交換積分で $(1/r_{12})$ の前後にかかる 2 つの**波動関数**は $u_A(1) u_B(2)$ と $u_B(1) u_A(2)$ であり，添字だけ見ると**電子 1 が A から B へ**，**電子 2 が B から A へ**飛び移ることで結合力が生まれることを表わしているようです。しかしそれは**添字が生む魔術**であって**否定しなければな**りません。この項は**変分法**という**近似計算**の方法が生み出した**計算上の 1 項**であって一切の**物理的意味はありません**。

　具体的に言うと，図（同）のエネルギーカーブを得るには $u_{AB}(1,2) H\ u_{AB}(1,2)$ を積分せねばなりませんが，変分法の場合は $u_{AB}(1,2)$ の近似として $u_{AB}(1,2) = u_A(1) u_B(2) + u_B(1) u_A(2)$ とおき，上式に代入してエネルギーを求めます。ですから $(1/r_{12})$ の両側が $u_A(1) u_B(2)$ と $u_A(2) u_B(1)$ となる交換算分が出るのであって近似関数を変えれば結果は違ってきます。

このように**交換積分**は物理学としては**全く評価できる**ものではありません。**化学者**がそれを評価するならその**誤まりを指摘**すべきでした。ところが Heitler-London が現われてから **100 年間物理家**としてそれを行なった人はいません。それを**行なったのは**全て**化学家**で，その仕事は物理として評価できるものではありませんでした。物理家がそれを行なわなかったのは **Heitler-London** にかわり Heitler-London をしのぐ**提案**を誰も**出せなかった**ためと思います。**100 年間の怠惰**と言うべきです。

4．多体問題に数学的一般的解法はない

分子 a と分子 b が化学結合するとは何か。それは決してそれぞれの**分子全体**が関与してでは**なく**，分子 a 中の原子核 A と分子 b 中の原子核 B が 2 個の電子を用いて共有結合することです。従って化学結合論の核心は **2 核 2 電子系のエネルギー**の**核間距離依存性**の正確な評価にあります。従って Heitler-London の仕事は**水素原子**から**水素分子**形成の理論に止まるのではなく，**化学結合論全体**への答でした。それが物理理論としては**評価できない**理由は **2 核 2 電子系の波動関数**として正しい波動関数 $u_{AB}(1,2)$ を用いるべきなのにそれをせずに $u_{AB}(1,2) = \alpha_A(1) + \beta\alpha_B(2)$ で近似しようとしたことです。ですから Heitler-London で失敗した**化学結合論**の今後の**正しいあり方**は正しい波動関数 $u_{AB}(1,2)$ を求めることです。それは次の波動方程式を満たすはずです。

$$\left(\frac{h^2}{2m}\Delta_1 - \frac{h^2}{2m}\Delta_2 - \frac{e^2}{r_{A1}} - \frac{e^2}{r_{B2}} - \frac{e^2}{r_{A2}} - \frac{e^2}{r_{B1}} + \frac{e^2}{r_{12}} + \frac{e^2}{r_{AB}}\right)\psi = \varepsilon\psi$$

しかしあなたがどんな数学的天才であっても，この方程式を解くことに挑戦してはなりません。これが**絶対に解けない**ことは既に**過去の天才たちが別の道で証明済み**だからです。**別の道**とは **Newton 力学**における **3 体問題**です。Newton 力学で普通に解けるのは太陽と地球の 2

体問題です。これは重心を中心に考えれば1体問題になるからです。これに木星を加えた3体問題には絶対に数学的な解がないことはPoincare（ポアンカレ）が証明しています。波動力学でSchrödingerが出来たことは，古典力学でNewtonがやったと同じく1体問題でした。それ以上は純数学的方法で解を求められると期待してはなりません。多体問題には様々な仮定と条件のもとで基本解を発見し，そこを出発点に近似解を作る必要があります。そのような基本解の発見には豊富な知識と思考力が必要であり数学派には出来ないことです。つまり多体問題の解決は物理派の責任であり，豊富な知識のある化学者との協力を必要とする仕事です。

5．化学者の多体問題への貢献と弱点

有機化学は多体問題の大倉庫です。一番簡単な有機分子であるエチレンC_2H_4でさえ，核6個電子12個の多体です。ベンゼンC_6H_6は核12個電子20個のちょっとした多体です。この程度がほんの入口である化学に対し，一電子が専門で2電子で成功しなかった量子力学が挑戦しようというのですからその手綱さばきには教えられるところが多い筈です。

問題解決で一番大事な基本方針を打ち出したのはHückelでした。有機分子の電子の中には骨格を作るに必要な骨格電子（σ電子）のほかにπ電子があり，化学分子の特性を決めているのはπ電子であるという主張です。エチレンについて言うなら12個の電子は骨格電子で大事なのは残った2個のπ電子ということです。

具体的に言うとエチレンでは2個のCは2重結合としてC＝Cで表しますが，結合には線一本で十分でもう一本の線を構成する電子2個はそこにはなく分子内で自由な働きをする自由電子＝π電子だというのです。π電子の働きはπ電子がないエタンC_2H_6とエチレンC_2H_4の構

造の違いから明らかです。エタンではC‐C結合の回転は抑えられ，骨格は平面になります。図 (350頁) の働きはπ電子がないエタンC_2H_6とエチレンC_2H_4の構造の違いから明らかです。エタンではC‐C結合の回転は自由ですが，エチレンではC‐C結合の回転は抑えられ，骨格は平面になります。

Hückel はこのようにして電子を**骨格電子**と**自由電子**に分け，**骨格電子の運動範囲は 2 つの核の間に限られるか自由電子は分子の中を自由に動く**としました。現在化学における**量子化学計算**は **Molecular Orbiatls**（正確には分子内軌道状波動関数法）と呼ばれていますが，その内容は分子内で**自由に動くπ電子の動き**を研究し，**分子の安定な構造**を知ることです。Molecular Orbiatls が**公式**には**分子軌道法**と訳されているため広く誤解を生んでいるのが実情です。

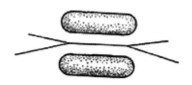

π電子軌道　エチレン

そこで Heitler‐London の欠点の分析とそれを克服する提案を行ないます。求めるべき真の波動関数を$u_{AB}(1,2)$と書くと，それを電子 1,2 に分けた時，それは$u_{AB}(1,2) = u_{AB}(1) \cdot u_{BA}(2)$でなければなりません。$u_{AB}(1)$は核間距離$r_{AB}$の関数で$AB$が離れている時は $u_A(1)$だが十分近づけば$u_{AB}(1)$であり途中は$u(1) = \alpha u_A(1) + \beta u_{AB}(1)$ でなければなりません。すると問題はA , Bが十分近づいて電子 1 がAに所属することなくAB両方に所属する状態の波動関数ですが，私は先に提出し

た新モデルに基づいて図(グラビア 2)のように提案します。この図は明るい線が電子 1, 黒い線が電子 2 を表わし, 電子 1 がAに, 電子 2 がBに属している状態を示しています。核間隔 r_{AB} が大きい時は専らこの状態ですが, この図では核間隔が縮まり電子 1,2 の軌道が丁度接触する状態を表しています。すると電子 1,2 共に自分のベースに帰る確率と相手のベースに行く確率が等しくなります。図は 1,2 がそれぞれ相手ベースに行った時のその後の状況を示しています。核 B を離れた電子 2 は頂点でAに行く軌道に乗り換え, 核 A を通過した後は虚数になって平面の裏側にまわり軌道に沿って反時計に回ってAに戻り, 今の状態を表わしています。すると電子 1,2 共に自分のベースに帰る確率と相手のベースに行く確率が等しくなります。下は 1,2 がそれぞれ相手ベースに行った時のその後の状況を示しています。核Bを離れた電子 2 は頂点でAに行く軌道に乗り換え, 核Aを通過した後は虚数度は実数化して仕切面の表面に出て頂点に出ますが, ここでまた軌道を乗り換えるとBへ戻ります。これは電子 2 がB A両方に等しく所属する姿です。電子 2 のこの運動を表わす波動関数を $u_{BA}(2)$ と書きます。同じく $u_{AB}(1)$ が書けます。

　ここで物理家からは波動関数と言いながら軌道モデルを使っていると文句が出ると思います。新モデルでは軌道状のものは図のように空間を満たす同形軌道のことであって図の軌道はその象徴に過ぎません。空間を満たす波動関を図で表現するのに普通は電子が存在する点の分布で表現しますが, それは運動している電子も粒子であるという粒子説に基づく表現であって, 運動している電子は波動であると考えるなら図のように運動している軌道の分布で表現すべきと考えます。この場合は電子の軌道全体と向きはわかるが存在する位置は確定できないと考えます。電子軌道の乗り換えもABの中点だけで起こるのではなく, 図のように両軌道が丁度接触する様々な中間点で起こりうると見ます。

　これが Heitler-London 論文を超えるべき新結合モデルの提案ですが, これが H-L モデルを本頂点に超えている点が 2 つあります。第 1

は電子の軌道として，分子として結合すべき2つの原子核AとBの両方を含めた軌道を考えたことです。第2点はこのような軌道が出来る絶対条件として，離れていればそれぞれの核に所属する軌道を走っていた電子が軌道を乗り換える必要があり両軌道の接触点における電子軌道の向きが同じこと，つまり走行方向の向きが逆であることが必要です。このことは粒子論が主流である物理家が気付かず指摘もしなかったことです。しかし化学者は既にそれに気付き指摘していました。

その最先端が Hückel です。Hückel は **Göttingen** 大学を出てすぐ Debye の助手になり Debye-Hückel のイオン溶液理論（1923年）を作った生粋の物理家です。しかしどうしたことか1925〜27年の量子力学誕生には加わらず量子力学に入ったのは1927年の Heitler-London 論文以降です。Hückel が終生執着したのは Heitler-London の方法で，エチレンC_2H_4とかベンゼンC_6H_6など有機化合物のエネルギーを計算することでした。Cの外殻電子は4個ですから電子数はエチレンなら12個，ベンゼンなら30個になり，これだけの電子を含む波動関数を作りエチレンなら原子核6個のハミルトン関数を挟んで積分する仕事です。これを原子核2個電子2個と同じ方法で実行しようとするのですから普通の物理家がやろうとする仕事ではありません。解決への鍵は有効な近似法に気付くことです。Hückel は C-Cが二重結合であるエチレンと較べ，エタンは C-C 軸は自由に回転できるのに C＝C は回転できず板のようであることに気付きました。その理由を説明するために量子を骨格を作っている5個の結合に関与する10個の電子とそれに加わらない2個の電子に分けました。そしてそれぞれの電子をσ電子とπ電子と名付けました。そして電子の動く範囲はσ電子は結合原子核の間だけであるのに対し，π電子は分子全体としました。そうすればエネルギー計算はπ電子だけについてそれが分子内でどう動くかを想像して波動関数を考え，あとは Heitler-London の方法通りにエネルギー計算をすればよいのです。これならエチレンの計算は容易です。さらに一般

の場合も何とか計算可能の見通しが出来ました。この方法を Molecular Orbital 法（MO 法）と言います。内容を理解するために正確に訳せば「軌道状波動関数の対象領域を分子全体とした方法」といえます。これが日本語では分子軌道法と呼ばれるものの正確な内容です。

　Hückel は対象は化学ですがあくまで物理家の方法でこの大仕事をしましたが，物理家からは物理の仕事とは認められませんでした。化学屋からも物理の仕事は一切理解されませんでした。π 電子の論文を発表したのは 1930 年ですが，やっと先進的な化学者たちに認められるようになったのは 1950 年頃で彼が教授に昇進できたのは定年直前の 1961 年でした。

6．原子，分子内の電子，化学者の感覚認識と教科書説明

　Hückel は Gollingen で**物理**の助手になった後 Zurich で Debye と組み Debye-Hückel の**イオン溶解論**で名をなした物理屋ですから物理は最高でしたが，それだけに彼の理屈は化学者には理解されず **20 年間も無視**され，教授になったのは**定年直前**でした。その後，彼が開いた Molecular-Orbiatls が**全盛**となりましたが，化学者の**量子力学理解**はいつも**表面的**で自信を欠いた**中途半端**なものでした。**量子化学者**が**分子軌道**として最初に化学者に紹介したのは Schrödinger 方程式の解として知られる**波動関数(表 1)をグラフ化**したものでした。図(355 頁上)の白地の外形線がそれです。しかし不思議なことになすび型の p_x, p_y, p_z では原点の反対側には灰白色の鏡像が描かれていました。このカーブを見て，**初学者**は全てこれを**電子の軌道**と思いました。

　しかし間もなくその**認識**は**消え**ました。**波動関数**を見せて**電子の軌道**を想像させる図のような表現が教科書から**消えた**からです。**物理に弱い化学者**は「原子内の**電子軌道**なんてあるものか。あるのは**混乱**だ

けだ」という**Heisenberg**の言葉を知って**震え上った**からです。その**代わり**に表れたのは同じp_x, p_y, p_zを表す図（355頁下）のような表現です。これは波動関数**自身**には**物理的意味**はなく，意味があるのは**波動関数の2乗**が電子の存在確率を表すという点だけであるという**Born**のご宣託に従って物理屋から**非難されない**表現に変えただけです。

$$n = 1,\ l = 0,\ m = 0:\qquad \text{K Shell}$$
$$\psi_{1s} = \frac{1}{\sqrt{\pi}}\left(\frac{Z}{a_0}\right)^{3/2} e^{-\sigma}$$

$$\text{L Shell}$$
$$n = 2,\ l = 0,\ m = 0:$$
$$\psi_{2s} = \frac{1}{4\sqrt{2\pi}}\left(\frac{Z}{a_0}\right)^{3/2}(2-\sigma)e^{-\frac{\sigma}{2}}$$

$$n = 2,\ l = 1,\ m = 0:$$
$$\psi_{2p_z} = \frac{1}{4\sqrt{2\pi}}\left(\frac{Z}{a_0}\right)^{3/2}\sigma e^{-\frac{\sigma}{2}}\cos\vartheta$$

$$n = 2,\ l = 1,\ m = \pm 1:$$
$$\psi_{2p_x} = \frac{1}{4\sqrt{2\pi}}\left(\frac{Z}{a_0}\right)^{3/2}\sigma e^{-\frac{\sigma}{2}}\sin\vartheta\cos\varphi$$
$$\psi_{2p_y} = \frac{1}{4\sqrt{2\pi}}\left(\frac{Z}{a_0}\right)^{3/2}\sigma e^{-\frac{\sigma}{2}}\sin\vartheta\sin\varphi$$

表1　Schrödinger方程式の解としての波動関数　第1殻　第2殻

従って**現在の有機化学**の教科書には図のs, p_x, p_y, p_zのかわりに図（356頁）のような**カラー写真**だけが出ています。図が伝えたいのは**Schrödinger**の**波動関数**とはその2乗が全空間に広がった**存在確率**を表す点の集合だということです。**言葉**で表現すれば**霧**のように広がった**雨滴**の集合ということです。これならば物理も文句のつけようが無くてこの**7〜80年**も続いています。

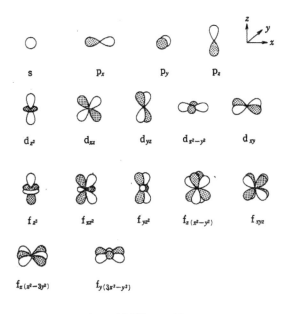

電子軌道の形

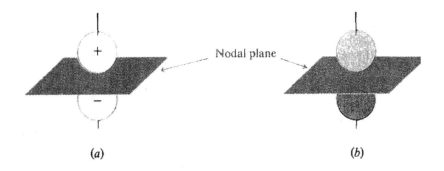

波動関数 Pz の存在密度表示
(＋)(－)は存在密度の位相

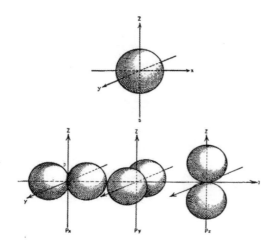

波動関数の物理的に正しい表現

7. Molecular Orbitals と Woodward-Hoffmann が物理と折り合わない理由

　私は 1970 年から**水俣病の研究**を職業としてでは**なく自由人**として始めました。途中，その為に一旦**東大を追放**されたり，**研究を完全に禁止された**こともありました。30 年後の 2001 年に**研究を完成**し『**水俣病の科学**』（2006 年 7 月,共著）として出版し，**毎日出版文化賞**を得ました。この研究の**核心はチッソ水俣工場で水銀を使ってアセチレン**から**アセトアルデヒド**を作る際，副反応として**メチル水銀**が発生したことを完全証明することでした。その**結果**を図（357 頁）に示します。

　図の左下で**アセチレン**に 2 価の**水銀イオン**が結合して**中間体 1** を作るところから始まり，それがHg^{++}イオンを離して**アセトアルデヒド**になるのが**主反応**ですが，**副反応**として**中間体 3** ができ，それが右上の**メチル水銀**になる径路を完全に証明したものです。これは**有機化学者**

が一度も**想像したこともない**複雑な**金属有機反応**で，日本の最高の**金属有機科学者**を訪ねて教えを乞いましたが誰一人**わからなかった**反応メカニズムです。**研究上の難所**はいくつかの**中間体を発見**することですが，中間体が不安定短寿命であるため，実験的単離確認は困難であり，その証明には**最高の量子力学**を使わねばなりませんが誰一人挑戦する人がいなかったことです。

私は**他に頼るものがない**ため，1100 頁にも及ぶ **Moore** の Organic Chemistry を真面目に勉強しました。特に **Molecular Orbitals, Orbital Symmetry** の章は救いを求める気持ちで何度も読み返しました。**Woodward** と **Hoffmann** の画期的発見と提案以来，**Symmetry** こそが有機化学で反応が起こるか否かを決める**判断の決め手**であることが確立して来ていて，**有機化学分野**で**大ブーム**になっているからです。

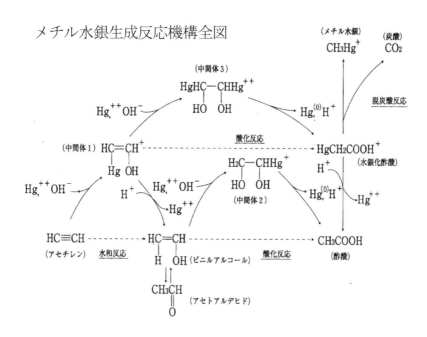

メチル水銀生成反応機構全図

しかし40頁に及んで図(356頁)に似たヒョータンナマズのような絵と説明の連続を精読してみて、**物理屋の直観**として、どの例にも人をしっかり納得させる**メカニズム**が欠けているなと思いました。

気が付いた点は **Born** の論文は Schrödinger が**波動として主張**していることでも**電子は粒子**であるという立場に立てば**波動関数の物理的意味は確率**であるということです。**粒子論**から見た**波動関数の物理的解釈**です。しかしそれを化学反応に押しつけて電子粒子が化学反応を**媒介**していると考えるのは、原子内に**電子軌道はない**といった議論と同じ**強引な議論**だと思います。その議論に固執すれば **2 スリット問題**の解決は**あり得ません**。2 スリット問題を解決するには**速い速度**で運動する**電子**には**粒子性はなく**、**波動関数**そのものが**物理的実在**であり、それを**粒子**を使って**解釈**しようとするのは**間違い**だということです。これは de Broglie の立場です。

化学者が日常的に**頼り**にし、最も**本質**をついた**道具規則**と思っている **Molecular Orbitals** と **Woodward-Hoffmann** について、化学者と物理屋で**価値付け**が全く違うのは一つの**大きな理由**があります。それは**電子のスピンの意義**（重要性）と**意味**（内容）の二つについて**化学者**と**物理屋**では全く考えていることが違うからです。**化学者**にとって**スピン量子数**は Schrödinger の **3 つの軌道量子数**と全く同じウェイトを持つ量子数です。**スピン量子数**がなければ **Mendelev** の周期律表の第 2 列は s, p_x, p_y, p_z の **4 個**で終わり、Li, Be, B, C, N, O, F, Ne の **8 個**にはならないからです。つまり**軌道量子数**のほかに**スピン量子数**があり、それは ＋と－、あるいは表と裏のような **2 つの固有値**しか**持たない**ことが重要です。これに対し、物理屋の提供する**電子こまモデル**はスピンの**向きと回転数**で原理的には **2 つ以上の固有値**を持つはずで、化学者が納得する答ではありません。

もう一つはWoodward-Hoffmann則でいう反応の可能性を決めるのは**Symmetry**といった時の Symmetry の内容です。**有機化学教科書ではこれをBorn流の波動関数2乗構造の構造対称性**としていますが，これは正しくありません。この構造対称性の上に二つの向きを取れる**何かがどちらを向いているかが決め手**です。そのことは **Woodward-Hoffmann**則を提言した**最初の論文**で示された**Hexatriene**の閉環反応の図（下）で明らかです。**同じ向きか反対向きか，向きが問題**なのです。それが**何の向きであるのか**，Hoffmann は明言していませんが，「電子こまの回転の向き」ということはないでしょう。反応に関与するメカニズムが考えられないからです。**私**はそれは同じスピンでも私が**前節に提案したスピン新モデル**の向きと思います。以下ではそれを証明していこうと思います。

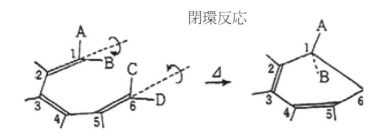

閉環反応

8．スピン新モデルの前史としての分子内電子走行論

　本節の以下の**議論の目的は化学者**の日常の研究を支え，今や**大きな信頼**を得ている二つの**化学結合理論** Molecular Orbitals と Woodward-Hoffmann，あるいは**化学量子力学**と**物理量子力学**の間に正しい**折合点**を**発見提言**することです。**折合点の発見**といっても常識的な意味ではありません。常識的には折り合うとは**両者が持っているカードを全て机の上に並べて 1 項目ごとにどちらを取るか**議論し合って決めて行くことですが，これはやむを得ない単なる**妥協**であって**学問ではあり**

ません。学問としての折合の提言は，両者が机の上に出さず，気が付いていない問題点を全て持ち出してあるべき解決を示し，両者を納得させることです。

　この問題についてまず，化学量子力学はその基礎認識の曖昧さを言わねばなりません。既に指摘したように，化学者は感性的認識としては Schrödinger の波動関数を電子の軌道のように感じていました。しかし物理量子力学で運動している電子も粒子であるという粒子説が大勢となり，波動関数の理解として Born 説が確立すると，化学量子力学も公式的理解，教科書的認識では Born 説に統一されました。しかしこれは化学者の感覚から来るモデルとは違います。公式と感覚との分離，これが化学量子力学の表(おもて)に出ない真実です。このために化学量子力学は基礎が借り物となり，堂々たる態度を失っています。

　この責任は量子力学を徹底的には勉強しない量子化学者の責任のように言われますが，私はそう思いません。運動する電子は粒子ではなく波動であると断言しすぐに Davisson-Germer の実験によってそれが実証された de Broglie の波動論があるのにそれを物理学理論としては一切発展できなかった物理学者の責任と思います。つまり化学量子力学は de Broglie 波動論量子力学の線上に展開されるべきだったのに，そうならなかったのは物理屋の責任です。

　Born 流波動関数理解が化学量子力学にそぐわない具体的理由が二つあります。第1は「分子内軌道波動関数」を作れない点です。Heitler-London の問題点を指摘した際述べた通り化学結合論に必要なのは2核2電子を含んだ波動関数 $u_{AB}(1,2)$ を作ることなのに，1核1電子の Born モデルからはそれが出来ないからです。第2の問題点は Born 流の粒子説では電子スピンのモデルとしては電子こまスピンしか出て来ません。しかし，Woodward-Hoffmann で反応の決め手に

なるのは表か裏か二者択一的な向きであって，電子の旋廻は関係ありません。

つまり化学と物理で学問的な合意点を見つけるにはまず必要なのは物理側が粒子論への固執をやめ，de Broglie の波動論を理論化する道に努力することです。しかしそれはいろんな理由から 100 年間誰もやらなかったことですが，今回本書で提案するスピン新モデルはそれだというのが私の主張です。しかしそれを単純な方法で証明することは出来ません。大体スピン新モデルは Pauli のスピン理論の物理的モデルとして証明し，やっと認められたものです。それが$u_{AB}(1,2)$のような分子内波動関数（Molecular Orbitals Wave Function）の基礎であるとは容易に認められることではなく，証明できることではありません。

そこでここではまったく別の証明法をとります。実は私は分子内の電子を化学の立場から論じた π 電子論と MO 論については物理学の立場から早くから研究しており，その物理的弱さを補完するための物理理論を「分子内電子走行論」（Molecular Wave Function）として 15 年前既に発表しています。これはもっぱら 2 つの原子核を含んだ波動関数$u_{AB}(1,2)$の作り方を念頭に置いた理論です。この分子内電子走行論は分子内電子軌道論とは違います。分子内軌道論を基本的には粒子論に立ったものですが，分子内走行論は de Broglie の波動論に立ったものだからです。この分子内走行論をスピン新モデルと比較すると，実は二つはいろいろ違いはありますが，本質的に同じものであることに今回気付きました。理由は二つは de Broglie の波動論の立場で化学量子力学の二つの面を論じたものだからです。従って新モデルが化学量子力学の基礎になる説明としては，まず分子内電子走行論の内容と実績を説明し，次の節で新モデルは分子内電子走行論を含みより完全なモデルであることを説明します。

9. de Broglie に従う分子内電子走行モデル

de Broglie の考えを貫徹させて量子力学を進めることは Schrödinger も実行はしなかったことなので，1 から 10 まで自分一人で実行実現せねばなりません。それは職業人としての物理屋はやらないことです。職業人としては学会に論文が認められなければなりませんが，誰もやっていないことで論文を通すなど可能性はゼロだからです。これに対し私は「水俣病」の研究については現役中から自由人だったし，定年後は完全自由人でした。自由人としてこの問題を研究する目的は論文を通すことではなく，チッソ水俣工場から排出されたメチル水銀量を正確に推定し，それを患者発生の時期や頻度と比較検討することでした。どんなに時間がかかってもどんなに常識と外れている方法でも，物理屋として納得できる方法なら最後の結果が出るまで試してみるつもりでした。自由人の挑戦です。実際にどんな方法を取ったかについては常識外の方法ですから『水俣病の科学』の巻末に補論「なぜ水銀が有機物に結合するのか」としてやや丁寧な説明を行ないました。それを読み返してみると「新モデル」の原形が完全な形で提示されていることに気付きます。

以下「なぜ水銀は有機物に結合するのか」にある 4 枚の図を紹介しながら物理化学両方のパラダイムを超えた点を説明したいと思います。さらにアセチレンへの水銀イオンの化学結合の例について分子内走行モデルの化学結合論の適用を説明したいと思います。

図（363 頁上）は分子内走行モデルの解説の最初の図ですが，分子内走行モデルが分子内軌道法と決定的に違う点が出ています。分子内軌道法では図(355 頁上)に示した Schrödinger 波動関数の形を大事にし，それに基づいて分子間の結合を議論するのですが分子内走行モデルでは波動関数の外形線は電子が走る軌跡であると見なします。そして走る軌跡であれば上から見て時計廻りと反時計廻りがありますから一つ

の軌道関数p_xに対応する軌跡は**2本ある**とします。

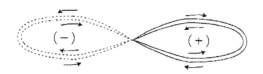

電子が走る軌道モデル

次に図（下）では二つの軌跡が交錯交換することによって軌跡の範囲が**1原子核**の周りから**2つの原子核**を含んだ**分子全体**に広がることを示しています。これを**一筆書きの原理**と呼んでいます。図（同）では一筆書き原理によって二つの**π電子軌道**が相手の領域を含めて広がり分子軌道になることを示しています。

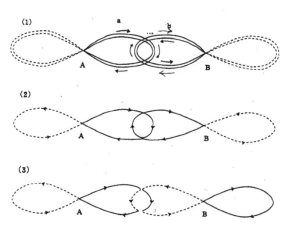

電子軌道の交差と引力・斥力

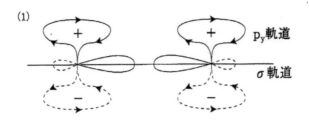

(1) p_y 軌道 / σ軌道

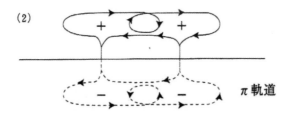

(2) π軌道

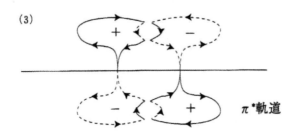

(3) π*軌道

分子軌道法による三重結合の説明

　図（上）は**水銀イオン**が**アセチレン分子**に反応し**化学結合**するメカニズムを示しています。水銀イオンは**偶数原子**ですから一番外側のd_{xy}軌道は**右廻り左廻り**の二つのスピン軌道で占められており，他の原子と反応できる可能性は**ありません**。相手のアセチレン分子も軌道は

全て右廻り左廻りの二つのスピンで占められていて化学結合できません。**化学結合する唯一の可能性**はd_x軌道からスピンの1つを追い出して**アセチレンに献上**することです。すると右廻りあるいは左廻りだけのπ電子が出来ますから**水銀イオン**とアセチレンが**化学結合出来る**のです。

　以上分子内電子走行モデルの特長は**分子内の軌道**とその**走行回転向き**をいつも考えることです。これは **Hückel** に始まる**分子軌道論**（Molecular Orbitals）が決して**やって来なかった**ことです。しかしそれなくしては**一筆書き原理**が使えず**化学結合**の議論が**出来ない**ことは明らかです。つまり**化学者**は**分子軌道法**では波動関数の直接利用を避け，粒子説の Born の考えに従って図(356 頁)の霧滴型モデルを使っています。これに対し分子内電子走行モデルは de Broglie の考えに従うため図(同)を否定し波動関数を直接に軌跡に結び付ける図(359 頁)の考えに従っています。

１０．化学と物理を結ぶ基礎理論　分子内ドブロイモデル
　　（Molecular de Broglie's Model）

　量子化学と物理の間で長く続いた不和，相互不信，無理解，断絶について，双方にどんな問題と責任があったか，著者としての判断を示し，具体的解決を示すべき時が来ました。まず大きく結論を言いますと，化学結合論について問題はあるにせよ，大変な努力をし重要な実績を残したのは化学です。これに対して物理の側がなしたことは，ホンのわずかであり，しかもそれらは化学に役立たないか間違いでした。具体的に言うと化学の側は，Molecular Orbitals と Woodward-Hoffmann 則の二つで実用上決定的な貢献をしました。これに対し物理の側からの貢献は Heitler-London と電子「こま」スピン説ですが，２つ共数学的には間違いないのですが物理的には化学の期待には答えら

れない間違いでした。Bornの「波動関数の2乗は電子の存在確率説」は物理的には間違いではなく，化学も現在はそれを基礎にしていますが，大筋を外れた真理の一面に過ぎず，それだけを基礎にすることは化学結合の本質に合っていません。そのためWoodward-Hoffmann則のうち最も重要な結合の「向き」が表現されないからです。

このように物理が化学が本当に必要とする基礎を提示できない根本的な理由は，運動している電子も粒子であるという「粒子説」にあります。化学と物理に共通する基礎を作るには，粒子説を捨て，運動している電子は振動であるというde Broglie論に行かねばなりません。ここで波動論と言わずde Broglie論と言ったのは，同じ波動でもSchrödingerは最後までは徹底せず途中でBornの粒子説に妥協せざるを得なかったからです。プロ物理学者ではその後，de Broglie説に徹底し理論化体系化した人はいません。いないと思います。非常に困難で難しい仕事なのに，評価される見込みが全くないからです。Oppenheimerの弟子で超優秀であったBohmはそれを試みましたが，次第に独断的になって物理学者の支持は全く得られませんでした。

これに対し自由人を心掛け物理学者の支持を期待しない私は，若い頃からde Broglieを理論化体系化することを心掛けました。そのためにたくさんの仕事をしたのですが，それをまとめて一書にしたのが本書です。ですから本の題名は本当はドブロイ量子力学原論としたかったほどです。著者がそれほどに思うのは，物理屋として深く化学の仕事をして感じたことの第一は，化学の基礎理論としての量子力学は粒子説にとらわれないde Broglie説でなければならないということです。

化学の量子力学的基礎として著者がやった主な仕事は既に紹介した二つです。一つは『水俣病の科学』の基礎になった分子内電子走行モデルであり，もう一つはPauliのスピン理論のモデル化である「スピ

ン新モデル」です。いま化学結合論の理論的基礎としての de Broglie 理論を「分子内ドブロイモデル」と呼べば，これに決定的な寄与をしたのが分子内電子走行モデルです。なぜなら Molecular-Orbitals に必要なのは波動関数が分子内に広がる論理であり，Woodward-Hoffmann に必要なのは波動関数に右回り左回りの二つの向きがあるということですが，分子内走行モデルは「一筆書き」で波動関数の広がり論理を提供し，波動関数の内回り外回りで二つの向きの存在の論理を示しているからです。

しかしながら走行モデルには決定的な弱点欠点があります。それは波動関数が複素数であることを考慮しておらず，一筆書きで広がる分子内の電子の軌跡は全て実数空間内としていることです。これは物理的に間違いです。これに対し，スピン新モデルには物理学者からクレームをつけられるような間違いはありません。従ってスピンのモデルであるこの新モデルを詳しく検討した結果，化学結合論に不可欠な上述の二つの点を含んでいるか含まれるならばこれは化学と物理をつなぐ基礎理論になり得ます。やってみましょう。

その結果がグラビア 2 の図です。二つの核と二つの電子を示すためにカラーを使っていますが，基本は図の新モデルと全く同じです。上の図は二つの核 A, B それぞれに所属する波動関数を示していますが，特長は二つは向きが逆なことです。波動関数の二つの向きは新モデルの中で一番大事なこととして含まれていたのです。次は波動関数を分子内に拡げるための一筆書き理論ですが，新モデルでもそれが当然可能なことを示したのが下の図です。核 A, B にそれぞれ所属していた波動関数から二つの核を含む波動関数が生まれる物理メカニズムが示されています。これが de Broglie 量子力学の確立を目指した本書の決定的結論です。

◆第三部

自由人物理の歴史と実績

1. 超難題　リサイクルプロセスの最適化　物理派物理学の態度で解決　369
2. 物理学を総動員して瀬戸内海汚染の研究　375
3. Nobel賞相当の自動車排ガス1/10規制を実現させた自由人東大教授　379
   - ■低公害車規制の難しさ
   - ■すぐれた発明を生むためのMuskie法
   - ■日本のMuskie法
   - ■政府がやらないなら七大都市でやる
   - ■各社2時間の聴聞
   - ■予想外の反応
   - ■調査報告
   - ■環境庁に乗り込む
   - ■Kumagai教授が静かに明言
   - ■熊谷エンジンについての講義
   - ■論文が決定打
   - ■魔女扱いに反撃するために書いた『裁かれる自動車』
   - ■一番人々を驚かせた点
   - ■自身は消されても2年後の規制安全実施を残した『裁かれる自動車』
4. 自由人として生きる者が常に覚悟すべき状況　390
5. 自由人としての研究を遮られたら自由人しか通れない別の道を見付けて乗り越える遺伝子工学研究　394
6. 自由人物理にしかできなかった水俣病発生原因の解明　401
   - ■二重に隠された水俣病発生原因の真実
   - ■科学的真実は要らないという現実社会
   - ■水俣病研究がたどった尋常でない道
   - ■こっそり研究が最重要研究
   - ■定年と『水俣病の科学』の完成

本書を読み終わった読者からは，こんな質問を受けると思います。「ノーベル賞志向物理が学問としての物理からずれていることは同感ですが，著者の勧める方法と考え方で10年20年勉学研究した時，Nobel賞を得て『物理学者最高の夢』と喜ぶ東大教授の前で，『私の成果を見て下さい。私は自分の方が学問としての物理に近いと思います』と胸を張って言えるでしょうか」という質問です。20年先のことを言うには40年50年の経験が必要ですから，50年自由人物理をやってきた私の実績から何ができるかお話しします。

1．超難題 リサイクルプロセスの最適化 物理派物理学の態度で解決

　小学校の頃から**物理**と**工作**が好きで**機械工学**に進みました，機械工学の物理の程度の低さに失望し，本格的に物理を使える学問として**Chemical Engineering**（化学工学）を選んで大学院に進が，1年後，急に海外留学した助教授の**代理**として会社からの**委託研究**の指導にまわされ，**失望して**修士だけで航空宇宙研究所燃焼研究室に出た私に対し，私の理論物理能力を評価していたYagi（矢木栄）教授から大学に呼び戻され，新設の**プロセス工学**を任されました。言われたことは「化学工学には電気工学の**回路理論**に当たるものがない。**作ってくれ**」でした。**Yagi教授**は数学は不案内でしたが，**感覚**は完全に**物理屋**でした。そして**化学工業**は**物理がなければ工学になりえない**と考え，私を指名採用したのでした。これが私の**自由人物理の第1歩**でした。

　プロセス工学研究室の**研究目的**は「化学プロセスシステムの**最適設計理論**の研究」でした。研究を始めた1965年頃は宇宙開発の全盛期で，システムの最適設計理論の全盛期でした。多段システムを対象にしたBellmanのDynamic Programing（DP）が大はやりで，大型計算機の

CPU（計算時間）の大半は DP に使われていると言われました。システムの最適設計とは多数の装置の組み合わせでできるシステムを対象に各装置の設計変数を様々に変えてシステムが目的関数を最大にする設定を見つけることです。

　化学プロセスは反応器，各種分離器が作るシステムですが，これに対しシステム**最適化理論の適用**を試みると，二つの理由から絶対に**適用できない**ことがまず分かりました。第一は**電子装置**では増幅と変調とか装置の機能は**入力とは独立**に決まっており，残るのはその程度だけです。これに対し**化学装置の機能**は操業中に明確ですが，反応とか分離という物質変化は**入力物質が引き起こす**ものであり，装置は単に**場を提供**しているに過ぎません。入力と独立に装置の機能があるのではありません。**機能と見える**ものは**入力が作る**ものです。ここに単純な**システム理論**が**使えない理由**があります。

　単純なシステム理論が使えないもう一つの大きな理由は，プロセスシステムは**単純な多段ではなく**，必ず**リサイクル**のあるシステムであることです。装置の機能が入力で決まる場合でも，単純な多段であれば N 段目の出力は N+1 段目の入力ですから第 1 段から始めれば順々に入力を知ることができ，プロセスシステムでも問題はない訳です。ところが**最終段から初段に**リサイクルがあると，折角計算した各段の入力は意味を失います。その場合は最終段の出力を初段入力に加えて同じ計算をやり直し，それを繰り返すのが常識的方法ですが，この計算が収束する保証はありません。**何十回かの計算**で何とか収束したとしてもこれは最適化計算における 1 ケースですから満足のいく最適化は望むべくもありません。

　「**リサイクルプロセスの最適設計理論**」，これが我々が**自らに突きつけた難題**でした。世界中誰一人，莫大な数の繰り返し計算以外に方法

があるとは考えてなかった問題です。我々は3年ほどの研究でこの問題とその**周辺を完全に解決**し『**化学プロセス工学**』（1969年 丸善）として発表しました。これは日本語で書かれたにも関わらず，**ソ連や東欧では広く読まれ**ました。図と式で大体のことは分かりますので商社の人に**日本文説明**を訳してもらって**完全に理解**していました。米国での理解は今一つだったのですが，1975年，**MITの化学工学科40年**の記念行事に特別講演の講師として招かれ，全教授と大学院生の前で1時間半詳しい説明を求められました。

『化学プロセス工学』がこんなに**広い影響力を持った**のは，システム理論として**全く新しい考え**を提出したからだと思います。それは一言で言うと，**物理派システム理論**です。この本では**行列理論，変分法，ブール代数**と最高の数学を使いながらシステムに対する**捉え方**が**数学派**とは根本的な点で**違って**います。数学派の捉え方は，一般的に見えますが実は**単純過ぎてリサイクルのあるプロセスの最適化**には全く使えませんでした。ではどうするか，私たちは約1年かけて200近くある化学プロセスの一つ一つについて構成装置とその内部でおこる物理変化と化学変化を仔細に調べ**全てを頭に入れる**ようつとめました。その結果，フローシートを見ているだけでその中を流れている混合物質が蒸発凝縮を繰り返して**組成を変え**，反応によって**成分を変える**様子が**実感**をもって**頭の中で動く**ようになりました。**物理派**らしい食らいつきです。最適化の**目的関数**も実際に従うことにしました。それは次式の**時間当たり利益**です。

〔利益 ＝ 製品販売収入 － 装置費〕
〔装置費 ＝ 装置償却費 ＋ 用役費〕
〔用役費 ＝ 加熱燃料費 ＋ 冷却水費〕

利益関数の性質から重要なことが出て来ます。**製品販売収入**にはプ

ロセス全体の物質収支計算が必要ですが，**装置費の計算**は別々に行なえることです。このことは複雑な算出と最適化が必要な**装置費の計算は後で個々に行なう**ことにし，その前に**プロセス全体の物質収支**を確定し，**製品販売収入を推算**すべきということです。

プロセス全体の物質収支計算の基礎は，各装置に入力が加わって起こる**物理化学変化の計算**でその結果，入力と出力の関係が計算されます。この入出力関係は**複雑な非線型演算**です。プロセス全体の物質収支計算は，この**装置入出力収支計算**を**積み重ね**て行なわれています。これで多段プロセスは処理できます。しかし**リサイクルプロセス**はできません。その解決のため考えついたのは，最適化計算と同様に計算全体を，**プロセス全体を見た物質収支計算**と個々の装置の物質計算の2段に分け，**前段**では**物質収支が完全に合う**ように各装置の入出力を割り付け，**後段**では複雑非線型だが**操作の自由度が残る装置特性**を使って割り付けられた入出力を満足する設計を見つけるように考えました。

各装置の入出力の割りつけのために**プロセス方程式**を作り，その解を使うことにしました。方程式で大事なのは**変数**と **Operator**（**演算法**）です。プロセス全体が頭の中で動いている様子を写すために，**変数は**温度や濃度といった**物理量ではなく**，プロセス内部全域を動き回っている化学成分の **Flux**（**流量**）としました。Flux は分離機では塔頂と塔底に分かれ，反応器では他の成分に変わります。**Flux を変数**とすると**各装置は演算子**です。この演算子は，内容は複雑な非線型演算ではありますが，**結果だけ**に注目すると反応器ではA成分の何割がB成分に変わったかという割合，分離機では各成分のそれぞれ何割が塔頂に行ったかという割合で示されます。つまり各装置の **Flux への演算**は**線型変換**です。従って**プロセス方程式**では変数はN成分の **Flux** が作るN次元ベクトルであり，**各装置は** P 行列と呼ばれる**行列**です。これらを全部集めてプロセスへの入力を与えると，プロセス内部の各 Flux とプ

ロセス出力が求まります。

　この **P 行列を作るパラメータ**は，実は**装置の機能**を表現しているのですから，それを知るには装置についての**複雑な非線型計算**が必要と思われますが，実際はそうなりません。それは目的は**最適化計算**ですから，各装置の主なパラメータは**政策変数**に選べるからです。そうはならないほかのパラメータも近似的には入力と無関係に主パラメータとの関数関係が得られていますから，これを使えば近似的にはプロセス全体の物質収支計算ができることになります。この**精度を上げる**には**装置ごとに非線型計算**を行なって P 行列を改良すれば良いのです。つまり**変数に各成分 Flux** を使い，P 行列の**物理的特質**を知っていれば，プロセス**全体の物質収支**は**線型計算**で近似解を得ることができ，この**線型と非線型を分けた 2 段方式**はモデルの変数の意味も考えずに計算機のスピードだけを頼りに強引な計算を繰り返していくパラダイムとなったシステム工学とは全く違います。私たちはこれを**プロセス工学**と呼びましたが，それは二つの面で**物理派物理学の精神**を持っています。

　第 1 は**数式だけで考える理論**でなく，**言葉で考える理論**だということです。この結果生まれた**プロセスモデル**は，**量子力学理論**に非常によく**似ています**。プロセス方程式の変数は各成分の **Flux** ですが，これは **Schrödinger 方程式の変数は成分電子の波動関数**であることに対応します。Flux は**物質の保存則**，波動関数は**存在確率の保存則**で規定されています。そして**プロセスでは装置が行列**であるのに対し，**行列力学**では**物理変数が行列**です。量子力学では **S** 行列が，プロセスでは **S** 行列が**絵のない額縁**の役をし，その要素**係数の間の関係は物理現象の原理**で決められていました。ここまで近いと**プロセス工学のその後の**発展は相当に量子**力学の諸側面**を利用することになりました。**最適化**には**変分法**が使われ，プロセス方程式の解法には**グラフ理論**，さらには**ブール代数**が使われました。そのため**工学部では最も知的な学問**と

なり，研究室には**各学科から最も知的人材**が集まって来て，競争で仕事をしました。従って3年後には，化学プロセスのうちでも最適化計算が不可能とされていた数多くの最適化計算を，修士論文として次々に完成して行きました。その計算は当時の**弱小な計算機を当てにせず**，全て**電卓による手計算**でした。**手計算でプロセス最適化**をやった**卒業生**は，暗算でプロセス計算ができるので，どこに行ってもプロセス開発の仕事をリードし，**社長，副社長，事業部長**になりました。これが実績です。プロセス工学は**リサイクルプロセス最適化を目的**にしましたが，それは約**5年で到達点**（ゴール）に達し，教科書として全世界に発信されてしまいました。目次は次の通りです。

・・

矢木栄・西村肇著『化学プロセス工学』(1969年 丸善)の目次
  Ⅰ プロセス解析
    1. プロセス解析基礎
    2. プロセス解析具体例
  Ⅱ　プロセス合成
    3. プロセス合成の考え方
    4. 最適化の理論と方法（DP, 変分法，2段最適化）
    5. プロセスシステムの構成（プロセス原理としての反応，分離システム）
    6. 単位操作の機能と表示（p行列分離操作，分離操作…）
    7. プロセス回路網の理論（信号線図，ブール代数…）
    8. 反応操作内部システムの合成（理想的温度分布，多段…）
    9. プロセス熱システムの合成（熱交換システム，最適構成）
    10. プロセス合成の具体例（抽出プロセス，脱アルキル）
  Ⅲ　プロセス制御
    11. プロセス制御の考え方
    12. 動特性解析
    13. 線型制御理論

・・

2．物理学を総動員して瀬戸内海汚染の研究

　研究室全体でプロセス工学の研究を完成して『化学プロセス工学』を発刊した丁度その時，世界中で大学紛争が突発しました。東大も殆どの建物が封鎖され，教授たちは大学に入れなくなり，大学は1年間休校となりました。私は大学総長の告示が間違いであることを学生主催の集会で公言し，造反教官1号となりましたが，全共闘学生の言う「大学解体」に強く反対し，自分たちの学科建物を封鎖させず，研究室に通い続けました。そしてみんなでゴールに達成したプロセス工学は，次に何をすべきか議論と試行による模索を続けました。そして1年間かけて到達した結論は，「最適化は化学工場の内部だけでなく，周囲環境を含めて行なうべきだ」です。化学工場が隙間なく並ぶ瀬戸内海が大変に汚染してしまったと聞いたからです。そこで私たちはより具体的に『瀬戸内海の汚染の調査と回復』をプロセス工学の次の課題にしました。しかし当然のこととして一致していたのは，この課題を「プロセス工学としてやる」ことで，「システム工学としてやらないこと」でした。それは汚染の原因である様々な矛盾を絶対に回避せず矛盾に喰らいつくことです。矛盾に関係する面を広く調べるとともに問題点は徹底的に深く調べることです。

　私たちはこのようにプロセス工学の方法で瀬戸内海汚染に喰らいつきました。油臭い魚，背曲がり魚，赤潮など汚染が重大な所はすべて出掛け，話を聞き，分析データを調べ，自分たちの手でも分析し，データの意味を知る努力をしました。次に汚染のメカニズムを考え，原因物質を確定し，その物質の排出源，排出量を確定するようにしました。2年のこのような研究の結果を私たちは「瀬戸内海の汚染」と題する7報の論文にまとめ，岩波書店の「科学」に発表しました。テーマは石油，PCB，水銀というように汚染物質ごとのものと，赤潮，透明度低下ごとのものと2様でしたが，驚くほど広い範囲に丁寧に読まれ

ました。汚染の ppm と細かいメカニズムは新聞に毎日のように出ますが，原因物質の排出源，総量，人への影響の可能性など，本当はみんなが知りたいことに答える人はいなかったからです。大学の研究者は専門 1 本であって，総合的なことを考える意欲も能力もありません。行政機関の研究者は総合的な研究に関心を持っても行政指示がなければ動けないし，総合的研究をする方法も考え方も知りません。それらの人々が私たちの研究を読んで興奮したのです。

このような私たちの研究の一つが国の瀬戸内海政策を変えさせました。透明度についての総合研究です。透明度とは海水の清浄さの指標で，船から白い円板をつり降ろした時，何メートル下まで見えるかです。原始的ですが，確かな指標です。昔は瀬戸内海全域で 9〜10m でしたが，論文を書いた 1972 年当時は広い範囲で 4m 以下に落ちていました。これが誰の目にも瀬戸内海の汚染を印象付ける最大の要因でした。透明度 T の逆数 1/T を海水汚濁度と呼ぶ専門家もいましたが，これは川と違って水質基準ではないので，行政は何の対策も取りませんでした。私たちはこれは自分たちのなすべき仕事と思いました。そこでまず始めてみたのが原因物質の確定です。そこでまず調べたのが，海水の有機物汚染指標（CDD）無機物汚染指標（SS）と透明度（T）との相関ですが，何の関係も見出せませんでした。その結果，次に浮かび上がったのが植物プランクトンでした。透明度低下海域と赤潮発生源域がよく一致することがこの考えを裏付けました。これは専門家の間でよく耳にする意見でした。プランクトンの異常増殖が原因なら対策は窒素とリンの規制ということになります。

論文はこの結論の検証を目的にしました。まず植物プランクトンの存在量の指標としてクロロフィル量をとり，海水中のクロロフィル含量と透明度の相関を調べましたが明確な相関は得られませんでした。そこで考えたのは相関関係ではなく理論計算でした。クロロフィル量

に相当するプランクトンを作り，**海水中に分散**させての透明度測定をすべて**理論計算**で行なって，**プランクトンによる透明度**を計算し，実際と比較することです。ここで**一番難しい**のは降ろした**円板が見えなくなる**という状況を光学的**条件式**として表現することでした。

莫大な測定結果を整理して到達した**結論**は，**透明度深さとは円からの反射光の強さ** I_R **と海水からの散乱光の強さ** I_s **が等しくなった時**で，表面での照度を I_0，海水の光消散係数を μ，散乱係数 a，**透明度深さ T** とすると，$I_R = I_0 \exp(-2\mu T)$ で，$I_s = a I_0$ であり，**透明度深度**での**照度** I_T は，$I_T / I_0 = \exp(-\mu T) = \sqrt{9}$ となります。I_T / I_0 の実測値の平均は 0.18 ですから，μT の平均値は 1.7 となります。

次に μ を**懸濁粒子の数と粒径**の関数として求めます。**粒径が光波長**より大きい場合は簡単で，$\mu = (\pi/2) d^2$ となり，従って $\mu = K(1/d)(C/\rho)$ で，これを $\mu T = 1.7$ に代入すると C は(mg/l)，d はミクロン，d 比重で $CT = (0.5-1) \rho d$ となります。

この式を得たので**プランクトンの濃度**から**透明度の低下程度**を知る準備が出来ました。あとはプランクトン中のクロロフィル含量プランクトンの湿重量と乾重量の比，プランクトンの粒径を知ればよいのです。$SS/ch-a = 150$, $\rho = 0.1$, $d = 70\mu$ として海水クロロフィル含量と透明度逆数 $1/T$ との関係図に実測データと共にそれを示したのが図(378頁)です。**透明度 T の逆数を濁度**と呼べば，**プランクトンが濁度を説明できるのは左端の外洋か右端の赤潮発生域**だけであり，それ以外の瀬戸内海中心分では**濁度をまったく説明できない**。これが**物理派物理**の研究の結果確認出来たことです。

瀬戸内海の汚染の論文は**毎月連載**の形で「**科学**」に発表しましたが，1ヵ月の努力で**透明度について書けた**のはここまででした。提出したと

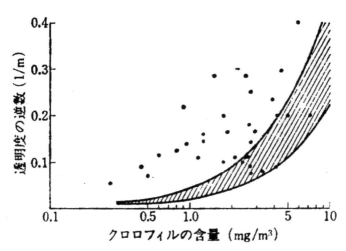

クロロフィルa含量と透明度の関係(遠藤資料より作成) 1963年
含量は0.5m層と透明度深度の平均値

ころ，**編集者**から**汚染源**が不明では連載の主旨に合わない，一日の猶予で書き直すようにとの**きびしい要求**が返ってきました。この時**突然**浮かんだのは1年前，瀬戸内海区の水産研究所の**調査船**で**瀬戸内海全体**をまわった時，**沖合の各所**で見た**濁り**でした。**聞く**と，沿岸の埋立てを海底泥で行なうため海底泥をプロペラで**撹拌**しスラリーにしパイプで沿岸に送っているのでした。こうして**埋立区域**に送られた**海底泥の大部分**はそこで沈殿しますが**微細泥**は数日間では沈殿せず海水と共に**海に戻り**ます。それも数十日で沿岸海域に沈殿しますが**数ミクロンの超微細泥**は海水のわずかな攪乱によって舞い上がり，決して**沈降し**ません。このことを急に思い出しました。

そこですぐ**定量的検討**を始めました。**水深20m，垂直乱流拡散係数**10〜100 cm²/s の瀬戸内海で，沈降速度が小さくて攪乱とつり合って事実上**沈降しなくなる**粒径を求めると **5 ミクロン以下**になりました。こ

の総量を求めるため，**埋立面積**を調べると，**以前は 0.1 ㎢**であったのが 1965 年以降は平均して **15 ㎢**になっていて埋立深さを 10m とすると土砂量は 3×10^8 トンになります。その **5%が微細泥**で海へ返り，そのまた **5%が** 5 ミクロン以下の超微細泥であるとすると，その負荷量は 1 日 **2,500 トン**になります。これを瀬戸内海に流入する**河川水量で割る**と，**25ppm** という大変な量です。実はこれが私を含めて**誰も気が付かなかった悪質な汚染物質**なのでした。公害規則では決して気付かれることはなく，**理論物理計算**だけが示せる**汚染物質**でした。

このことを**書き足した論文**はすぐ毎日新聞に**大きく取り上げ**られ，社会的に大きな騒ぎとなりました。その結果，私は 1973 年 6 月 18 日 **衆議院の建設委員会**に公述人として**呼び出され**ました。論文の結果に脅威を感じた**しゅんせつ埋立協会**が**自民党議員の力を借りて**これを間違いとするためでした。その結果私の最初の公述は拍手も出ましたがあとは二人の**自民党議員**が交代で**反論質問**をしました。一人が質問している間，一人は廊下に出てしゅんせつ協会の**専門家と相談**しては帰って来ました。結果私は **5 回反論に答弁**せねばなりませんでしたが，私を突き崩すことは出来ませんでした。

この討論の結果，瀬戸内海で**しゅんせつ埋立を一切禁止する**法律が成立しました。**5 年後に**瀬戸内海の**透明度は元に戻り**ました。

3．Nobel 賞相当の自動車排ガス 1/10 規制を実現させた自由人東大教授

自由人の論文が**法律を変えた例**がもう一つあります。**自動車排ガス**を従来の **1/10** にした上，**燃料効率**（リットル当たり走行距離）を格段に改善する**完全低公害車の発明と実現**です。量産できる完全低公害車の発明と実現は，**20 世紀後半の都市住民の健康と社会**を決定的に救い

ました。1970年代の東京では都心部に於ける大気汚染は危機的レベルに達していました。練馬区の石神井中学では大気中の窒素酸化物に起因する光化学スモッグのために，運動場で体育授業を受けていた中学生数十人が突然に倒れ病院に運ばれました。都市部における大気汚染は主として自動車排気ガスによるものでした。一家当たりの自動車保有率がまだ30%程度であった時代のことです。その後2〜30年で90%近くに上がりましたから，もしあの時排ガスを1/10にカットしなければ，その後の新聞の紙面は，連日大気汚染による甚大な被害のニュースばかりで埋められていたでしょう。その対策は徹底した自家用車使用規制しかなかったでしょう。

　量子力学の頂点到達後，自由人物理屋が完全で見事な口火を切り，その後，それが巨大な分野に成長したものが二つあるとしてはShockleyによるトランジスタの発明と，WatsonとCrickによるDNAの2重らせん構造の発見があります。トランジスタの発明は情報処理素子の固体化超微細化を可能にし，それが技術全体の数値情報化（digital化）という巨大な変化を生みました。これに対し，DNA二重らせんの応用は始まったばかりですが，医療は勿論として人間社会への影響は計り知れません。これら二つの分野の口火となる二つの発明は，いずれも自由人物理屋によって行なわれましたが，どちらもNobel賞を与えられました。このようにトランジスタによって可能になった数値情報化と，2重らせん発見によって可能になった遺伝子技術の二つが，20世紀後半の人間と社会のあり方に巨大な意味をもった分野であることは間違いないのですが，人間と社会のあり方に大きく貢献した発明というという意味では，上に説明したような理由から，完全低公害車の発明と量産もそれに匹敵することは間違いありません。従ってそれについて完全で見事な口火を切った発明者は，Nobel賞に値すると考えて良いと思います。ところがそうした考えや声は今までに一度も聞いたことがありません。この完全低公害車を発明したのは二人の

日本人で，これの**量産実用化**に成功したのは日本の**小さな会社**であり，**これがなければ世界は変わらなかった**のに，日本では今までそういうことが**語られたことがありません**。私はこの発明を，意味のある仕事を求めて様々に苦闘した中で，自由人である物理屋が成し遂げた快挙と思い，以下にこの発明をめぐる全体像を紹介します。

■**低公害車規制の難しさ**

　低公害車問題は他の**公害問題**と決定的に**違う**点があります。他の問題では公害発生物質や発生技術を止める**法律を作る**か既に**法律がある**場合は，それに**違反している**ことを**証明**すればよいのです。瀬戸内海はそれに当たります。ところが**低公害車は将来の技術**についての規制です。しかも車の購入者の健康には**直接の影響はない排ガス量**についての規制です。**将来の車の増加を考えれば 5 年後**には車は全て排ガス **1/10 の低公害車にする必要**があり，**各社**は全てこれに向けて努力するように**命令**しても，車メーカーはその通りについて来ません。**大衆**は**住民集団としては排ガス低減**を強く求めますが，購入者個人としては，排ガス低減のため割高になった車を進んで買う気がないことをよく知っているからです。メーカーが**低公害車実現**のために進んでは**努力をしない**ことは明らかです。

■**すぐれた発明を生むための Muskie 法**

　そこで**ムチとアメ**でメーカーを**低公害車実現**に努力させるための法律が米国で作られました。通称 **The Muskie Air Act**（Muskie 法）と呼ばれる法律です。ここでは 5 年後以降の車の**排ガス量を 1/10** にするよう努力することが**定められ**ました。**毎年の努力**を専門家の委員会によって厳しく**検証する**ことも**定められ**ました。この**ムチ**と別に驚くべき**アメ**も加えられました。5 年以内であっても **1 社でも 1/10 規制を実現**できる技術が現れたら，**直ちに規制を実施**するということです。談合によって技術開発を**一斉にさぼる可能性**を**防ぐ**ため自由競争の原則を

立てたのです。これで車の低公害化への**道は開けた**筈ですが，間もなくその道が**突如閉ざされる**事態が起こりました。**公害に反対する**市民運動が力を増して**政治を動かす**勢いになったことを恐れた勢力が，**オイルショック**を利用して**省エネルギーを唱え**，**公害反対**の社会的雰囲気を**潰し**にかかったのです。その中で**マスキー法の実施**は**当分延期**になりました。その裏には 1/10 規制の実施には賛成だがそれに伴い費用を個人として負担するつもりはないという大衆の気持ちが大きかったと思います。

■日本の Muskie 法

これに対し日本は全て米国に従いました。米国で **1970 年にマスキー法が通る**と，**日本でもその通りの法律を国会**で通しました。1976 年までに自動車排ガスを **1/10 にする**という**目標設定法**で，毎年メーカーの研究努力を**公害委員会がチェック**し，もし 1 社でも目標達成に成功した技術があれば，1976 年以前でも**規制を実施**するという条項まで米国マスキー法と同じでした。対象にされた自動車メーカーがこの法律に**賛成した理由**は，彼らは**対米輸出を絶対必要**ビジネスと考えていたからでした。ですから米国がマスキー法を**当分延期**と決めた時点で，自分たちで**日本版も当分延期**と決め，メーカーの全くの代弁者だった環境庁もその下部にある**公害委員会**もそれに従いました。そして 1974 年には 1976 年規制は当分延期する旨の**見通しが伝えられ**ました。

■政府がやらないなら七大都市でやる

これを聞いて**怒った**のは東京都知事の **Minobe**（美濃部）でした。東京都では偶数日は偶数番号の車だけという車対策も尽く，76 年規制の実現を本当に必要としていたからです。そこで彼が考えたのは，1 社でも**技術的可能性**があれば**規制を実施する**という**マスキー法の原則**に立ち，技術的**可能性**が本当にないのか知ろうということです。ただし環境庁下の公害審議会は**信用できない**ので 7 大都市首長の手で技術可能

性を検証する**専門家委員会を作る**ということです。早速趣旨を明らかにして専門家を募集しましたが**一人の応募もありません**でした。専門家は**上下関係で厳しく縛られ**ていて勝手な行動は出来ないのです。仕方なく**自由人**で公害の専門家として知られた**私に依頼**が来ました。私は自動車のことは殆ど知りませんでしたが，**引き受け**ました。物理として見れば分からない問題ではないと考えたからです。

■ 各社2時間の聴聞

委員会では**メーカー6社**を呼んで**各社2時間，公開**で低公害車技術の現状を聴聞することにしました。事前に現状報告を提出してもらい，**質問・答弁・再質問**だけの2時間です。その準備のため私は2週間で**300点の文献**を読み，論戦に備えました。現状報告ではマスキー法で1976年の目標値窒素酸化物 0.25g/km について**各社の見通し**を聞きました。トヨタは 1.0g/km，日産は見通し無し，ホンダ，マツダ，三菱は 0.6g/km でした。最初に聞いたトヨタは自社独自の研究ではなく，本田やマツダから技術を買ったがダメで，触媒を主力にしているが，溶損してしまうとの答えでした。それは点火失敗で温度が上がるからではないかと指摘しても分からないとの答えでした。日産もホンダから技術を買って自社で研究してみましたが，そのデータの開示は拒否しました。ホンダはデータを出してますよというと，実力技術者として高名なN専務は憤然と「世の中を誤らせるようなことはしたくない」と言い切りました。

■ 予想外の反応

弱小3社の態度はこれと対照的でした。ホンダは CVCC エンジンで，マツダはロータリーエンジンと後処理バーナーで 76 年規制目標 0.25g/km を達成できる**実用車は既に出来ている**。しかしそれを量産して販売できるかということになると別で，**約束できる達成値**はどちらも 0.6g/km でした。しかし**聴聞**のやりとりを通じて感じられたことは，

ホンダもマツダも我々に伝えたいことは 0.25g/km の実用車は既にできていること，しかし二大メーカーからの圧力で 0.6g/km 以下の値を**公表することは止められている**こと，そのために製品のバラつきとか運転におけるつまずき現象とか素人だましの理由を並べていることでした。

このようにして聴聞会は**予想もしていなかったこと**を**明らかに**しました。**弱小3社**はいずれも **76年規制をクリア**できる実験車の**製作に成功**していました。しかし76年に規制を達成できる見通しがあるとは決して**言いません**でした。もしそうならマスキー法の**原則から規制の実施**が決まることになりますが，**2大メーカー**はそれには**絶対に反対**でそれを許さなかったからです。この時の販売台数の比は**トヨタ 27%，日産22%**，ホンダ10%，マツダ9%，三菱9%で，弱小3社は2強体勢を崩すためにマスキー規制を利用したいと考えていることは明らかでした。

■調査報告

聴聞後，**調査団**は直ちに**報告書**を書き上げました。技術開発の現状と見通しが焦点ですが，これについて，各メーカーが明言した主張だけにとどめるという意見と主張の分析をもとに**推測を加えた委員の判断**を書くべきだとの**私の主張**が対立し，**各人記名**で書くことにしました。私はデータを分析した上，触媒，CVCC，ロータリーエンジンの3方式のいずれも **76年規制は技術的に可能**であると書きました。

■環境庁に乗り込む

この報告書が発表されると，**最初に反応**したのは Kasuga(春日)環境庁大気汚染局長でした。国会での質問に答えての評価は「**非科学的，羊頭狗肉**」ということでした。**怒った私たちは早速環境庁に出向き**，専門委員会との**対決討論**を申し出ました。数日後緊張して出かけると委員長を務める Hatta(八太)東大教授が**開口一番**，我々の報告書について「よくまとめてある。**データもよく集めてある。我々もこれ以上の**

データはなく技術開発の**見通しについては大きな意見の違いはない**」と言って我々の度肝を抜きました。非科学的という非難に反論しようと乗り込んだのに完全な肩すかしでした。終った後の共同記者会見でHatta 委員長は「**技術的可能性についての判断に差はない**。しかし技術を量産体制に持ち込むには**2〜3年のリードタイムが必要**だ」と突然に言い出し，終わりにしました。

■Kumagai 教授が静かに明言

その後，大学内で**学生自治会主催**の報告会に出席しました。すると驚いたことに，航空学科の Kumagai（熊谷）教授が出席していました。Kumagai 教授は**無重力燃焼の実現**で**燃焼学のNobel賞**というべき賞の**第1回を受賞**した人で，世界的に知らない人はない学者です。その教授が私の報告を**聞いた後**，静かに立ち上がって**言いました**。「メーカーは今になって**リードタイムが足りない**といっているが，それは76年規制は**実施させない**という見込みをもって既に**生産ラインの準備**をしているから足りないのです。専門委員会がそういう**メーカーの態度を容認**していることが問題なのです。技術的に不可能ということではなく，**政治的に不可能**ということです」。

学究的で研究以外のことは**考えたことがない**と見えた教授の**驚くべき発言**でした。教授の話はいつも事実に基づいていて憶測を話すことはないので，メーカーの不正について確実な事実を掴んでいると思いました。それについて質問しようとすると「君には後で**熊谷エンジンについて講義**しよう」と約束されました。

■熊谷エンジンについての講義

こうして私は Kumagai 教授から**熊谷エンジンについて一人で講義**を聴くことになりました。熊谷エンジンについては実は調査団報告書では**一言も触れていません**でした。**理由は**一切の数値情報が入らな

ったことから，**素人の発明で使い物にならない**という悪評が定着していたからです。Kumagai 教授はそれを知って正そうとしたのでしょう。私が教授から**個人講義**を受けたのは初めてではありません。大学院での**燃焼特論**は 3 回の**講義**でしたが，他に受講者がなく私一人，教授室での講義でした。燃焼が**極めて特殊なテーマ**であることに加え，**三角関数以外**には**数学を使わない**講義は**東大生には人気がない**からです。**教授の研究メインテーマは無重力環境下**での**燃焼実験**でしたが，実験装置とカメラを一緒に収め実験装置を吹き抜けの 3 階の天井から地階に落とし安全に回収する実験上の苦心と工夫を熱心に話されました。遠景，近景，拡大図で言えば，拡大図の話だけです。私とは全く性格の違う実験職人のように見えましたが，実は決められた事，与えられたことをやる人でなく，何をやるべきか徹底的に調べ，考えた後，断固やりきる人であることが分かりました。数学は使わないが自由人物理屋でした。

　熊谷エンジンの発明は，まさに**自由人物理屋の発想**です，米国マスキー法成立の 2 年後，**GM 社**から**排ガス制御セミナー**で講義してほしいという依頼がきました。教授は日ごろから有効な対策として考えを温めてきた **Rich-Lean Reactor**（熊谷エンジン）について実験し発表したいと考えました。これについて発想の**核心**になったのは Kumagai の頭の中にあった**空燃比**と**窒素酸化物排出量の間**にある図(388)頁のような関係です。つまり窒素酸化物排出量が最大になるのは空気と燃料の比が当量になる**空燃比16程度**で**過濃側**でも**希薄側**でも窒素酸化物の排出量は急速に少なくなります。図はその後，本格的に測定され結果ですが，**空燃比 11 と 21** とで**最大値の 1/10** になっています。Kumagai が利用しようとしたのはこの事実です。**エンジンの 4 気筒を二つに分け，2 気筒を過濃側で 2 気筒を希薄側で運転**する案です。なぜ全部を希薄側にしないかと言うと，Kumagai が考えたのは**既存エンジンの改良**なので，これでは燃料不足で**出力が大幅に下がって**しまうからです。

過濃側は，出力は下がりません。しかし **CO や HC**（炭化水素）が出ますのでこれを**燃焼器で燃やす必要**があります。それに必要な空気に**希薄側の排ガス**を使おうとするのです。そのためには**希薄側と過濃側を一組にして**着火排出を同時に行なえば良いのです。これは誰が考えてもなるほどと思う発明です。

　教授は**実車による実験**をしたいと思い始め，日産に頼みました。1972年春です。ところが日産はクダクダ言いながら実験せず**挙句の果てに断って**来ました。4ヵ月が**空費**されたのですが，次に三菱自動車に頼むとすぐ実験が始まり，翌年2月には**満足できる実験結果**が出ました。それを**聞いた日産**は改めて**実験をやらせてくれ**と頼みに来ました。規制を達成するにはこの方法しかないという理由でした。こうして両者での実験は急速に進みましたが，夏以降**日産の研究が急に止まり**ました。**米国**でエネルギー危機を理由に**マスキー法適用の大幅延期**が決定されたことが理由でしょう。教授はそれとは無関係に1974年春の学会で三菱と日産の実験結果を発表しようと思い両社に承諾を求めましたが，**日産は一旦断わり**ましたが，その後**これで発表してくれ**と送ってきたのは**熊谷エンジンとして作動していないデータ**でした。教授が担当者に電話してまともなデータがある筈というと出てきたのは**三菱と同じデータ**でした。それを発表すると告げると，**悪い方のデータも一緒に発表してくれ，そうでなければ発表を断る**ということでした。教授は日産のデータの発表を断りました。

■論文が決定打

　これが，私がKumagai教授から受けた講義の内容です。私はこの驚くべき内容を丁度「**公害研究**」執筆中であった**調査団報告**に追加として書き加えたいと思い申し出ました。これに対し教授は「大学教授は講義として述べた内容についてはどこの誰に対しても責任を持たねばならない」と言って同意されました。その結果出た「**公害研究**」は**大きな驚き**と影響を与えました。今まで公式には一度も問題にされなか

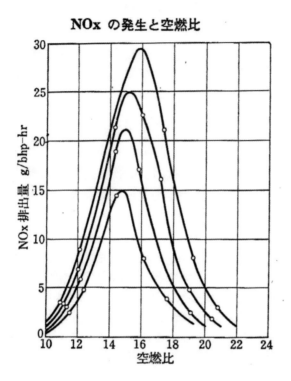

NOx の発生と空燃比

った**熊谷エンジン**が，**完全に規制をクリア**した技術であることが事実とデータだけで示されているからでした。同じ規制達成でも **CVCC** のように**開発者自身が否定したのを調査団が合理的推測**によって達成と判定したのとは**法律上の効果**が違います。これを見た共産党の議員が教授に直接会って話を確かめたあと国会に日産の社長を呼んで事実を認めさせました。このことは **76 年規制値を当分延期**し，暫定値は小型 0.6g/km，大型 0.85g/km と決めていた**専門委員会には大打撃**でした。責任を取って全員辞任せざるを得ませんでした。著者が書いた一つの**論文が巨大な流れを変えた**のです。

■魔女扱いに反撃するために書いた『裁かれる自動車』
　こうして問題がまともな方向に向って動きつつあるとき「**文藝春秋**」が突然『**魔女裁判**』という**特集**を出しました。**調査団**のメーカー聴聞**が魔女裁判**だったというのです。**公開**で行ない，第三者がとった**議事録**は既に公開されているのに，それを知らない読者大衆にそれを魔女裁判と思わせる内容でした。

　これには腹が立つと同時に**放っておけない**と**感じ**ました。そこで徹底的に**やり返す決心**をしました。Kumagai 教授や私のようなまじめな学者が本気でやっていることが**多勢のまじめな読者**にわかるような本を書こうと思ったのです。

■一番人々を驚かせた点
　本は 1976 年 5 月に中央公論社から新書として発刊されました。タイトルは『**裁かれる自動車**』です。私に聞こえて来た反響は，初めて書いた本であり，しかも読者サービスなしで書いた決闘の書であるに関わらず「**面白い。一気に読ませる**」ということでした。真剣勝負は必ず読者を引き付けるとの考えに間違いはありませんでした。

　特に強く印象に残ったのは東大航空学科の先輩後輩で，一人は自動車技術会の会長で**次期社長**と言われていた N 日産専務と燃焼の **Nobel 賞**を取った Kumagai 東大教授の互いに一歩も引かない闘いでした。特に印象に残るのは 1955 年 3 月 Kumagai 教授が定年退官なので N 氏に電話で挨拶をすると「御忠告しておきますが，**7 大都市や共産党のしり馬に乗るとおためになりませんよ**」という返事が返って来，これに対し，**教授が「自分が公開の席では発表**したことについて質問を受けた時，誰に対してであろうと本当のことを話すのは大学教授として**当然**のことだ，そうしないとは考えられない」と答えたというシーンです。**職業人は自分たちの利益を守る**ためにはどんな曲ったことでもするも

のなのか，それに反対し，**真の学者**，教授であるためにはいかに**決然と闘い続ける覚悟**が必要かを教えてくれます。

■**自身は消されても２年後の規制完全実施を残した『裁かれる自動車』**
　『裁かれる自動車』は，社会が**最も関心を持ったテーマ**である点でも，著者がその当事者である点でも，そして構成と文章のユニークさの点でも，**科学者が書いた本**としては**珍しいベストセラー**になりました。その結果５月の出版にもかかわらず，**10月の毎日出版文化賞**科学部門の**殆ど唯一の候補**であることは聞いていました。ところがフタを開けてみると，賞は誰も見たことも聞いたこともない科学書になっていました。調べてみると**最後の最後の段階**で**強引な力**が働いて替えられたことが分かりました。その強引な力を働かせた**理由はやがてすぐ**分かりました。中公新書『**裁かれる自動車**』は一刷りしただけでその年のうちに**絶版**になり**編集者も退社**になってしまったのです。中公新書はどんな特殊なものでも**5〜6刷りは普通**です。商売として考えれば**毎日出版文化賞候補**になった新書を**一刷りで絶版**にしたのは異常です。この本を絶対世の中に残したくないという**異常な力**が働いたのでしょう。そう考えれば毎日出版文化賞を与えなかったのも同じ力でしょう。出版文化賞をもらった本を一刷りで絶版にする訳には行かないからです。

　こうして変な力によって『裁かれる自動車』という本は消されましたが，それが実証した事実の力は強く，出版１年後には76年規制を２年遅れで完全実施することが決まりました。

４．自由人として生きる者が常に覚悟すべき状況

　1976年５月『裁かれる自動車』が発刊されると大変な騒ぎになりました。Hatta 東大教授を委員長とする公害審査会の自動車専門委員会は全員辞任し，新しく選ばれた委員会は２年遅れで76年規制を完全実

施することを決めました。これによって私は一躍英雄視されるようになりましたが，悪評も高まって来ました。全国の大学では「西村さんはもう教授になれない」という予想と評価が常識化していました。私もそれは予想していて定年まで助教授を覚悟していました。けれど困ったのは化学工学科です。計画なら当然教授に昇進させるべき私を教授に昇任できないため学科に6人いた教授が定年のため3人になってもそれを補充できず，文部省から毎年きびしい注意を受けるようになったのです。そのためここままではすまないだろうという緊張感は常に私にありました。

　1978年10月，私はYagi教授から突然ホテルオークラの一室に呼び出されました。そして挨拶もそこそこに教授は「明日からがんの検査入院をするのでその前に君に言っておきたいことがある」と言って「もうそろそろ公害はやめたらどうだ」と言いました。これには驚きました。東大工学部教授として万事体制寄りだった教授ですが，定年後は講座担当として残していった私の公害研究について一言の意見も言ったことがなかったからです。意を決した異常なものを感じました。そこでもし私が「それはできません。社会的義務ですから」と言おうものなら「それなら大学を辞めてやりなさい」と言われることは，教授を良く知る私には見えていました。そこで1分半，目まぐるしく考えた私は「やめます。しかし研究室全体の問題ですから1年間の猶予を下さい」と答えていました。

　自らの意思で自由人であることをやめたのです。そのことは誰にも言えませんでしたが，生きていく姿勢の一番の核心が無くなってしまいました。「西村さんは最近おかしい」と弟子たちみんなからささやかれるようになりました。私としてわからなかったのは，私にそう言わせたYagi教授の態度の裏にある原因です。政府関係からの「西村は困る」という声が人づてに伝えられたのではと思うのですが，それが突

然に断固決然となった理由が理解できませんでした。

　その理由はその後1年かけて徐々に明らかになって来ました。全部わかった時点でそれをまとめると次のようなことだったのです。私を東大から追放することを誰かが決めて誰かが実行して私をO市大の助教授に転出させることでO市大の教授会を通してしまったのです。私に知らせることもなく, 私の同意を得ることもなく, にです。そのあと「あなたはもう東大に籍はないので認めてほしい」という仕事が残っているのですが, 誰もそれをやれる人がないので「プロセス工学」を完成させた私の実力を高く評価し, 私をプロセス工学の講座担当に残して定年退職したYagi名誉教授の所へ行って私を説得するよう頼んだのです。Yagi教授の態度は頼みに行った学科主任の期待を裏切るものでした。Yagi教授は私を追放することに反対したのです。理由は追放したらほかに誰が学科の学問を支えるのかということでした。そして追放の理由を尋ね, 「公害をやるから困るのです」と答えると「それでは私がやめさせる」と答えたようです。その代わり, 追放人事は撤回ということで, 非常に珍しいことでありますが, 相手教授会が承認し, 文部省まで通った確定人事が撤回されることが起ったようです。以上の話は私の推測ではありません。全て確かな証言に基づいています。以下それを示します。

　私の身柄が私の知らないうちに東大を離れ, O市大に移っていたのを確認したのは, Yagi教授に呼び出された3〜4ヵ月あとでした。学会のあとの会食席でたまたま隣り合わせになったO市大のHarano(原納)という教授の方から「あなたが西村さんですね。あなたは私の(大学の)助教授になることに決まっていましたが東大の都合でキャンセルになりました」と聞きました。

　この追放人事を実際に実行したのは, 化学工学科教授 (3人) である

ことは確かですが，自らの意思でそれを行なったとは思えません。そこには追放を計画し，学科教授たちに厳命してそれを実行させた人物がいるはずです。この特定は普通は出来ないのですが，わざわざ青梅の自宅に私を招き，威儀を正して「あなたを東大から追放した人を知っていますか，この人です」と教えてくれたのは，国立環境研究所の副所長だった Saji（佐治健次郎）です。Saji は京大出身の物理屋で長く日本セメントの研究所長を務め，その間 Yagi 教授と共著で『炎の長さ』と題する燃焼学の古典となるような論文を Kumagai 教授と同じく第一回国際燃焼シンポジウムに発表しました。そんな関係から Yagi 研究室の集まりには必ず顔を出す人でしたが，研究への態度ばかりでなく人間関係感も近い二人は良い先輩後輩でした。

その Saji でしたが，私に関する情勢を探ろうと思って追放工作の実行を担当しているはずの K 教授に電話した時の反応をまず話してくれました。親しい K 教授に電話して私のことを聞こうとした途端，K 教授はこう叫んで電話を切りました。「あっ，この電話は盗聴されてます」。これが K 教授の単なる妄想でないことを Saji は 1 年後，自ら体験して私に話したのです。1 年後，東大工学部長で定年退職した Kondo（近藤次郎）教授は工学部長退職者の天下り先の一つになっている国立環境研究所の所長に任命され赴任しました。そして第一にやったことが副所長である Saji に向ってすぐやめてもらうという命令でした。これは常軌を逸した行為です。環境研の副所長とは 1〜2 年で次々かわる所長を助けて研究所の人事管理から施設運営まで安定的に続けて行く為に設けられたポジションです。着任早々に所長が「お前は気に入らないからやめろ」とはまったく常軌を逸しています。こうして Saji は Kondo 所長から毎日のように「やめろやめろ」と圧力を受けることになりました。その中で K 教授の「盗聴されてます」心理もよくわかるようになりました。

こうして私の東大追放も一切学科の意思ではなく Kondo 工学部長の意

思で計画し，その実行を学科教授に厳命したことを確信するようになったのです。こういう重大なことについて真実を知っているものが黙っていれば私が学科にその責任があると考えるかも知れない。真実を語ることは真実を知る者の責任だと考えた自由人 Saji は私を呼んではっきりとそれを厳命したのはあの工学部長ですと明言したのです。

5．自由人としての研究を遮られたら自由人しか通れない別の道を見つけて乗り越える遺伝子工学研究

こうして一命をとり止めた私ですが，課題は残された命をどう生きるかです。その私には選択の余地は広くありませんでした。**自由人物理**を身をもって教えて来た**私の周り**には，**自分もそうしたい**と思っている学生ばかりが集まっていました。その人たちを裏切ること，失望を与えることは私には絶対にできないことでした。公害研究は止めても**自由人物理は止めない**，これが私に**残された道**でした。それはパラダイムの確立された**研究には戻らない**ことです。まだ道のない道に進むことです。そこで選んだ道が「遺伝子工学」でした。Schrödingerの『**What is life**』の影響もあったかも知れませんが，それより大きかったのは，**子供の頃親しんだ無線放送の発生**とその後の急展開の記憶でした。3極真空管の発明，高周波増幅，スーパーヘテロダイン検波，FM変調という**ラジオ技術の発明の歴史**です。**遺伝子工学**でも**発明を目的**とする研究の中で，矛盾に出会い研究すべきと思いました。

私は生化学会，がん学会の研究発表会にいくつも何度も出席し，熱気のあるこれからの分野は，**動物細胞の免疫系**だと感じました。研究室で相談し，10数人で勉強をスタートしました。1980年です。当時は英文を含め**遺伝子工学の本は全くない時代**なので**生化学書**の末尾にある**遺伝子操作の解説**を読み解くのですが，まるで『**蘭学事始**』でした。畳の上の水練では分からないので実験練習をすることにしましたが，

それには部屋の**無菌化**と**超遠心分離機**が必要なので**2千万円ほど借金**しました。退職までに返せなければ**退職金で返す**つもりでした。こうして遺伝子操作の練習実験が始まりました。**遺伝子操作とは**，目的遺伝子をつり上げ，切断あるいは接続の加工をし，これを増幅することです。**DNA遺伝子の増幅**は，その後，**PCR法が現れて**，100万倍にまでの増幅はいとも容易になりましたが，**当時は**，大腸菌のプラスミドに入れて細胞増殖させ超遠心を使って環状プラスミドを分離するのです。こうしたDNAは**制限酵素で切って**アガロースゲル上で電気泳動して分離し，それをニトロセルロース膜に移した上，**探索DNAで hybridization** し分散位置を調べるのです。細心な注意と忍耐を要する一連の操作ですが，研究室全員が失敗なくできるまでは，まともな研究実験には入れないのです。**1～2年かかりましたが**，みんな自力でプロ並みになりました。みんな物理屋であっても**技術物理**と考える人たちですから，**実験技術で失敗するのは恥**と考えて努力を重ねたからです。

　私は，遺伝子工学を学んで素直な驚きがあるうちに工学部学生のための**遺伝子工学教授書**を書きたいと思い，それを書き始めました。何回も書き改め，追加し，それをもとに講義することを繰り返し，2年ほどで完稿しました。『**工学のためのバイオテクノロジー**』です。遺伝子工学の基礎と手法を主にしながら，応用として「**エネルギー変換系**」「神経系」「**免疫系**」も本格的に取り上げた初めてのバイオテクノロジー書です。1986年に出版されましたが，丁度，殆ど全ての**化学企業**が，バイオテクノロジーの**研究を始めた時代**で，この本は大きな影響を持ちました。私はこの本の中では**発明を強調**しました。それは研究上の発見を特許化する発明ではなく，**研究を始める前に発明せよ**というほどの強い意味です。

　そう主張したのは，自分自身既に，**発明に努力**していたからです。発明は卓抜なアイデアの産物ですが，**アイデアが発明とされる最低の保証は特許**です。特許される要件は**2つあります。第1は既知の知識**

から思考によって**導かれるものでないこと**，第2は他人が利用したいと思うほど**有用なものである**ことです。そういう条件で，私が半年ほどの努力の末に辿りついた発明は，「**ガン産物感受性抗体をEGFR（上皮増殖性受容体）に結合したキメラ抗体**」です。この発明が目的とする**効用**は，このキメラを上皮細胞の細胞膜に入れておくと**抗体がガン産物**を抗原として認識した際，**上皮細胞が増殖を始め**，ガンの存在を知らせる**モニター**になることです。図（グラビア1）はこの発明の実体図です。脂質2重層にある細胞膜を突き通しているのが**キメラ抗体**です。上に出ているのが**抗体**で，下にあるのが**EGFR**です。実を言うとこのアイデアのもとは遺伝子技術を**無線放送技術**と対比した**単純な物理思考**でした。つまり，**抗体をアンテナ**，**EGFRを増幅器**と見たのです。EGFRという**増幅器はリガンド**という**特別な周波数**にしか反応しない，これに対し**抗体**は増幅能力はない**アンテナ**だが，こちらが指定するどんな周波数にも反応するものを作ることができる。この二つを結合しようと考えた訳です。これは**抗体**の専門家も**EGFR**の専門家も**思いついたことのない**ものでした。また無線技術の専門家からは，抗体とEGFRが授受する共通の信号があるのかと批判されました。それがあると解っていたら特許にはならない訳で，やって見るしかないのです。

でも一旦やるとなれば，**抗体の遺伝子の釣り上げに2年**，**EGFRの遺伝子**の釣り上げに2年，その結合に2～3年かかり，その結果，それが目的の機能を果たす保証はない訳ですから，これを自分の研究テーマにしようとする学生はなかなか現れませんでした。修士1年のUeda（上田）が私の辛抱強い説得を受け，**決断の末**，研究を始めても**4～5年は全く成果らしいものが出ず**，まわりからはやめるように忠告され続けました。

しかし，**共通信号の問題をUedaが予想外だった方向**から解決すると，研究は急速に進みました。その途中経過をもって私が**Gordon**

Research Conference（途中経過を話し合う非公開会議）に出て発表すると，米国の検査薬会社の**副社長**がただちに反応し，その後研究室に様子を見に来て，特許を確認した後，Cambridge の **MRC**（英国最高の医薬研究所）との **3 極研究を提案**し，**巨額の研究助成**に直ちにサインしました。率直に言ってアイデアとその予想外の成功が評価されたのです。その後**研究の第 1 段階を完成**して，Nature の最難関雑誌であった『**Biotechnology**』に送ると，**無修正**で，**一回で** accept され，直ちに発刊されました。1992 年 8 月号です。Ueda が研究を始めてから **5 年**経っていました。

　研究室には Ueda と同じような Ph.D.志望の学生が 10 人ほどいました。みんな**遺伝子工学**を**物理としてやる**という私の**講義**と**研究室の人間関係**に共感して集まった人たちばかりでした。**人間関係**は薬学部や農学部の研究室とは**全く違っ**ていました。これら有機化学系の研究室では，**助教授を頂点とするピラミッド型の上下関係が徹底**していて，テーマも指導もそれで行なわれていましたが，私の研究室では**テーマは自分で選ぶ**，その代わり**自己責任**でしたから，研究態度は**真剣**そのもの，人間関係は同格，研究内容は互いに利用し合うため完全オープン，**実力なければ無視される自由人社会**でした。研究室スタートから私の定年まで 10 年間でしたが，結局 **10 人が Ph.D.**を取り，職を得て出て行くことができました。

　その**成功の原因**は，すごい人材を集めることが出来たことにありますが，私が努力したのは**まさにその一点**です。最も力を入れたのは，**物理学としての遺伝子**工学の授業です。**物理と称し意識したのは授業**の目的を医学部や薬学部の授業のように，**膨大な遺伝子工学**の研究結果の**理解と暗記に置かず**，これら重要な発見や発明を生んだ偉大な**研究者の考え方**と，**手順を理解ではなく追体験する**という破天荒な試みに挑戦したことです。研究結果を正確に理解記憶していることは，遺

伝子工学の結果を利用する職業人には必要なことですが，遺伝子工学の研究を進めようとする研究者にとってより大事なのは，偉大な発見発明をした**考え方**と**具体的行動**です。結果は既に教科書に書いてあるからです。

その一つの例は **Tonegawa**（利根川進）の『免疫抗体の多様性発現の機構の解明』です。Tonegawa 以前，分かっていたことは，**骨髄幹細胞**（分化して何にでもなる原初細胞）の**遺伝子 DNA** は，1 通りですが，成長すると **100 万種類以上の B 細胞**（抗体産生細胞）に分化します。1 種の B 細胞は，1 種の抗体を作るので 100 万種類以上の抗原を認識できる**抗体群**になる訳です。それは一通りの DNA から 100 万通りの DNA 配列が作られることを意味します。その構造と機構を一挙に明らかにしたのが，Nobel 賞の対象になった Tonegawa の 4 年間の仕事です。その結果を示したのが「工学のためのバイオテクノロジー」の 2 枚の図(399 頁上・下)です。図(同上)は**抗体の DNA 構造**を示し，図(同下) は幹細胞遺伝子 DNA から分化した **DNA が作られ**，それが **RNA に転写され**，さらに**抗体**が作られる経過を示しています。この図を見て「なるほど」とすぐわかる人でも**完全には理解していないことは図を書かせ説明させる**とすぐわかります。それには膨大な関連知識を確実に積んだ上での学習が必要です。それが**職業として学問を利用する人のための授業**です。しかし学問を利用するのでなく作ろうとするには，**完全な理解だけでは十分ではありません**。この大きな仕事をした **Tonegawa** がどう考え何をしたかを分からせるのが望ましいと思います。しかし，それは教科書には書いていないことです。発見物語を話しても効果あるとは思えません。そこで**私が考えたのは，学生を** Tonegawa **が研究を始めた時**に置かれたと**同じ状況に置いて何を考えるか**，何を**試行錯誤**するか**追体験させる**ことです。そのために幹細胞の **DNA** から出発して，**B 細胞の DNA** が莫大な種類に増える機構として，1) 何を考えるか，2) その考えを実証するために，**どんな実験を**

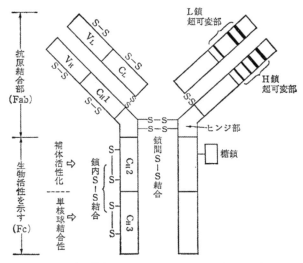

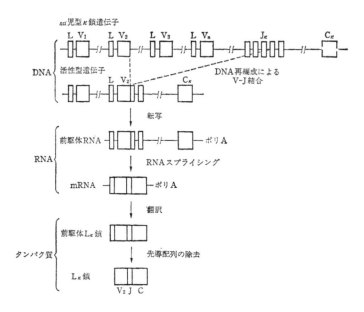

抗体の構造. V_L, V_H：可変領域. C_L, C_H：定常領域.

考えるか，の宿題を全員に出し，資料として**Tonegawa**が利用できた実験法の**英文報告原報**のコピーを配布しました。その中にはアガロースゲルをニトロセルロース膜に写し，探求DNAと**hybridization**させる，**Southern Blotting**の原論文も入れておきました。**期間は一週間**でしたが，みんな**目の色を変えて**よくやりました。出て来た**英文レポート**は，**1人約30分**かけて丁寧に見ました。特に丁寧に見たのはTonegawaと**違う方法を考えた**ものです。その多くは基本的な理解の間違いが原因なのでそこを訂正した上，それを遂行すると**どんな困難が**あるか，それが実験的検証にならないかを**英文の訂正を含め親切に指摘**しました。

私がこのような**遺伝子工学の講義を始めた**ことは，大学内の各所で話題＝**問題**となったようです。遺伝研から迎えた**Miura**（三浦謹一郎）教授の**正統的授業**に加え，工学部が**本格的に遺伝子工学**に乗り出したことを示す合図だったからです。間もなく農学部から学科主任宛に意見書が届きました。「**東京大学に於いて生物の学位のない者が生物の講義を行なうのはいかがなものか**」というのです。早速学科教授会で披露され問題となりましたので，私は「私の**行なっているのは生物の講義ではなく物理の授業**です」と答えて終わりにしました。

私のこのような授業は，**自由人物理に共感する**恐ろしく優秀でやる気のある**学生を多数**，私の研究室に**引き付け**ました。毎年学部6人，修士3人，博士1〜2名が入ってくるので，スタッフを加えると20名を超えました。それにいつも**フランス，ロシア，ハンガリー**，ドイツから数人の**博士志望者**，共同研究者が加わりました。そのため研究上の**討論は必ず英語**でした。これは研究室における**意見交流をオープン**で透明なものにするための，**公害研究の時代から取っていた**方法です。

研究のため望ましい**意見交流**に必要な**原則**はpeer（同格者）という

ことです。年齢，先輩，後輩を全く**意識しない人間関係**です。学部の**卒論生**が**博士コース学生**に向って「その説には**同意できません**」「こうではないですか」と無理なく言える**人間関係**です。(日本語ではできません。そこが問題です) 同格と言ってもランクがない訳ではありません。ランクは，みんなに見える実力の**積み上げ**で決まります。**見える実力**には数学・語学がありますが，**研究室で評価される**のは全員が集まる**研究発表会における質問**と，**コメントの内容**です。それに全員が使う実験器具の改良発明も評価されます。こうした円滑な意見交流を通じ各人は同僚の研究の現況，困難，停滞を良く知っています。これがキメラ抗体の Ueda がゼロから始めて次第にみんなの評価を高めて行った研究室の**人間関係**です。

6．自由人物理にしかできなかった水俣病発生原因の解明

■二重に隠された水俣病発生原因の真実
　Tokyo, Kyoto を除き，**世界に知られる日本の地名**が二つあります。**Hiroshima** と **Minamata** です。水俣で起こった水俣病は化学工場が起こした公害事件としては**世界の歴史上最大最悪**のものでした。メチル水銀で脳が侵された結果起こる **5 種の症状**（運動失調，言語障害，視野狭窄，視力障害，感覚障害）のうち，**2 つ以上**を示して正式に水俣病患者と認定された者 **3 千人**，1 つだけを示し，一時金を支払われた者**1 万人以上**に及びます。一番**深刻な胎児性患者も 100 人**に上ります。この深刻な水俣病被害の実情は写真などを通じて公害の恐ろしさを広く知らしめるところとなり，これが，日本が世界で最も厳しい公害規制を実施する原動力になりました。伝えられたのは水俣病の恐ろしさであり，伝えたのは**写真家**と**ジャーナリスト**でした。特に **Eugine Smith** の**胎児性患者**の上村智子を**母親が抱いて**入湯させている写真は一度見たら絶対に忘れられない何かがありました。これに対し**科学で**

生活を立てている人，給料をもらっている人は何か貢献しただろうかが問われます。**何一つ，誰一人何もしていません**。ただし水俣病発見直後の 5 年間は田舎大学と軽蔑され続けながらも必死の努力を続け，「**水俣病はメチル水銀による中毒症状**」であることを確立させた科学者がいました。**Takeuchi**（武内忠男），**Kitamura**（喜田村正次）ら熊本大学医学部の数人です。

その後の水俣病発生原因の研究には，**科学者の参加**は殆ど全くありませんが，**その理由**を考えてみます。考えられる理由は二つです。**第 1**は科学者の出る幕がない，頼まれないという状況です。**第 2** は頼まれてもできないという状況です。これには二つのケースがあります。**第 1**は単純に能力がない，能力が育っていないケース，**第 2** はメチル水銀の研究を**全く止められているケース**です。この問題で一番重要なのは，**大学でも企業でもメチル水銀を用いた**実験は**原則禁止**されていることです。危険という理由です。例外的な実験には RI 実験室と同等の実験室と許可が必要です。さらに**実験を困難**にしているのは，**科学研究費**申請においても**水銀，メチル水銀**を使っての**実験は認められず**助成されないことです。自由人がやるなら実験可能な研究者と組んで自費で行なうしかありません。私はこの方法で解決しました。それ以外に方法はありません。つまり**政府は研究者がメチル水銀**について研究することを徹底的に**嫌ってそれを妨げている**ことは確かです。水俣病問題を**政治的に解決**しようとしているのに**研究者の側から予想外のデータ**が出て来るのを**嫌がって**いるのでしょう。自由人として研究には妨害を乗り越えるあらゆる実力（交友関係を含め）を必要とします。

■科学的真実は要らないという現実社会

水俣病がメチル水銀中毒であることは，学者（医者）が明らかにしましたが，それに続く水俣病発生の原因の研究を**科学者**は全く**行なっていない**ことを白状しました。次の質問はそれでは社会が困るのではな

いかということです。一言で答えれば**困っていません**。正確に言えば社会の中で困っていないのは**水俣病を職業とする人**，つまりジャーナリスト，支援団体，**弁護士等**です。理由は，彼らは**科学者**が長年研究して**解決**したいと思っている問題の**答え**を，**自身の仕事の基礎**にはしないからです。**論理的破綻が命取り**になるので，答えの分からない矛盾を上手に**回避して仕事**を進めます。数学派と似ています。これらの人々が**回避した矛盾の最大**のものは，**チッソ工場**の反応器内での**メチル水銀の生成機構**です。それについて解明した成書は一冊もなく，それを説明できる学問的権威は一人もいません。「**殆ど分かっていない**」というだけです。しかし相手の責任を立証し賠償を求める**裁判の席**で，相手が否定するメチル水銀の生成について「**殆ど分かっていない**」とは言ってならない言葉です。判決に於いては**言葉の上の論理**が通っていることが**絶対に必要**だからです。従って未解明の難題についてはそれを回避する**方法**が取られます。その方法の**第1は矛盾を言語化**してしまうことです。「生成したアセトアルデヒドのメチル基を触媒に用いた水銀との間の金属有機反応によって生成したメチル水銀」と言えば科学的には間違った言葉の羅列ですが，**言葉の上では間違っておらず**，結果的には**メチル水銀の生成を証明**したことになります。**言語化**による**矛盾回避**の他に科学上の**難問回避**によく使われるのが**疫学と生態学**です。**科学的には証明**とは認められない事項でも**統計学**を援用して**疫学的有意**という**証明**は公害関係で広く使われています。また魚によるメチル水銀の摂取蓄積のような問題には，科学的には**メチル水銀の具体的経路の決定とその定量化**を必要とする面倒な課題ですが，**生態学**（Ecology）は生態系構造としての**食物連鎖**とそれに伴う**生態系濃縮**の原則を教えていますから簡単に**濃縮倍率**まで教えてくれます。具体的に調べてみると，**前提**とした**生態系構造**は実際とは全く合っておらず，**結論も間違っている**ことを後に示します。

　以上，水俣病**発生原因**に関する**真実**は，**科学的真実**の解明が行政の

妨害によって遅々として**進まない**間に，**言葉の上の論理**で人々を納得させる**文学作品**，ジャーナリズム記事，**判決**によって人々の**イメージが確立**されて行きました。その中には明らかに科学的には正しくないものもありました。**表通り**は一応つじつまが合っていても少し広げて調べたり考えたりすると説明のつかない矛盾がいくつも出て来ました。その**第1**はチッソ工場の**運転開始時期**と**水俣病の突如発生**の時期のずれです。**工場は1933年**から操業を始めているのに，突如水俣病が発生したのは**20年後の1953年**でした。これを**どう説明するか**ですが，**判決**では当時**生産量が急激に増大**したためとしていました。しかしよく調べてみると，1941〜45年にかけての**戦時中**，生産量は1953年当時を**超えていた**のでした。もう1つ説明できなかった**矛盾**は，チッソと同じ**生産方法**でアセトアルデヒドを**生産した工場**が国内に**7個所**，国外に**20個所**あるのに，チッソのような**問題を起こした工場**は他にないことでした（新潟県の昭和電工鹿瀬工場のケースは発生場所と症状が水俣と異なっており同じ問題と考えられない）。誰も説明できないこの二つの**矛盾**が私が水俣病発生原因を科学的に追究する**原点となりました**。

■水俣病研究がたどった尋常でない道

　著者が水俣病とチッソ工場の関係に関心を持って**水俣を訪ねた**のは**1958年**でした。**友人宇井純**からチッソ工場で何か問題が起き，その対策として処理装置を作ったことを聞き，**水俣**までわざわざ見に行ったのでした。**大学院1年**の時です。**2回目**に訪れたのは研究をプロセス工学から**公害問題に変えた直後**でした。「**瀬戸内海の汚染**」論文の一報として「**重金属汚染**」を取り上げました。そして化学工場が廃棄した水銀のために汚染されている各湾について**底泥の水銀濃度**とそこで定住している**魚の水銀濃度**との関係を調べました。その中に水俣湾も入れました。すると**底泥の濃度の割に魚の濃度が異常に高い**ことが分かりました。この解明が必要だと考えました。これが私の水俣病発生原因の研究の出発点です。第一に考えたのは**魚のメチル水銀はどこから来**

たかです。専門家の一致した推測は水俣に捨てられた**500トンの水銀**の一部が微生物の働きで**メチル化**したというものでした。しかしその後，微生物学者からいくら努力しても底泥中では水銀は**メチル化しま****せん**でした。**メチル化は好気的****無機的環境**では起こらないことが明らかになりました。そこで私が考え付いたのは**動物プランクトン**が食物と区別できずに摂食した底泥中の**無機水銀微粒子**がその腸内の**有機的****環境下**でメチル化する可能性でした。

これを**実証**するための**実験を水俣**で行なうことにしました。水俣湾の**汚染底泥**を敷いた**水槽**に沖合で取れたメチル水銀のない**動物プラン****クトン**を入れて数日飼って**メチル水銀の変化**を見れば良いと考え，**旅****館の庭**で実験をするつもりでした。しかし器具を洗う水もない旅館での実験は困難なので，水俣にある**水俣病研究センター**に実験室を借りに行き，**赤木洋勝氏**を知りました。実験は**第一段階で失敗**しました。一晩漁船で走り回って捕集ネットを引きましたが，取れるのは植物プランクトンばかりで**動物プランクトンは全く****取れません**でした。2年目は動物プランクトンの専門家に頼んで少量の動物プランクトンを取ることができましたが，水槽では**すぐ死んでしまい**，実験にはなりませんでした。しかし実験をしようとしたことで分かって来たことが多数ありました。その第一は**動物プランクトン体内**の水銀を**メチル**と**無機**に分けて分析することはそれまで**誰一人成功しておらず**，そしてこの**問題を解決できそうなのは赤木氏以外にない**ことでした。私は偶然，会うべき人に会ったのです。

■こっそり研究が最重要研究

それから私が一年に**1〜2回一週間**ずつ赤木氏の**研究室に滞在**して共同研究で**分析法の開発**を始めました。ところが，私が**公害研究を禁止**されたと同時に**研究センターへの訪問滞在も許可されなく**なりました。同じ筋からでしょう。しかしそれで怯むような二人ではありません。

私が定年になるまで毎年1回1週間は，私は赤木氏宅に滞在し，センターの裏門からそっと赤木研究室に行きました。一番難しかったのは，海水中のメチル水銀の分析ですが，定年間近には，太平洋中央，大阪湾出口，水俣と天草島の間の不知火海の海水のメチル水銀のレベルの測定と比較に成功するまでになりました。海水と動物プランクトンのメチル水銀定量が可能になったので，濃度を変えた実験で両者の比を取ることで濃縮係数を簡単に求められるようになりました。これはメチル水銀の魚への経路がエラからか餌からかを決める決め手になるデータとなりました。

　毎年1回1週間の裏門から入ってのこっそり実験の成果はこれに留まりません。大きかったのはチッソ反応器内のアセトアルデヒド合成反応のシャーレ実験です。狙ったのはその副反応であるメチル水銀生成反応の反応速度測定です。いくつかの実験のうち最も重要だったのは反応液にマンガンを入れる実験と酢酸を入れる実験でした。後に述べるようにマンガンの実験はなぜ1953年に突如水俣病が発生したかに決定的に答える材料となりました。酢酸の実験はメチル水銀が生成する反応として考えた複雑な反応機構図を立証する最重要な材料となったからです。

■定年と『水俣病の科学』の執筆
　1993年，私は60歳の定年で東京大学の席はなくなりました。誰でも定年後の職探しに4～5年も前から努力し，非常勤講師を引き受けたり，面接を受けたりするのですが，私はそれをしませんでした。頼んで就職すると定年後にと考えていることが許されないと思ったからです。それは現役中に止められた水俣病の研究の継続でした。年金では足りない研究費と生活費は技術コンサルタントと英会話授業を考えて研究工房と英語塾を立ち上げました。この私を待っていたのはOkamoto（岡本達明）でした。彼は東大法卒ですが自由人です。現代

社会を解く鍵は工場にあると考えて単に工場を知るためにチッソに入ったのですが，思惑が違う会社から嫌われ工場のない所に飛ばされます。そこで工場に戻るために労働組合の専従書記となり定年までいた人です。その間に水俣事件が発生したので全てを体験し，全てを知っている人です。その彼がこの事件を解明できるのは注意深く注目していた現役時代の仕事振りから見て物理派物理屋西村肇しかないとみて共同研究するために私の定年を待っていたのでした。『水俣病の科学』の執筆は私が定年後に始めた事業が軌道に乗った2〜3年後に始められました。最初 Okamoto が30年近く密着していたチッソ水俣工場のアセトアルデヒド工場についての生々しい記述から始まりました。アセトアルデヒドを酢酸に変えるのは一種の爆発行程で，数人の熟練者が決死でやる作業でした。酢酸は戦争中は爆薬の原料であり戦争直後は唯一の衣料材料であったレーヨンの原料であり，その後は塩化ビニールを皮のようにする無水酢酸の原料であり，アセトアルデヒドはいつも，作っても，作っても間に合わない職場でした。アセチレンに水を化合させるとアセトアルデヒドになるのですが，化合させるには酸化水銀を触媒として使う必要がありました。しかし触媒として使うと酸化水銀は水銀に戻ってしまうため再酸化してやる必要があります。チッソでは酸化マンガンをそれに使っていましたが，今度は酸化マンガンがマンガンに変わってしまうので，それを取り出して酸化マンガンにする作業が必要でした。これも大変な作業でした。1953年水俣病が発生する直前，アセトアルデヒドの生産量を数倍に上げるため，いくつかの技術革新が行なわれました。触媒再酸化のために酸化マンガンを使うことを止め，濃硝酸に変えたこともその一つでした。これらのことは企業秘密なので外には知られてないことでしたが，中にいた Okamoto は意味は分からないが変更があったことは知っていましたので知っていることは全て書きました。ここまでは Okamoto の仕事です。

　この後水俣病の突然発生が起こるのです。その原因は工程の変更に

あるのではと考える人もあり，Okamoto もそうでしたが，工程変更は**時間をかけて幾つも順々に行われた**のでどれが**原因か**は全く解りません。そこでバトンは私に渡されました。**共同研究**とは言いながら各人の**責任範囲**ははっきりしていました。水俣病の**発生原因を求める**研究は当時**熊本大学**を中心に大量に行なわれましたが，それは全て水俣湾の**水銀汚染の調査研究**です。その内容は主として魚の**汚染の実態**，それに加えて海藻や**底泥の汚染の実態**です。この**調査報告**は中間報告を入れると **500 通を超え**ましたが Okamoto は現地にいた 25 年間でそれを全て頭に入れました。私がこういうことが知りたい，**報告はないか**と尋ねると即座に「**ある**」「**ない**」と答えてくれました。それが **Okamoto** の第 1 の**責任範囲**です。

第 2 の責任範囲というより，より重要だったのは**彼の判断者としての役割**です。この研究は今まで**誰一人近づいたことさえなかった未知の塊の様な研究**です。例えると誰一人登ったことのない **Eiger の氷壁に挑む**ような研究です。それにはまず**必要**なのはどんな**難所**も**超人的技巧**で切り抜ける **Climber**（クライマー）ですが，もう一人必要なのは **Route** を大局的に**判断**して指示を出す **Router**（ルーター）です。一番大事な判断は目指す**頂上**がどの辺にあり，**現在の位置**がそれからどの位離れているか，その先に**頂上はあるのか**の**判断**です。一歩毎に命がけの曲芸をやっている **Climber** にはその**判断は無理**だからです。Okamoto は常に **Router** の役割に徹しました。私が書き上げた部分論文をいつも根本的な点で批判しダメを言いました。その為どの部分も 2 回は根本的に書き改めました。

こうして出来上がった**本の主要部**は，**メチル水銀生成という副反応**を含めチッソの**アセトアルデヒド反応器内**で起こった**反応機構全体**の解明です。その解明は今まで**世界の有機化学者**が試みながら**誰一人満足な成功を収めていない**難問です。私は実験室内での**反応実験**と工場操

業データの解析を基礎に**量子化学的考察を重ね**,反応機構の本格的解明に成功しました。その結果を示したのが357頁に示した図です。

これに続き,様々な条件下での**反応速度式の樹立にも成功**しました。メチル水銀濃度をCとすると,反応速度は$dC/dt = k(C^* - C)$ (1)と表わされます。種々の条件下で生成速度定数kと平衡濃度C^*の決定を行ないましたが,一例を**表1**(下)に示します。反応液中の二酸化マンガンの有無による反応速度の違いを示したものです。

次に今までデータのなかったメチル水銀の重要な基礎物性を図(410頁)に示しています。図(411頁)はメチル水銀イオンCH_3Hg^+と塩素イオンCl^-が結合して出来る揮発性の塩化メチル水銀CH_3HgClがメチル水銀全体の中で占める割合が塩素イオン濃度で変わる様子を示したものです。図(同)は塩化メチル水銀の**蒸気圧**が**水の蒸気圧に近い**ことを示しています。

表1 二酸化マンガンの有無が生成速度式パラメーターに及ぼす影響

実験番号	実験条件					実験結果			メチル水銀生成速度式パラメーター		
	温度	二酸化マンガン	硫酸 H_2SO_4	水銀 Hg^{++}	鉄 Fe^{+++}	アセトアルデヒド	メチル水銀濃度 ppm			平衡濃度	平衡時間	生成速度定数
	°C	%	%	%	%	%	15分	30分	60分	C^* ppm	T 時	k 1/時
B1	65	0	15	0.1	0.75	1.25	2.46	3.65	4.84	5.5	0.47	2.1
B2	65	10	15	0.1	0.75	1.25	0.19	0.31	0.49	0.8	1.0	1.0
B3	65	0	15	0.1	0.75	1.45	2.26	3.98	5.72	6.5	0.5	2.0
B4	65	10	15	0.1	0.75	1.45	0.21	0.36	0.54	0.7	0.67	1.5

次に行なったのは，チッソ水俣工場でアセトアルデヒドの生産に伴って排出されたメチル水銀量を計算によって推定することです。水俣工場のアセトアルデヒド製造プロセスのフローシートは図(412 頁) で，反応器と真空蒸発器と精留塔が主要部です。気液反応器内で生成されたメチル水銀は真空蒸発器に送られますが，この時メチル水銀イオンは全く蒸発せず，反応器に送り返されます。しかし塩化メチル水銀の一部は蒸発して精留塔に入り，精留塔ドレーンと共に系外に排出されます。従って排出量を計算するには生成速度のほかにメチル水銀中の塩化メチル水銀の割合と塩化メチル水銀の蒸気圧が必要でした。

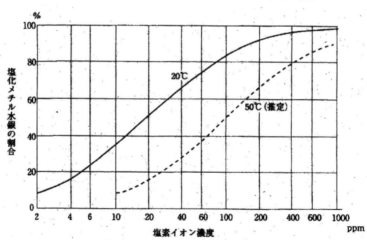

　これを示したのが図(413 頁)です。これによるとメチル水銀排出量は，1950 年まで比較的低い値であったのに，1951 年から急に増加に転じ，1962 年までの 10 年間高い値を保ち，それ以後は再び低い値に戻っています。この図には胎児性水俣病の年次別発生数が示されていまが，胎児性水俣病患者数は 2～3 年遅れでメチル水銀排出量の変化によく

対応しており，両者の深い因果関係を示唆しています。

　この図から，**水俣病発生の具体的原因**とは，メチル水銀の排出量が**1951年に突如増大**し，それが**約10年間続いた**ことであることが一目瞭然です。ではなぜ，**1951年から排出量が増大**したのか。その解明は可能です。なぜなら，これは計算の結果ですから，何段にもわたるその計算経過さえ遡ってみれば，すぐに増大の原因は掴める筈だからです。判明した原因は，**1951年にチッソが行なった助触媒の変更**という**製造方法の変更**にありました。アセチレン水和反応では触媒の二価水銀の一部が還元されて**金属水銀に変わる**ので，それを二価水銀に戻すため

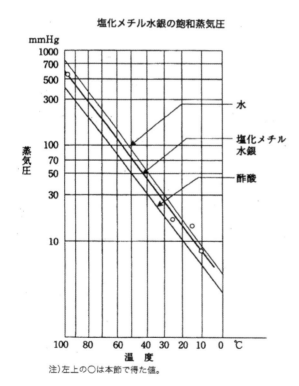

注）左上の○は本節で得た値。

の酸化鉄が必要です。1933年創業開始以来，チッソは酸化剤として二酸化マンガンを使っていましたが，1951年に濃硝酸を用いて再酸化する方法に変えました。その結果，反応液の中から二酸化マンガンが消えました。すると表1からわかるように，メチル水銀の生成速度が約10倍（両ケースでのC^*の比）に増えました。これが排出量の増加の原因です。つまり触媒の再酸化剤の変更という製法上の変更が水俣病の原因と結論されます。

ここで不思議なのは，酸化剤に濃硝酸を使うのはチッソ以外の内外のアセトアルデヒド製造プロセスの全てで採用されている汎用的技術です。二酸化マンガンを使うのは，チッソ独自の技術です。すると，上の結論は，チッソ独自の技術の時はメチル水銀の発生は抑えられていたのに，汎用技術に変えた途端に排出量が増えて水俣病が発生したということになります。すると反応に同じ汎用技術を用いてもチッソ水俣工場だけ排出量が多い理由が問われます。

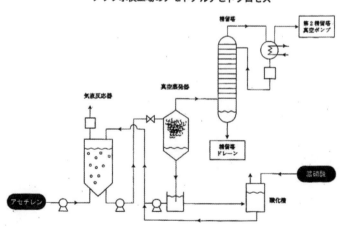

チッソ水俣工場のアセトアルデヒドプロセス

これは難しい問題ですが，本書としてはそれは**チッソ水俣工場**では反応器中の**塩素イオン濃度**が他工場に較べて高かったためであると**推察**しています。反応液中に**塩素イオン**がまったく無ければ反応器中のメチル水銀は**全部メチル水銀イオン**です。イオンであれば反応器から**蒸発器**に入っても一切蒸発せずにそのまま**全部反応器に戻ります**。しかし反応液中に塩素イオンがあるとメチル水銀の**一部**は図（410頁）に従って**塩化メチル水銀**になります。塩化メチル水銀は図（411頁）に示すように酢酸程度の**揮発性物質**ですから反応器から**蒸発器**に入ると一部は蒸発して**精留塔**に入ります。するとこれはごく一部は塔頭に行って製品に入りますが，**大部分は塔底に行きドレーン**として系外，つまり**水俣湾**に捨てられます。**チッソ水俣工場だけ塩素イオン濃度**が高かった**理由**として，他工場は全て塩素イオンの低い水が利用できる**山中にある**のに対し，**水俣工場は海岸に立地し**，しかも**用水管理が不十分**であったためと推定されます。

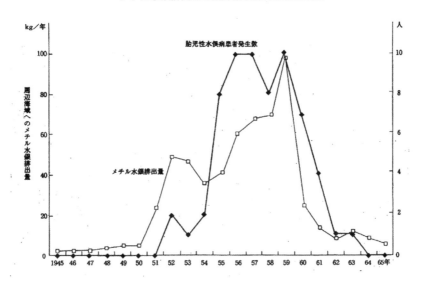

メチル水銀排出量と胎児性水俣病患者発生数

人名索引

A
赤木洋勝 405
Anderson 79,80
Antoinette 51
Archimedes 60,63,197,286

B
Bacon Francis 25
Beethoven 10,11
Bellman 209,369
Bernoulli Johannes 33,34
Bernoulli Daniel 34,35
Bethe 292,310
Boltzmann 127,145,241,293
Born 9,159,168,193,223,234

C
Caldano 31
Charles I 52
Copernicus 132
Crick 380
Cromwell 52
Courant 202,261

D
d'Alembert 36,54,69,72
Da Vinci 10,11
Dannemann 34
Diderot 27
Dugas Rene 205,212

E
Emille du Chatelet 27
Ehrenfest 236
Euler 8,31,55,102

F
Faraday 79,87
Fermat 35,55,100,184,202
Fermi 306,317
Feynman 12,43,154,236,291
Friedrich 36,55,197
Fukui（福井謙一）340

G
Galileo 23,66,119,166,197
Gell-Mann 173291,310

H
Hegel 24,30,200,239
Hertz 82,85
Higgs 236
Hilbert 202,223,261,262
Hiroshige（広重徹）135
Hitler 223,291306309
Hooke 18,24,64,106,173
Huygens 7,21,62,98,305
Hückel 323,344,352
Hobbs 26

J
JamesⅡ 52
Jordan 9,159,169,202

K
Kant 24,55,239
Kepler 21,2942,64,78,98,173,189
Kompaneyets 13,43,155,297,329
Kuhn Thomas 6,141
Kitamura（喜田村正次）402
Kumagai 385
河野与一 198

L
Lafcadio Hearn（小泉八雲）244
Laplace 36
Lamb 292
Lavoisier 51,52
Leibnitz 32,37,61
Lifshitz 47,155
Locke 24,27
Lorentz 95,293,300
Louis 16 世 51

M
Mach 19,105,205,241
Marquise 54
Marx 24,30,200
Maupertuis 36,101,205
Mendelev 317,342,358

Minobe（美濃部）382
Moore 244,252,263,357

N
Nambu（南部陽一郎）43,174,258,291,
　311,
Nagaoka（長岡半太郎）127,231
Nagasaki（長崎正幸）48,134,174,263,
　292
Newton 7,17
Nicholson 231
Nishina（仁科芳男）178,289,330,333

O
Oppenheimer 310,366
Okamoto（岡本達明）406,408

P
Pauling 236,273
Pauli 159,168,199,247,306,316
Poincare 299,349
Pontryagin 209

R
Rutherford 127,231
Rene Dugas 205

S
Sakata（坂田昌一）48,173
Schwinger 29,311
Shockley 310,380
Shakespear 25
Spinoza 18

T
Takeuchi（武内忠男）402
Taketani（武谷三男）48,134,172,195,273
Tanigawa（谷川安孝）309
Tomonaga（朝永振一郎）44,140,172,212,
　255,271
Tonegawa（利根川進）398,400

U
宇井純 404
Umezawa（梅沢博臣）49,
Ueda（上田）396,401

V
Vavilov 19,29
Voltaire 24,53
von Neumann 156,193,248,250

W
Weyl 236
Weinberg 237
Weisskopf 311,313
William III 52

Y
Yagi（矢木栄）369,391
Young 107
Yukawa（湯川秀樹）44,48,173,194,291,
　307

．．．．．．．．．．．．．．．．．．．．．．．．．．．．．．．．．．

一般索引

あ
灯りの時代（Siecle de lumiere）53
明るくする時代（Age of Enlightenment）
　53
アセトアルデヒド 356,406
アナリシス（Analysis）29,30
イオン溶解論 353
一般力学 43
一般相対性理論
Woodward-Hoffmann 則 359,365
裏通り 13
エネルギーのゆらぎ 182
MIT　371
遠景図 15
英国物理の死 7
表通り 13,404

か
化学プロセス工学 209,371,374
化学結合論 342,360,365
学問のパラダイム化 6
学問のビジネス化 6
学問物理 10,106,114
カント哲学 239
虚数領域 322,328
近接作用 43,78,91
キメラ抗体 396
近景 15,227,386

415

偽善（Hypocrisy）166
キリスト教物理学　164
虚体　161
クオーク（Quark）291,310
熊谷エンジン　385,388
経験主義（Empiricism）25
啓蒙時代　53
解析力学（Mecanique Analytigue）
　13,42,61,140,192,204
軌道状波動関数(Orbital Wave Function)
　324,350,353
剛体振子　58,62,65
原子論　127,178,235
現代職業物理学　10
言葉で考える物理　12,188,195
コヒーレンス（Coherence）現象　185
光化学スモッグ　380
交換関係　222,284
交換則　219,225,227,229
固有関数　266
工学のためのバイオテクノロジー　395
原爆　310

さ
最適軌道操作　205
裁かれる自動車　389,390
思考老化障害　286,288
三位一体（Trinity）166,185
実体　161
座標共役変数　203
作用量子則　231
シンセシス（Synthesis）29,30
Jesusキリスト教　165
シュレディンガー（Schrödinger）の猫
　のたとえ　157,195,246
CVCCエンジン　383,388
重金属汚染　404
実数領域　322,328
磁気モーメント　315,321,327,333,336
新物理学と量子（La physique nouvelle
　（les quanta）157,197,211
清教徒革命　52,53
新モデル　314,321,337,340,367
数理論理学　33,34
数理物理学　31,34,62,78,261
スカラーポテンシャル　82,93,308

真空の誘電率　85,87
Shelter Island　292
水銀イオン　356,362,365,409
生成関数　109,114
循環座標　121,123
正準共役　124,144,219
スピン　15,199,314,318,340
スピン理論　333,361,367
Scale Factor　275,279
スペクトル実測値　149
素粒子論　48,173,291,307
素粒子論研究会　173
正確精緻な数学理論　11
Self　244
瀬戸内海汚染　375
先導波動　216
相対性原理　132,220,224,293
相同性　205
Solvay会議　168,236

た
大自然科学史　19
胎児性患者　401
太陽系　21,42,54,128
チッソ　321,362,404
低公害車　379,383
低公害車規制　381
特殊相対性原理　296,300
ダイナミック・プログラミング（Dynamic
　Programing, DP）209,369
電子こま　15,314,325,359
電子の旋廻　318,327,361
透磁率　85,327
トランジスターの理論　310

な
Newton力学　7,27,42,57,70,191
ニュートリノ　305
ノーベル（Nobel）賞　8,128,132,219,358,
　379

は
Bird's Eye View(鳥瞰図)　227,
波動論　35,155,160,175,213
波動モデル　210
ハミルトン（Hamilton）方程式　110,121,

191,318
ハミルトン（Hamilton）力学 50,99,112,150
ハミルトン・ヤコビ（Hamilton-Jacobi） 99,121
Hamiltonian 111
方程式 266,268,276
光量子説 176
万有引力 11,21,78,163,305
Biotechnology 397
ヒンズー（Hindu）哲学 239
ヒンズー経典 Vedanta 243
Pilatus（ピラト）165
History of Mechanics 205
ファラディ（Faraday）の変位電流 81,90
ファラディ（Faraday）の電磁誘導 79,87
不確定性原理 8,156,172
場の量子論 13,42,59,99,289,305,309
物理学史 19
物理派システム理論 371
物理の十の分野 13
物理的精神 10,14
フランス革命 26,51,106
プランク定数 87,137,149,281
Free Thinker 299
プロセス工学 369,374
プロセス解析 374
プロセス合成 374
プロセス制御 374
Heitler-London 理論 274,305,340
ベクトルポテンシャル 82,93,142,150,334
分子内ドブロイモデル 365,367
分子内軌道波動関数 360
ベルヌーイの定理 34
不確定性定理 169
不確定原理 8,156,172,220,297
不確定性関係 156,171,193,219,251,319
変分極小 207,214
Fermat の原理 202
ボルツマン（Boltzmann）定数 145,293
Pauli 理論 314,321,325,333
Force と Power 197
ホンネとタテマエ 167

ま

無神論者（Atheist）54,164

マクスウェル（Maxwell）方程式 79,81,136,299
マクスウェル（Maxwell）電磁論 142
Muskie（マスキー）規制 385
マスキー法 382,387
マタイ伝 165
水俣病 401,412
水俣病の科学 406,407
矛盾の核心 11
Molecular Orbitals(分子スケール軌道状波動関数)246,323,344,356
Michaelson-Morey の実験 297
メチル水銀生成反応機構全図 357
問答無用の公理 11

や

ユニテリアン（Unitarian）167,237
ユダヤ人の公職追放 223

ら

ラグランジュ（Lagrange）解析力学 69
ラグランジュ（Lagrange）力学 43,51,70,109
リサイクルプロセスの最適設計理論 370
粒子論 48,159,173,213,245,286
量子電磁気学（QED）291,309
量子の発見 128,147,177
量子化光粒子 182,184
量子力学 7,42,99,155,199,221,234,288
量子力学の数学的原理 193
量子力学の形成と論理 258
理性の時代（Age of Reason）53
理性革命（Enlightenment）53,238
理論物理学 13,44,48,141,152,193,241,310
Rydberg-Ritz 則 228
Los Alamos 研究所 292,310
Lorentz 変換 293,297,301,338
レイテ島 198
ロータリーエンジン 383

わ

私は仮説を作らない・ごちゃごちゃ言わない（Hypotheses non fingo）28
私の世界観（Meine Weltansicht）187,240,253

■参照・推薦文献

　本書はプロ物理学者が見ない知らない文献を重用していますが，それらはほとんど 50 年以上前に出た英仏ロシア語の文献ですが今も Amazon 等を通して入手可能です。邦訳はほとんど絶版です。本書全般について役立つのは Kompaneyets "Theoretical Physics"（邦訳「理論物理学」）

1) I 部についての参考書
・Sergei Vavilov "Isaak Nyuton"（ロシア語　邦訳「アイザク・ニュートン」）
・Lagrange "Analytical Mechanics"
・Landau "Mechanics"（邦訳「力学」）

2) II 部について
・全般について役立つのは Kompaneyets です。Landau は相対論がないので役立たない。
・Pauling-Wilson "Introduction to Quantum Mechanics"
・de Broglie "La Physique Nouvelle et les Quanta"（邦訳「新物理学と量子」）
・Moore "Schrödinger Life and Thought"
・Dirac "Principles of Quantum Mechanics"
・この時激しく論争した約 150 原著論文の正確な要約と相互関連は，武谷三男・長崎正幸『量子力学の形成と論理 I , II , III』
・Nambu(南部)の評価については，西村肇『南部陽一郎の独創性の秘密をさぐる』（現代化学　2000 年 2,3,4 月号）
・Molecular Orbitals と Woodward-Hoffmann については Morrison-Boyd『Organic Chemistry』

西村 肇（にしむら はじめ）
東京大学名誉教授（物理学）
《主な著書》
● 水俣病の科学（日本評論社）● 冒険する頭（筑摩書房）
● 人の値段　考え方と計算（講談社）● 日本破産を生き残ろう（日本評論社）
● サバイバル英語のすすめ（筑摩書房）● 古い日本人よさようなら（本の森）
● 物理学者が発見した米国ユダヤ人キリスト教の真実（本の森）
http://jimnishimura.jp

自由人物理　波動論　量子力学　原論
――――――――――――――――――――――――――――――――
2017年11月15日　初版発行
著　者　西村　肇
発行者　大内　悦男
発行所　本の森　　〒984-0051 仙台市若林区新寺1丁目5-26-305
　　　　　　　　　Tel＆Fax 022-293-1303
　　　　　　　　　URL　　http://honnomori-sendai.cool.coocan.jp
　　　　　　　　　E-mail　forest1526@nifty.com

印　刷　共生福祉会　萩の郷福祉工場
――――――――――――――――――――――――――――――――
©2017　Hajime Nishimura, Printed in Japan.
※落丁,乱丁はお取替え致します。定価は表紙カバーに表示してあります。

ISBN978-4-904184-91-2

《西村肇の本》

物理学者が発見した米国ユダヤ人キリスト教の真実

技術・科学と人間と経済の裏面

発行・本の森　定価：【本体 1800 円＋税】
ISBN978-4-904184-41-7

目次
- 投資金融経済の崩壊とユダヤ人
- 100 年前の米国産業革命を行なった人々
- 100 年前にはじまった技術没落
- ユダヤ人とは
- Sephardi ユダヤ人の「理性革命」
- 米国に移民したユダヤ人達
- この 100 年間のユダヤ人　受難の 20 年代
- 復活の機会は 30 年代の不況と世界戦争
- 情報革命を行なっている人々

古い日本人よさようなら

個人として生きるには

発行・本の森　定価：【本体 1700 円＋税】
ISBN4-938965-13-5

主な目次
- 日本人にとってはじめての挑戦　下り坂の時代を生きる
- 生き方の美学がなければ落ちるだけ
- 天才を生んだヨーロッパ，天才の出にくいアジア
- 生活にも生産にも「最適点」がある
- 人間はどこまで遺伝子で決まっているか
- 天敵をなくした人類の未来
- 日本人はなぜロジカルになれないか